"十二五"普通高等教育
本科国家级规划教材

实变函数与泛函分析概要 第5版 第1册

Elements for Functions of a
Real Variable and Functional Analysis

郑维行 王声望 编

U0752598

高等教育出版社·北京

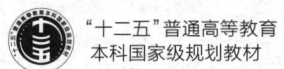

内容提要

本书第5版除了尽量保持内容精选、适用性较广外，尽力做到可读性强，便于备课、讲授及学习。修订时吸收了教学中的建议，增添了少量重要内容、例题与习题，一些习题还给出提示。

全书分两册。第1册包含集与点集、勒贝格测度、可测函数、勒贝格积分与函数空间 L^p 五章，第2册介绍距离空间、巴拿赫空间与希尔伯特空间、巴拿赫空间上的有界线性算子，以及希尔伯特空间上的有界线性算子四章。

本书每章附有小结，指出要点所在，并给出参考文献，以利进一步研习需要。习题较为丰富，供教学时选用。

本书可作为综合大学、理工大学、师范院校数学类专业的教学用书，也可作为有关研究生与自学者的参考书。学习本书的预备知识为数学分析、线性代数、复变函数的主要内容。

图书在版编目（CIP）数据

实变函数与泛函分析概要．第1册／郑维行，王声望编．-- 5版．-- 北京：高等教育出版社，2019.4（2023.12重印）
ISBN 978-7-04-051236-6

Ⅰ．①实… Ⅱ．①郑… ②王… Ⅲ．①实变函数－高等学校－教材②泛函分析－高等学校－教材 Ⅳ．①O17

中国版本图书馆CIP数据核字（2019）第011980号

策划编辑 田 玲　责任编辑 田 玲　特约编辑 刘 荣　封面设计 张申申
版式设计 徐艳妮　插图绘制 于 博　责任校对 马鑫蕊　责任印制 赵 振

出版发行 高等教育出版社
社　　址 北京市西城区德外大街4号
邮政编码 100120
印　　刷 唐山嘉德印刷有限公司
开　　本 787mm×1092mm 1/16
印　　张 15.5
字　　数 260千字
购书热线 010-58581118
咨询电话 400-810-0598
网　　址 http://www.hep.edu.cn
　　　　 http://www.hep.com.cn
网上订购 http://www.hepmall.com.cn
　　　　 http://www.hepmall.com
　　　　 http://www.hepmall.cn
版　　次 1989年6月第1版
　　　　 2019年4月第5版
印　　次 2023年12月第6次印刷
定　　价 30.00元

本书如有缺页、倒页、脱页等质量问题，请到所购图书销售部门联系调换
版权所有 侵权必究
物 料 号 51236-00

第 5 版前言

本书自 2010 年第 4 版出版以来至今已逾八年。很多老师建议能修订一次为好,多听取一线教师的建议,修正错误,改进论述,以利莘莘学子学习并适应教改的新形势。高等教育出版社与上述意见不谋而合,经与编者协商,决定 2017 年 5 月 26 日在南京召开一次教材修订会议。同时会外的一些热心教授与读者也提供了许多宝贵建议,于是编者有了修改依据。修订工作持续了数月,凡有错误或不当之处,一经指出,即行改正。我们还对一些内容的编排作了变动,对一些重要定理、概念,补充了若干例子以增进其理解与应用,各章习题均重新编序。此外,对很多重要内容给予引申,指出相关文献以供进一步学习参考。总之,一切为了读者着想。

在此我们对南京大学朱晓胜、宋国柱、梅加强、徐兴旺、栗付才、师维学、李军各位教授与魏顺吉、刘泽华、王童瑞、陈谋、王少东同学,南京师范大学徐焱、张吉慧教授,华中师范大学彭双阶教授以及高等教育出版社田玲和刘荣同志一并表示衷心感谢。正是由于他们的宝贵意见与热心协助,修订工作得以顺利完成。虽经一定努力,仍恐有新的错误与不当之处,希望广大读者与专家不吝指正。

编　者
2018 年 7 月于南京

第4版前言

本书是在第3版的基础上修订编写而成。自2005年第3版以来，收到很多读者提出的宝贵意见，本校师维学、代雄平、栗付才、钟承奎几位教授及南京大学2006届数学系的同学在教学和使用过程中，都对本书提出了不少有益的意见和建议。本次修订在充分吸收这些意见和建议的基础上，考虑到现行学时的安排，在篇幅上进行了较大的调整，增加了关于依测度基本列概念与积分列的勒贝格–维它利定理，删去广义函数、解析算子演算、酉算子、正常算子的谱分解定理等内容，习题量进行了扩充以供选用，一些要点给予特别提示以利教学，对理论的论述、安排与例证均进行了推敲使其可读性更强，便于备课、讲授与学习。同时，还注意吸取国内外一些新教材的长处。

本书第1版时的初稿曾得到程其襄、严绍宗、王斯雷、张奠宙、徐荣权、俞致寿教授等的细心审查与认真讨论，曾远荣、江泽坚、夏道行教授专门审阅了手稿，函数论教研室的马吉溥、苏维宜、任福贤、何泽霖、宋国柱、王巧玲、王崇祜、华茂芬等同志也协助阅读了手稿，并参加了部分修改工作。在此谨向所有对本书提出意见和建议的专家、广大教师与读者表示衷心感谢，书中一丝一毫的改进均是与他们分不开的。虽然我们作了一定的努力，但书中的谬误想必难免，盼望专家与读者们不吝指正。

编　者

2010年10月

第3版前言

我们十分感谢很多高校教师使用本书并提出宝贵意见。感谢高等教育出版社王瑜、李蕊同志建议再一次修订本书,以适应当前教学发展需要,还要感谢尹会成、秦厚荣、丁南庆教授的很有价值的建议与支持。本次修订中我们在保留原书内容精选、适用性较广的前提下,增加了一些例题和研究生试题,补充介绍若干常用概念如勒贝格点、全密点及反演公式等,每章后附上小结并订正一些错误。不知修改是否得当,还望广大读者赐教。我们经常获悉海内外学子说:读了实变函数与泛函分析后始感分析学的一些奥妙,对学习现代数学的兴趣增强了。如本书果真对他们有所帮助,则编者的修订当不算徒劳了。最后,我们谨对高等教育出版社文小西先生的细心审校与宝贵建议表示衷心感谢,还要对ATA编辑部的朱燕同志不辞辛劳为本书作出全部打印稿表示深深谢意。

编　者

2004年2月于南京

目 录

— 第 1 册 —

第1册

第一章 集与点集

数学分析中最重要的概念之一是黎曼(B. Riemann)积分,从黎曼积分的记号$\int_a^b f(x)\,\mathrm{d}x$可以看出,它含有两个要素与一个运算,即被积函数$f(x)$、积分区间$[a,b]$与积分运算.本册的中心内容是勒贝格(H. L. Lebesgue)积分,它的记号是$\int_E f(x)\,\mathrm{d}m$,这里$f(x)$是可测函数,E是欧几里得(Euclid)空间中可测集,不必是区间,而积分运算依赖于所考虑的测度m.这是近代积分论中最重要的一种积分,讨论这种积分不仅是为了推广黎曼积分,而且是由于它本身在运算上的灵活性,这对进一步学习近代数学是十分必要的.同时,我们可以看到,数学分析中的一些重要结果也由此得到较为精确的说明.勒贝格积分理论的产生自有它的实际背景.我们将按照集、可测集与可测函数、积分的顺序来讨论,把有关积分的各个环节逐一弄清,进而掌握积分的完整概念、积分的性质及应用.本章先由基本概念——集与点集讲起.

§1 集及其运算

集或**集合**是数学中的一个基本概念.本书所研究的集合,均指具有确定内容或适合一定条件的事物的全体.对集合的这样的粗略理解不影响我们对本书主题的讨论,因而我们将不去谈集的严格定义.构成一个集的那些事物称为集的**元**或**元素**.元与集的关系是个别与整体的关系.例如,一个圆周上的点的全体成一集,它的元是点.以实数为系数的多项式全体成一集,它的元是实系数多项式.书中恒约定,对给定的集,任一元要么属于它,要么不属于它,二者必居其一.

又如,直线上的一切开区间(a,b)成一集(或称**类**),这集的元是开区间.闭区间$[0,1]$上一切连续实函数构成一集.实轴上满足$|\cos x|\geqslant 1/2$的点构成一集且具体可写为

$$\{x\in\mathbf{R}: k\pi-\pi/3\leqslant x\leqslant k\pi+\pi/3, k\in\mathbf{Z}\},$$

这里 **R** 表示实数集，**Z** 表示整数集.

本书常用拉丁文大写字母 A,B 等表示集，用小写字母 a,b 等表示集的元.

现在我们引进有关集的一些简单概念或术语. 设 A 是一个集，a 是它的元，就写为 $a\in A$，读作"a 属于 A"，它的意义与 A 含有 a 相同. 若元 b 不属于 A，写为 $b\overline{\in} A$ 或 $b\notin A$. 对于任何集 A，我们恒约定 $A\overline{\in} A$，即集 A 自身不能看成 A 的元.

若集 A 的元只有有限个，称 A 为**有限集**. 不含任何元的集称为**空集**，用记号 $\varnothing$ 表示. 一个非空集，如果不是有限集，就称为**无限集**.

某些集之间可以有种种关系或性质. 最基本的关系要算"包含"与"相等". 设 A,B 是两个集，若 A 的每个元都属于 B，称 A 是 B 的**子集**，记成 $A\subset B$ 或 $B\supset A$，分别读作"A 含于 B"或"B 包含 A". 若 $A\subset B$ 且存在一个元 $x\in B$ 而 $x\overline{\in} A$，则称 A 是 B 的**真子集**. 为了方便，规定空集 $\varnothing$ 是任何集的子集. 设 A,B 是两个集，若 $A\subset B$ 与 $B\subset A$ 同时成立，则称集合 A 与 B **相等**，记成 $A=B$.

设给定一集 A 与一性质 π. 用记号

$$\{a:a\in A,\pi(a)\}$$

表示 A 中具有性质 π 的元 a 所成的集，有时简记成 $A\{\pi(a)\}$. 例如，上面的一个例子可以写成

$$\left\{x:x\in \mathbf{R}\text{ 且 }|\cos x|\geqslant\frac{1}{2}\right\}\text{ 或 }\mathbf{R}\left\{x:|\cos x|\geqslant\frac{1}{2}\right\}.$$

关系式 $\{a:a\in A,\pi_1(a)\}\subset\{a:a\in A,\pi_2(a)\}$ 的意义是：由性质 $\pi_1(a)$ 可以推出性质 $\pi_2(a)\,(a\in A)$.

下面引进集的运算.

定义 1.1 设 A,B 是两个集. 由 A 中的元以及 B 中的元全体所成的集称为 A,B 的**并**，记成 $A\cup B$（图 1）；就是说

$$A\cup B=\{x:x\in A\text{ 或 }x\in B\}.$$

由同时属于 A 与 B 两者的那些元所成的集称为 A 与 B 的**交**，记成 $A\cap B$（图 2），有时简写成 AB. 即

$$A\cap B=\{x:x\in A\text{ 且 }x\in B\}.$$

由属于 A 而不属于 B 的那些元所成的集称为 A 与 B 的**差**，记成 $A\backslash B$（图 3）. 特别地，当 $B\subset A$ 时，差集又称为 B 关于 A 的**补集**，记成 $\mathscr{C}_A B$.

并集与交集概念可以推广到任意个集的情形. 设 $\{A_\alpha\}_{\alpha\in I}$ 是一集族，这里 I 是指标集，α 在 I 中取值，那么它们的并与交分别定义为

$$\bigcup_{\alpha\in I}A_\alpha=\{a:\text{有某个 }\alpha\in I\text{ 使 }a\in A_\alpha\},$$

$$\bigcap_{\alpha\in I} A_\alpha=\{a:对一切\ \alpha\in I\ 有\ a\in A_\alpha\}.$$

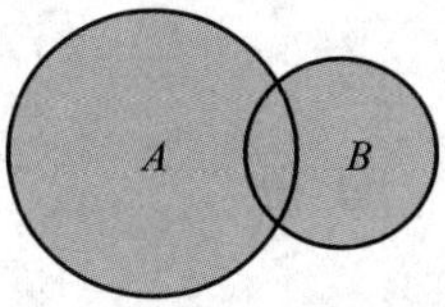

图 1　A∪B

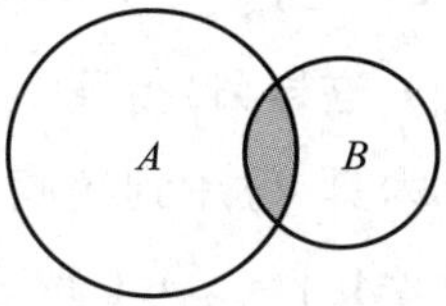

图 2　A∩B

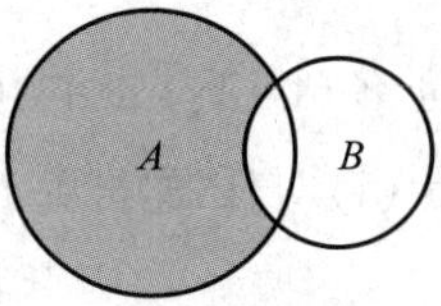

图 3　A\B

例 1　设 $A=\{2n-1:n\in\mathbf{Z}\}$，$B=\{n\in\mathbf{Z}:|n|\leqslant 3\}$.那么可求出

$$A\cup B=\{-2,0,2,2n-1:n\in\mathbf{Z}\},$$
$$A\cap B=\{-3,-1,1,3\},$$
$$A\backslash B=\{2n-1:n>2\ 或\ n\leqslant -2,n\in\mathbf{Z}\},$$
$$B\backslash A=\{-2,0,2\}.$$

我们建立下列定理.

定理 1.1　对于集 E 与任意一集族$\{A_\alpha\}_{\alpha\in I}$，恒有**分配律**成立：

$$E\cap\left(\bigcup_{\alpha\in I} A_\alpha\right)=\bigcup_{\alpha\in I}(E\cap A_\alpha).$$

证　$x\in E\cap(\bigcup\limits_{\alpha\in I}A_\alpha)$当且仅当 $x\in E$ 且 $x\in\bigcup\limits_{\alpha\in I}A_\alpha$，或 $x\in E$ 且存在 $\alpha_0\in I$ 使 $x\in A_{\alpha_0}$.上述论断等价于 $x\in E\cap A_\alpha$（对某个 $\alpha=\alpha_0$），从而等价于 $x\in\bigcup\limits_{\alpha\in I}(E\cap A_\alpha)$.这证明了所欲证的等式成立. ∎

当我们在研究一个问题时，如果所考虑的一切集都是 X 的子集，这时便称 X 为**基本集**.例如限制在数直线上研究各种不同的点集，那么数直线是基本集.对于任一基本集 X，差集 $X\backslash A$ 称为 A **关于** X **的补集**或简称为 A 的**补集**，记成 $\mathscr{C}_X A$ 或 $\mathscr{C}A$.

容易看出，X 关于自身的补集为空集，而空集关于 X 的补集为 X，即 $\mathscr{C}X=\varnothing$，$\mathscr{C}\varnothing=X$.此外，任一集 A 取二次补集运算又回到自己：$\mathscr{C}\mathscr{C}A=A$，且

$$X=A\cup\mathscr{C}A,$$

右边两集互不相交，即它们没有公共元.基本集这种简单分解称为 X 的互斥分解.例如，设 $\mathbf{R}$ 中的一切有理数集为 $\mathbf{Q}$，无理数集为 $\mathbf{I}$，那么 $\mathbf{R}$ 便有下述互斥分解：

$$\mathbf{R}=\mathbf{Q}\cup\mathbf{I}.$$

定理 1.2　对于基本集 X 中的并集、交集的补集运算，有

(i) $\mathscr{C}\left(\bigcup\limits_\alpha A_\alpha\right)=\bigcap\limits_\alpha(\mathscr{C}A_\alpha)$；　(ii) $\mathscr{C}\left(\bigcap\limits_\alpha A_\alpha\right)=\bigcup\limits_\alpha(\mathscr{C}A_\alpha)$.

证　设 $x\in\mathscr{C}(\bigcup\limits_\alpha A_\alpha)$，则 x 不属于任何 A_α.故 x 属于每个 A_α 的补集 $\mathscr{C}A_\alpha$，因

此 $x\in\bigcap_{\alpha}(\mathscr{C}A_{\alpha})$.由此可见

$$\mathscr{C}\left(\bigcup_{\alpha}A_{\alpha}\right)\subset\bigcap_{\alpha}(\mathscr{C}A_{\alpha}).$$

同理可证 $\mathscr{C}(\bigcup_{\alpha}A_{\alpha})\supset\bigcap_{\alpha}(\mathscr{C}A_{\alpha})$.这样(i)得证.

由于(i)对任意集族 $\{A_{\alpha}\}$ 为真,应用到集族 $\{\mathscr{C}A_{\alpha}\}$ 上得

$$\mathscr{C}\left(\bigcup_{\alpha}\mathscr{C}A_{\alpha}\right)=\bigcap_{\alpha}(\mathscr{C}(\mathscr{C}A_{\alpha})).$$

两边取补集,注意 $\mathscr{C}(\mathscr{C}A_{\alpha})=A_{\alpha}$,即得

$$\bigcup_{\alpha}(\mathscr{C}A_{\alpha})=\mathscr{C}\left(\bigcap_{\alpha}A_{\alpha}\right).$$

即(ii)成立(左右调了位). ∎

所证定理称为**德摩根**(De Morgan)**法则**.它提供一种**对偶方法**,能将已证明的关于集的某种性质转移到它们的补集上去(参看后面的定理 3.3 与 3.5).

例 2 读者应注意,集的运算∪,∩,\ 等看来好像与数的运算 +,×,- 类似,但其实不然.例如,考察下列两式是否正确:

(i) $A\cap(B\backslash C)=(A\cap B)\backslash(A\cap C)$;

(ii) $A\backslash(B\backslash C)=(A\backslash B)\cup C$.

(i) 是正确的,证明如下:

取 X 为基本集,$X=A\cup B\cup C$.那么

$$\begin{aligned}
\text{左边}&=A(B\mathscr{C}C)=(AB)\mathscr{C}C\\
&=(AB\mathscr{C}A)\cup(AB\mathscr{C}C) && (AB\mathscr{C}A=\varnothing)\\
&=AB(\mathscr{C}A\cup\mathscr{C}C) && (\text{利用定理 1.1})\\
&=AB\mathscr{C}(AC) && (\text{利用定理 1.2(ii)})\\
&=AB\backslash AC=\text{右边}.
\end{aligned}$$

(ii) 是不正确的.例如,若 C 中有不含于 A 的元 c,那么右边含有 c,而左边恒是 A 的子集,不可能含有元 c.

类似地,式子 $A\cup(B\backslash C)=A\cup B\backslash C$ 也不正确,读者可自行考虑.

因此,在处理集的运算时要细心些,概念要理解准确,推导要有依据,切不可一味依照数的运算法则进行.

§2 映射·集的对等·可列集

我们知道,数学分析中所讲的函数可以看成是数集与数集之间的一种对应关系,或数集到数集的映射.把函数概念一般化,得到下面的定义.

定义 2.1 设 A,B 是两个非空集.若依一定的法则 f,对每个 $x\in A$,在 B 中有一个确定的元 y 与之对应,则称 f 是定义在 A 上而取值于 B 的**映射**,记成

$$f:A\to B,$$

并将 x 与 y 的关系写成 $y=f(x)$. 这时称 A 为 f 的**定义域**,而称

$$f(A)=\{f(x):x\in A\}$$

为 f 的**值域**,或 A 在映射 f 下的**像**.

注意,两个法则 f 与 g 的给出方式可能不同,如果它们有同一效果,即对一切 $x\in A$ 有 $f(x)=g(x)$,则认为它们表示同一映射. 这时称映射 f 与 g 相等,记成 $f=g$.

设给定映射 $f:A\to B$,如果有 $B=f(A)$,就是说,f 的像充满整个 B,则说 f 是**满射**或**映上的**;如果对每个 $y\in B$,仅有唯一的 $x\in A$ 使 $f(x)=y$,则说 f 有**逆映射** f^{-1},它是定义在 $f(A)$ 上而取值于 A 上的满射. 当映射 $f:A\to f(A)$ 有逆映射时,称 f 是**一一映射**. 设 $A_0\subset A$,映射 g 在 A_0 上定义且它在 A_0 上的值与 f 相同,则称 g 是 f 在 A_0 上的**限制**,记为 $g=f|_{A_0}$. 这时也称 f 是 g 在 A 上的**扩张**.

设给定两个映射 $f:A\to B, g:B\to C$,用记号 $g\circ f$ 表示 A 到 C 的映射,由关系 $g\circ f(x)=g(f(x))\,(x\in A)$ 定义,称为 f 与 g 的**复合**. 设 $B_0\subset B$,用记号 $f^{-1}(B_0)$ 表示 B_0 在映射 f 下的**原像**,即

$$f^{-1}(B_0)=\{x:x\in A,\ f(x)\in B_0\}.$$

容易验明,若 $B_0\subset B, A_0\subset A$,则一般有

$$f(f^{-1}(B_0))\subset B_0,\ f^{-1}(f(A_0))\supset A_0.$$

如果 $\{A_\alpha\}_{\alpha\in I}$ 是 A 的子集族,$\{B_\alpha\}_{\alpha\in I}$ 是 B 的子集族,同样容易验证下列关系:

$$f\Big(\bigcup_\alpha A_\alpha\Big)=\bigcup_\alpha f(A_\alpha),\ f^{-1}\Big(\bigcap_\alpha B_\alpha\Big)=\bigcap_\alpha f^{-1}(B_\alpha).$$

今后我们常要用到**集 E 的特征函数**概念,记成 $\chi_E(x)$,它的定义是

$$\chi_E(x)=\begin{cases}1, & 若\ x\in E,\\ 0, & 若\ x\notin E.\end{cases}$$

定义 2.2 设 A,B 为两个集,如果有一一映射 f 存在,使 $f(A)=B$,则称 A 与 B 成**一一对应**或互相**对等**,记成 $A\sim B$.

对等概念是一种等价关系,它对于无限集的研究是十分重要的. 关于对等,易见有下列性质:

(i) **自反性** $A\sim A$;

(ii) **对称性** 若 $A\sim B$,则 $B\sim A$;

(iii) **传递性**　若 $A\sim B, B\sim C$，则 $A\sim C$.

由对等的定义可知，当两个有限集互相对等时，它们的元的个数必相同. 至于无限集，采用元素个数一词就不适宜，但对等概念仍然可用. 粗略地说，可以用对等概念对无限集的元的“个数”进行比较.

在所有无限集中，自然数集① $\mathbf{N}=\{1,2,3,\cdots\}$ 是最简单的一个. 任何一个集，若与 $\mathbf{N}$ 对等，就称为**可列集**或**可数集**. 换句话说，可列集的一切元可用自然数编号，使之成为无穷序列的形式：$a_1, a_2, \cdots, a_n, a_{n+1}, \cdots$. 可以举出许多可列集的例子. 例如全体**正偶数集**依 $2n\leftrightarrow n(n=1,2,\cdots)$ 对应的方法与 $\mathbf{N}$ 成一一对应；$\mathbf{Z}$ 与 $\mathbf{N}$ 的对应方法如下：

$$0\leftrightarrow 1, (-1)^{n+1}\left[\frac{n}{2}\right]\leftrightarrow n, n=2,3,\cdots,$$

其中记号 $[x]$ 表示不超过 x 的最大整数. 这样，正偶数集与整数集均为可列集.

再举一个稍微复杂的例子：有理数集 $\mathbf{Q}$ 是可列的. 其实，可把非零有理数 r 写成既约分数的形式 $r=p/q$，这里 $q>0, p\neq 0, p, q$ 均为整数. 称 $n=|p|+q$ 为 r 的“模”. 现规定 0 的模为 1，很明显，模为 n 的有理数的个数是有限的. 于是把一切有理数按模的递增顺序编组，凡是模相同的编在同一组里，然后再依组的顺序把所有有理数逐个编号. 这样，每个有理数得到了一个确定的号码，因而建立了 $\mathbf{Q}$ 与 $\mathbf{N}$ 之间的一一对应，这证明了有理数集 $\mathbf{Q}$ 的可列性.

不难看出，可列集的子集至多是可列的. 由此推知，实直线 $\mathbf{R}$ 上任一类互不相交的开区间集必为可列集或有限集. 其实，在每个区间中取一有理数与这个区间对应，则不同区间对应于不同的有理数，故所述开区间类与有理数的一子集对等，因而至多是可列的.

可以断言，可列集是无限集中“元素的个数最少”的一类集. 这句话的精确含义由下列定理表出.

定理 2.1　任何无限集含有一个可列子集.

证　设 A 是任给无限集. 用归纳法，可作出 A 的子集列 $\{A_n\}_{n\in\mathbf{N}}$ 使每个 A_n 恰含 n 个元. 其实，因 $A\neq\varnothing$，可取出 $a_1\in A$，并令 $A_1=\{a_1\}$. 假定对任意自然数 n，用任何方式作出了 A 的子集 A_n，它有 n 个元，那么由于 $A\setminus A_n$ 非空，可取 $a_{n+1}\in A\setminus A_n$，令 $A_{n+1}=A_n\cup\{a_{n+1}\}$，则显见 A_{n+1} 是 A 的子集且含有 $n+1$ 个元. 由此可见，所述序列 $\{A_n\}_{n\in\mathbf{N}}$ 存在. 现在对每个 $n\in\mathbf{N}$，令

$$B_n=A_{2^n}\setminus\left(\bigcup_{k=0}^{n-1}A_{2^k}\right).$$

① 本书自然数集定义为 $\mathbf{N}=\{1,2,3,\cdots\}$，不含 0.

那么，$\{B_n\}$ 是 A 中互不相交的子集类，并且看出，B_n 中元的个数不少于

$$2^n - \sum_{k=0}^{n-1} 2^k = 1,$$

故每个 B_n 非空.从每个 B_n 中取一个元构成一个集 B，则易见 B 是 A 的可列子集. ■

由所证定理可以推出下列事实：**凡无限集必与它的一个真子集对等**.其实，设 A 是所给无限集，据定理 2.1，A 存在可列子集 $\{a_n\}_{n\in\mathbf{N}}$.令 $B=A\setminus\{a_1\}$，则 B 是 A 的真子集.作下列对应：

$$\begin{aligned} &a \leftrightarrow a, &&对\ a \in A\setminus\{a_n\}_{n\in\mathbf{N}},\\ &a_k \leftrightarrow a_{k+1}, &&对\ k=1,2,\cdots. \end{aligned}$$

易见这是 A 与 B 之间的一一对应，因而 A 与它的一个真子集 B 对等.所证事实是任何有限集所不具有的，它是无限集的一个特征性质，因而也可作为无限集的定义.

定理 2.2 可列个可列集的并集是可列的.

证 设 $\{A_k\}$ 是可列集的可列集族.令 $B_1=A_1, B_2=A_2\setminus A_1, B_3=A_3\setminus(A_2\cup A_1)$，$\cdots, B_k=A_k\setminus(A_{k-1}\cup\cdots\cup A_1), \cdots$，则 $B_1, B_2, \cdots$ 是互不相交的可列（或有限）集的可列集族，且 $\bigcup\limits_{k=1}^{\infty} A_k = \bigcup\limits_{k=1}^{\infty} B_k$. 下面我们就 $B_1, B_2, \cdots$ 全为可列集给予证明，而把其余情形留给读者考虑.把它们的元排列如下表：

$$\begin{array}{lllll}
B_1=\{b_1^{(1)}, & \to b_2^{(1)}, & b_3^{(1)}, & \to b_4^{(1)}, & \cdots\},\\
 & \swarrow & \nearrow & \swarrow & \\
B_2=\{b_1^{(2)}, & b_2^{(2)}, & b_3^{(2)}, & b_4^{(2)}, & \cdots\},\\
\quad\downarrow & \nearrow & \swarrow & \nearrow & \\
B_3=\{b_1^{(3)}, & b_2^{(3)}, & b_3^{(3)}, & b_4^{(3)}, & \cdots\},\\
 & \swarrow & \nearrow & \swarrow & \\
B_4=\{b_1^{(4)}, & b_2^{(4)}, & b_3^{(4)}, & b_4^{(4)}, & \cdots\},\\
 & \cdots\cdots\cdots\cdots & & & \\
B_k=\{b_1^{(k)}, & b_2^{(k)}, & b_3^{(k)}, & b_4^{(k)}, & \cdots\},\\
 & \cdots\cdots\cdots\cdots & & &
\end{array}$$

令 $S=\bigcup\limits_{k=1}^{\infty} B_k$.我们把 S 中的元如上表那样依箭头指向的顺序排列.即先写 $b_1^{(1)}$，再写 $b_2^{(1)}$ 与 $b_1^{(2)}$，此时字母的上下附标之和等于 3；再写 $b_1^{(3)}, b_2^{(2)}, b_3^{(1)}$，此时字母上下标之和等于 4；一般地，写到（在最大上标为奇数情形）

$$b_1^{(2k+1)}, b_2^{(2k)}, \cdots, b_{2k+1}^{(1)}$$

时，字母上下标之和为 $2k+2$，等等.

由此可以断定，S 与自然数集对等，并且 S 显然是无限集，故 S 为可列的. ■

由所证定理也可得知，有理数集是可列的.

下面定理表明**不可列集**是存在的.

定理 2.3 点集 $[0,1]=\{x:0\leqslant x\leqslant 1\}$ 是不可列的.

证 用反证法.假定 $[0,1]$ 可列，把其中一切点编排为

$$x_1, x_2, \cdots, x_n, \cdots.$$

把闭区间 $[0,1]$ 三等分，则显见闭区间 $[0,1/3]$ 与 $[2/3,1]$ 中至少有一个不含有 x_1，这样的区间用 I_1 表示，即 $x_1 \notin I_1$.把 I_1 三等分，在它的左与右两个闭区间中必有一个不含有 x_2，用 I_2 表示相应的区间，即 $x_2 \notin I_2$.同样把 I_2 三等分，又可得不含有 x_3 的一个闭区间 I_3，等等.根据归纳法，得到闭区间列 $\{I_n\}_{n\in\mathbf{N}}$，满足条件：

(i) $I_1 \supset I_2 \supset \cdots \supset I_n \supset \cdots$;

(ii) $x_n \notin I_n, n\in\mathbf{N}$;

(iii) I_n 的长度为 3^{-n}，它当 $n\to\infty$ 时趋于 0.

根据分析学中的区间套定理，存在点 $\xi \in I_n, n\in\mathbf{N}$.由于 $x_n \notin I_n$ 对任一 n 成立，故 ξ 不会是任一 x_n，但 ξ 显然属于 $[0,1]$.发生矛盾，这表明 $[0,1]$ 是不可列点集. ∎

关于集的某些一般属性，我们将在 §5 再作补充讨论.

例 1 设集 A 与 $[0,1]$ 对等，B 是可列集，则 $A\cup B$ 与 $A\backslash B$ 均与 $[0,1]$ 对等.

证 先证 $A\backslash B$ 与 $[0,1]$ 对等.不妨设 $B\subset A$，在 $A\backslash B$ 中取可列子集 A_0，则 $A\backslash B$ 与 A 分别有互斥分解：

$$A\backslash B=((A\backslash B)\backslash A_0)\cup A_0,$$
$$A=((A\backslash B)\backslash A_0)\cup(A_0\cup B).$$

由于 A_0 与 $A_0\cup B$ 均为可列集，两者对等；而 $(A\backslash B)\backslash A_0$ 自对等，可见 $A\backslash B$ 与 A 对等，这表明 $A\backslash B$ 与 $[0,1]$ 对等.

再证 $A\cup B$ 与 $[0,1]$ 对等，不妨设 $A\cap B=\varnothing$，由 A 中取可列子集 A_1，则由上所证，$A\backslash A_1$ 与 $[0,1]$ 对等.我们有互斥分解：

$$A\cup B=(A\backslash A_1)\cup(A_1\cup B),$$
$$A=(A\backslash A_1)\cup A_1.$$

由于 $A_1\cup B$ 与 A_1 均为可列集，而上面分解中第一项相同，可见 $A\cup B$ 与 A 对等，即 $A\cup B$ 与 $[0,1]$ 对等. ∎

§3 一维开集、闭集及其性质

以下专门讨论欧几里得空间中的点集（简称点集），这在数学分析中已有所了解.前面两节中关于集的一般结果，自然对点集也适用，这里将进一步介绍点集所特有的一些性质.由于一维欧几里得空间比较简单，且具有自身的特性，故先提出

讨论.下面论述虽然在本质上对多维点集也适用,但读者初学时,不妨先从一维情形来理解,以后再理解多维情形,就不会发生困难了.

先引进点集的一些基本概念.

定义 3.1 设 E 为一维欧几里得空间 $\mathbf{R}$ 的任一子集,$a\in\mathbf{R}$.含有 a 的任一开区间称为 a 的**邻域**.对于 $\mathbf{R}$ 中一点 a,如果存在 a 的某个邻域 (α,β) 整个含于 E 内,这时 $a\in(\alpha,\beta)\subset E$,则称 a 为 E 的**内点**.因而 E 的内点必属于 E.若 E 的每一点都是 E 的内点,则称 E 为**开集**.

开区间、空集以及 $\mathbf{R}$ 本身都是一维开集的例.

定理 3.1 开集有下列性质:

(i) 任意个开集的并是开集;

(ii) 有限个开集的交是开集.

证 (i) 设 $G_\alpha,\alpha\in I$ 是一族开集,令 $G=\bigcup\limits_{\alpha}G_\alpha$.任取 $x\in G$(若 $G=\varnothing$,不需证明,这对以后恒适用),则有某个 $\alpha_0\in I$,使 $x\in G_{\alpha_0}$,从而 x 是 G_{α_0} 的内点,更是 G 的内点.故 G 为开集.

(ii) 设 $G_1,G_2,\cdots,G_p$ 是开集,令 $G=\bigcap\limits_{k=1}^{p}G_k$.任取 $x\in G$,则对每个 $k=1,2,\cdots,p$,有 $x\in G_k$.于是有 x 的邻域 (α_k,β_k) 使

$$x\in(\alpha_k,\beta_k)\subset G_k,\quad k=1,2,\cdots,p.$$

令 $(\alpha,\beta)=\bigcap\limits_{k=1}^{p}(\alpha_k,\beta_k)$,那么它是 x 的非空邻域,且整个含于 G 内,故 x 为 G 的内点,这就证明了 G 为开集. ∎

注意,无限个开集的交不一定是开集.例如,若令 $G_k=(-1/k,1/k)$,$k\in\mathbf{N}$,则 $\bigcap\limits_{k=1}^{\infty}G_k=\{0\}$,不是开集.

注 通常说对 $\mathbf{R}$ 赋予一种**拓扑**,是指给定了 $\mathbf{R}$ 的一个子集类,其中每个元称为开集,使得 $\varnothing$、$\mathbf{R}$ 属于这个类以及使得这个类关于任意并与有限交是封闭的(参看定理 3.1).这时说 $\mathbf{R}$ 在所给拓扑(开集类)下成为**拓扑空间**.在 $\mathbf{R}$ 上可以引进种种不同拓扑,本书引用的开集拓扑属于 $\mathbf{R}$ 的通常拓扑.

定义 3.2 设 E 为 $\mathbf{R}$ 中的一点集,$a\in\mathbf{R}$.若 a 的任一邻域均含有 E 中异于 a 的一点,则称 a 是 E 的**聚点**.

注意,E 的聚点不一定属于 E.

显然,若 a 是 E 的聚点,则含有 a 的任何区间(即 a 的邻域)均含有 E 的无穷多个点.因假如不然,a 的某个邻域(α,β)只含 E 的有限多个点 $x_1,x_2,\cdots,x_p$的话,不妨设它们均与 a 不同.令

$$\delta=\min\{|a-\alpha|,|a-\beta|,|a-x_1|,\cdots,|a-x_p|\},$$

则 a 的邻域 $(a-\delta, a+\delta)(\delta>0)$ 将不含 E 中异于 a 的任何点，这与 a 是 E 的聚点相矛盾.

例 1 设 $E=\{1/k\}_{k\in\mathbf{N}}$，则原点是 E 的唯一聚点且不属于 E. 又闭区间 $[a,b]$ 的任一点均为区间 (a,b) 的聚点.

在讨论聚点时，引用下述性质有时是方便的：a 为 E 的聚点的充分必要条件是 E 中有点列 $\{a_k\}_{k\in\mathbf{N}}(a_k\neq a)$ 收敛于 a. 其实，充分性由聚点定义是一望而知的. 现在来证必要性. 设 a 是 E 的聚点. 先在邻域 $(a-1,a+1)$ 中选取一点 $a_1\in E, a_1\neq a$，然后在邻域 $(a-\delta_1/2, a+\delta_1/2)$ 中取点 $a_2\in E, a_2\neq a$，这里 $\delta_1=|a-a_1|$. 一般地，在邻域 $(a-\delta_k/2^k, a+\delta_k/2^k)$ 中取点 $a_{k+1}\in E, a_{k+1}\neq a$，这里 $\delta_k=|a-a_k|, k=1,2,\cdots$. 由归纳法，得到点列 $\{a_k\}_{k\in\mathbf{N}}$，显然 $a_k\to a(k\to\infty)$，且 $a_k\neq a, k\in\mathbf{N}$.

定义 3.3 由点集 E 的一切聚点所成的集称为 E 的**导集**，记成 E'，称 $E\backslash E'$ 中的点为 E 的**孤立点**. E 的**闭包**是指集 $E\cup E'$，并记成 $\overline{E}$. 若 $E'=E$，称 E 为**完全集**.

若 $\mathscr{C}E=\mathbf{R}\backslash E$ 为开集，则称 E 为**闭集**.

定理 3.2 E 为闭集的充分必要条件是 $E'\subset E$.

证 必要性 设 E 为闭集，则 $\mathscr{C}E$ 为开集. 任取 $x\in E'$. 据聚点定义可知，x 不可能是开集 $\mathscr{C}E$ 的点. 因若不然，x 将有一邻域含于 $\mathscr{C}E$，而此邻域中便无 E 的点了. 因而 $x\in E$，即 $E'\subset E$.

充分性 设 $E'\subset E$，则 $\mathscr{C}E'\supset\mathscr{C}E$. 任取 $x\in\mathscr{C}E$，则 $x\in\mathscr{C}E'$. 这样，x 不是 E 的点且也不是 E 的聚点. 故存在 x 的邻域 (α,β)，使 $x\in(\alpha,\beta)\subset\mathscr{C}E$，因而 x 是 $\mathscr{C}E$ 的内点. 这表明 $\mathscr{C}E$ 为开集，即证明了 E 为闭集. ■

例 2 设 $A=\left\{x:|\cos x|\geqslant\frac{1}{2}\right\}, B=\left\{x:|\cos x|>\frac{1}{2}\right\}, C=\left\{x:-\frac{1}{2}\leqslant\cos x<\frac{1}{2}\right\}$，$D=\left\{x:\cos x=\frac{1}{2}\right\}$. 那么，$A'=A$，$A$ 是完全集. 由 $\mathscr{C}A=\left\{x:|\cos x|<\frac{1}{2}\right\}$，它是开集，因而 A 也是闭集.

B 是开集，它由可列个开区间 $(k\pi-\pi/3, k\pi+\pi/3)_{k\in\mathbf{Z}}$ 的并构成.

C 既非开集也非闭集，例如 $x=\frac{2}{3}\pi\in C$，但不是 C 的内点. C 的导集中有点 $x=\frac{1}{3}\pi\notin C$，因此 C 非闭集.

D 由可列个孤立点 $\left\{2k\pi\pm\frac{\pi}{3}\right\}_{k\in\mathbf{Z}}$ 构成，它的导集是空集，$D'=\varnothing$，故 $D'\neq D$，D 不是完全集. 它的补集由可列个区间构成，其相邻两区间的公共端点都是孤立点，D 是闭集. 据定理 3.2 也可知 D 是闭集.

推论 设 E 为闭集，则 E 的闭包与 E 相等；并且若闭集 E 无孤立点时，则 E

是完全集.

其实，$E \subset \overline{E}$ 是显然的. 又 E 为闭集，据定理 3.2，$E' \subset E$，故 $\overline{E} = E \cup E' \subset E$. 因而 $\overline{E} = E$.

又当 E 无孤立点时，E 的每一点是它的聚点，故 $E \subset E'$. E 为闭集，有 $E' \subset E$. 因此，$E' = E$，即 E 为完全集.

定理 3.3 任何集 E 的导集是闭集.

证 要证 $\mathscr{C}E'$ 为开集. 任取 $x \in \mathscr{C}E'$，则 $x \notin E'$，即 x 不是 E 的聚点，故存在 x 的邻域 (α, β)，其中不含 E 中异于 x 的任何点. 因而 (α, β) 中任一点均不是 E 的聚点，这表明 $x \in (\alpha, \beta) \subset \mathscr{C}E'$，即 x 为 $\mathscr{C}E'$ 的内点. 于是 $\mathscr{C}E'$ 为开集. ∎

定理 3.4 (i) 设 $A \subset B$，则 $A' \subset B'$；

(ii) $(A \cup B)' = A' \cup B'$.

证 (i) 任取 $x \in A'$，并设 (α, β) 是 x 的任一邻域，则 (α, β) 中含有 A 中异于 x 的一点，从而也含有 B 中异于 x 的一点，这是因为 $A \subset B$. 因而 $x \in B'$，这表明 $A' \subset B'$.

(ii) 由于 $A \subset A \cup B$，据 (i) 有 $A' \subset (A \cup B)'$. 同理，$B' \subset (A \cup B)'$，故得

$$A' \cup B' \subset (A \cup B)'.$$

另一方面，任取 $a \in (A \cup B)'$，则可知 $a \in A' \cup B'$. 其实，假定不然，$a \notin A' \cup B'$，那么将有 $a \notin A'$ 且 $a \notin B'$. 因而有 a 的某一邻域 (α_1, β_1)，其中不含 A 中异于 a 的点，同时有 a 的某一邻域 (α_2, β_2)，其中不含 B 中异于 a 的点. 令

$$(\alpha, \beta) = (\alpha_1, \beta_1) \cap (\alpha_2, \beta_2),$$

则 (α, β) 为 a 的邻域，其中不含 $A \cup B$ 中异于 a 的点. 这表明 a 不是 $A \cup B$ 的聚点，与假设相违. 因此得到 $(A \cup B)' \subset A' \cup B'$.

合并所得两结果即证明了 (ii). ∎

注 借用聚点的点列式说法（参看例 1 后的一段说明）也可证明定理 3.4，证明留给读者.

当我们得到开集的某些性质时，往往能用对偶方法转移到闭集的相应性质上，其基本工具是定理 1.2. 下述定理便是一个范例.

定理 3.5 闭集有下列性质：

(i) 任意个闭集的交为闭集；

(ii) 有限个闭集的并为闭集.

证 设 $\{F_\alpha\}_{\alpha \in I}$ 为闭集类，则 $\{\mathscr{C}F_\alpha\}_{\alpha \in I}$ 为开集类. 据定理 1.2 得到

$$\mathscr{C}\left(\bigcap_\alpha F_\alpha\right) = \bigcup_\alpha (\mathscr{C}F_\alpha), \quad \mathscr{C}\left(\bigcup_\alpha F_\alpha\right) = \bigcap_\alpha (\mathscr{C}F_\alpha).$$

于是据定理 3.1 的 (i)，对于所给任意指标集 I，$\cup(\mathscr{C}F_\alpha)$ 为开集. 从而 $\mathscr{C}(\cap F_\alpha)$

为开集，故$\cap F_\alpha$为闭集，这证明了(i)．同样，对于有限指标集I，据定理 3.1 的(ii)即得结论(ii)．∎

注意，无限个闭集的并可能不是闭集．例如，取$F_k=[1/k,1]$，$k=1,2,\cdots$，每个F_k为闭集，但它们的并$\bigcup_{k=1}^{\infty}F_k=(0,1]$不是闭集．

由闭集的性质不难推出闭包的一些性质．

定理 3.6 闭包有下列性质：

(i) $E\subset\overline{E}$；

(ii) $\overline{\overline{E}}=\overline{E}$；

(iii) $(E_1\cup E_2)^-=\overline{E}_1\cup\overline{E}_2$．

证 由闭包定义(i)显然．

(ii) 据定理 3.3，E的导集E'是闭集，再据定理 3.2 的推论，闭集E'与它的闭包相等，即$E'=(E')^-=E'\cup E''=(E\cup E')'=(\overline{E})'$．于是

$$\overline{\overline{E}}=\overline{E}\cup(\overline{E})'=\overline{E}\cup E'=\overline{E}.$$

(iii) 据定理 3.4 的(ii)有

$$\begin{aligned}\overline{E}_1\cup\overline{E}_2&=E_1\cup E'_1\cup E_2\cup E'_2=(E_1\cup E_2)\cup(E_1\cup E_2)'\\&=(E_1\cup E_2)^-.\end{aligned}$$

这证明了(iii)．∎

我们看到，整个数直线 **R** 是既开又闭的，它的补集即空集 Ø 亦然．根据开集、闭集的定义可见，这种二重性是很自然的．可以证明，在数直线的一切子集中，只有空集与整个数直线才有这种二重性．

为了指明集论的作用，这里举一个借用集论观点来描述连续函数的例子．

例 3 取基本集$I=(0,1)$．设$f(x)$是定义在I上的实函数．那么$f(x)$在I上连续的充分必要条件是：对任何开集$G\subset(-\infty,\infty)$，$f^{-1}(G)$恒为开集，即开集的原像是开集．

其实，设$f(x)$连续，并设$f^{-1}(G)$非空．任取$x_0\in f^{-1}(G)$．这表示$f(x_0)\in G$．因G是开集，存在$\varepsilon>0$，使

$$(f(x_0)-\varepsilon,f(x_0)+\varepsilon)\subset G.$$

另一方面，据连续性定义，存在$\delta>0$，使当$x\in(x_0-\delta,x_0+\delta)$时，有

$$-\varepsilon<f(x)-f(x_0)<\varepsilon.$$

可见当$x\in(x_0-\delta,x_0+\delta)$时，$f(x)\in G$．从而$(x_0-\delta,x_0+\delta)\subset f^{-1}(G)$．这表明$f^{-1}(G)$中每一点都是它的内点，即$f^{-1}(G)$是开集．

反之，若对任何开集G，$f^{-1}(G)$为开集，则对任意的$x_0\in I$以及$\varepsilon>0$，开区间

$(f(x_0)-\varepsilon, f(x_0)+\varepsilon)$ 的原像 U 是开集.由于 $x_0 \in U$,存在 $\delta>0$ 使 $(x_0-\delta, x_0+\delta) \subset U$.因此,当 $x \in (x_0-\delta, x_0+\delta)$ 时, $f(x) \in (f(x_0)-\varepsilon, f(x_0)+\varepsilon)$.这表明 $f(x)$ 在 x_0 连续.由于 x_0 是任意的,故 $f(x)$ 在 I 上连续.

读者试自行证明,如果取基本集 $I=[0,1]$,则 $f(x)$ 是 I 上连续实函数的充分必要条件是:任何(($-\infty$,∞)中的)闭集的原像是闭集(提示:直接证明或利用闭集定义证明).

例 4 连续函数在开集上的像未必是开集.例如,令 $f(x)=|x|$,它是 $(-\infty, \infty)$ 上的连续函数.取开区间 $(-1,1/2)$,则 f 的像是 $[0,1)$,不是开集.

§4 开集的构造

在本节中,我们将详细讨论直线上**有界开集**的构造,假定这里所考察的点集都是**有界集**.对多维情形,我们仅给出开集构造的大意.

设 G 是任一非空的有界开集,任取 $x_0 \in G$,我们将证明,存在一个开区间 (α, β),使 $x_0 \in (\alpha,\beta)$,并且满足下列两个条件:

(i) $(\alpha,\beta) \subset G$;

(ii) $\alpha \,\bar{\in}\, G, \beta \,\bar{\in}\, G$.

其实,不难证明这种区间的端点分别由下式确定:

$$\alpha=\inf\{x:(x,x_0)\subset G\},\beta=\sup\{y:(x_0,y)\subset G\}.$$

由于 G 为有界集,α,β 均为实数.任取 $(\alpha', x_0) \subset (\alpha, x_0)$ 来考察,即有 $\alpha<\alpha'$,于是根据下确界定义,有 x' 满足 $\alpha \leqslant x' < \alpha'$ 且 $(x', x_0) \subset G$,从而 $(\alpha', x_0) \subset G$.同理,任取 $(x_0, \beta') \subset (x_0, \beta)$ 时可证 $(x_0, \beta') \subset G$.这样得到 $(\alpha', \beta') \subset G$.这表明 (α,β) 内任一区间都含于 G,即 $(\alpha,\beta) \subset G$,因而(i)成立.至于(ii)可证明如下:例如,为证 $\alpha \,\bar{\in}\, G$,用反证法,假定有 $\alpha \in G$.于是有 $\delta>0$ 使 $(\alpha-\delta, \alpha+\delta) \subset G$,从而 $(\alpha-\delta, \beta) \subset G$,这与 α 的定义相矛盾.同理可证 $\beta \,\bar{\in}\, G$.这样,(ii)得到了证明.

由此可见,(α,β) 是 G 中含有 x_0 的最大区间.我们把开集 G 中具有性质(i),(ii)的任一开区间称为 G 的**构成区间**.由上所述,G 中任一点必属于 G 的某个构成区间.

下列定理表明开集即由它的构成区间所组成.

定理 4.1 有界非空开集 G 可表示为至多可列个互不相交的构成区间的并

$$G=\bigcup_k (\alpha_k, \beta_k).$$

证 由上面的讨论已经明了,G 的每一点都对应有一个构成区间,因而 G 可以表示成一些构成区间的并.对于 G 的任意两个构成区间,如有公共点,则必重合,否则就将不相交.因而 G 可以表示成一些互不相交的构成区间的并.剩下的只需证明这种区间的个数至多是可列的.为此,我们在每个构成区间内取一有理点,使 G 的构成区间集与有理数子集构成一一对应,因而构成区间集至多可列(参看 §2). ∎

定理 4.1 中给出的表示,以后将称为 G 的**结构表示**.它实际上是 G 的一种互斥分解.

关于闭集的结构可以从它的补集来了解.以后在讨论闭集测度时正是按照这个思想.

注 对于无界开集情形,定理 4.1 的结论本质上也是正确的,只是要把 $(-\infty,\infty)$,$(-\infty,\beta)$ 与 (α,∞)(α,β 为实数)都看成构成区间的表现形式.

这里我们举出一个重要的闭集的例,它是不可列的,但不含有任何区间.这个集将称为**康托尔**(G. Cantor)**三分集**,它能用来说明实变函数论中不少问题,今后将不止一次提到.

例 1 将基本区间 $[0,1]$ 用分点 1/3 与 2/3 三等分,并除去中间的开区间 (1/3,2/3).再把余下两个闭区间各三等分,并除去中间的开区间 (1/9,2/9),(7/9,8/9).然后将余下的四个闭区间同法处理,如此等等(图 4).这样便得到康托尔三分集 P_0 与开集 G_0:

$$G_0=\left(\frac{1}{3},\frac{2}{3}\right)\cup\left(\frac{1}{3^2},\frac{2}{3^2}\right)\cup\left(\frac{7}{3^2},\frac{8}{3^2}\right)\cup$$
$$\left(\frac{1}{3^3},\frac{2}{3^3}\right)\cup\left(\frac{7}{3^3},\frac{8}{3^3}\right)\cup\left(\frac{19}{3^3},\frac{20}{3^3}\right)\cup\left(\frac{25}{3^3},\frac{26}{3^3}\right)\cup\cdots,$$

$$P_0=\mathscr{C}G_0.$$

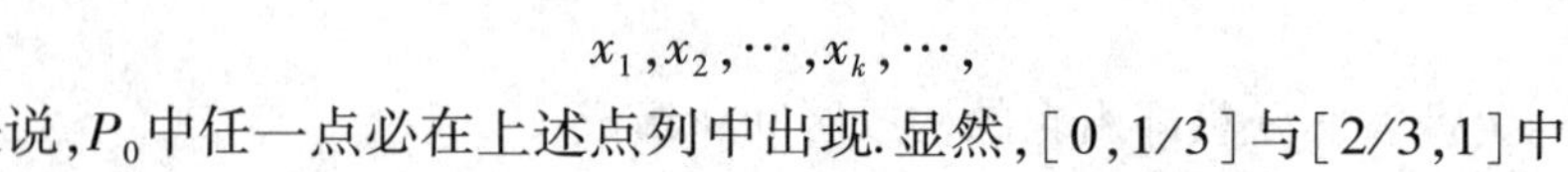

图 4 康托尔三分集示意

显然,P_0 是一个不含任何区间的闭集.下面证明它是不可列无限集.

用反证法.假定 P_0 是可列的,将 P_0 中点编号成点列

$$x_1,x_2,\cdots,x_k,\cdots,$$

也就是说,P_0 中任一点必在上述点列中出现.显然,$[0,1/3]$ 与 $[2/3,1]$ 中应有一个不含有 x_1,用 I_1 表示这个闭区间.将 I_1 三等分后所得的左与右两个闭区间中,应有一个不含 x_2,用 I_2 表示它.然后用 I_3 表示三等分 I_2 时不含 x_3 的左或右那个闭区间,如此等等.这样,根据归纳法,得到一个闭区间列 $\{I_k\}_{k\in\mathbf{N}}$.由所述取法知,

$$I_1\supset I_2\supset\cdots\supset I_k\supset\cdots,$$

$$x_k\notin I_k,k\in\mathbf{N},$$

同时，易见 I_k 的长为 $1/3^k\to 0(k\to\infty)$. 于是由数学分析中区间套定理，存在点 $\xi\in I_k, k\in\mathbf{N}$. 可是，$\xi$ 是 I_k 等的端点集的聚点，从而是闭集 P_0 的聚点，故 $\xi\in P_0$. 由于上面已指出 $x_k\in I_k, k\in\mathbf{N}$，故 $\xi\neq x_k, k\in\mathbf{N}$. 这是一个矛盾. 故 P_0 不可列.

再证 P_0 是完全集. 由于 P_0 是闭集，只须证明 P_0 无孤立点. 假定相反，P_0 有一孤立点 x_0. 由于 0 与 1 显然是 P_0 的聚点，故可设 $x_0\neq 0,1$. 于是，在 $(0,1)$ 中存在开区间 (α_0,x_0) 与 (x_0,β_0)，其中均无 P_0 的点，即 $(\alpha_0,x_0)\subset G_0$，$(x_0,\beta_0)\subset G_0$ 且 $x_0\in G_0$. 从而可知 (α_0,x_0)，(x_0,β_0) 将分别含在 G_0 的某两个构成区间 (α,x_0) 与 (x_0,β) 中，于是 x_0 将成为 G_0 的某两个构成区间的公共端点，但根据 G_0 的做法（用反证法，可选 G_0 的任意有限个构成区间来考察），这是不可能的.

这样，我们证明了：P_0 是不可列的完全集. 以后还会看到，引进实数的三进表示时，可以证明 P_0 的势等于 $\aleph$（读作阿列夫(Aleph)），即 P_0 与区间 $[0,1]$ 同势（参看 §5）.

设 E 是实直线 $\mathbf{R}$ 的子集，若它的闭包等于 $\mathbf{R}$，称 E 为 $\mathbf{R}$ 中的**稠密集**，或称 E **在 R 中稠密**. 当 $\overline{E}$ 的补集在 $\mathbf{R}$ 中稠密时，称 E 为**稀疏集**. 这样，康托尔三分集 P_0 是 $\mathbf{R}$ 中的稀疏集.

为了进一步研究多元实函数的需要，我们对 n 维欧几里得空间的点集知识介绍个大意.

所谓 n 维(实)欧几里得空间，是指由 n 个实数所作成的一切有序组的集 $\mathbf{R}^n$. 对于 $\mathbf{R}^n$ 中任意两点

$$x=(x_1,x_2,\cdots,x_n),\quad y=(y_1,y_2,\cdots,y_n),$$

定义它们之间的**距离**为

$$\rho(x,y)=\{(x_1-y_1)^2+(x_2-y_2)^2+\cdots+(x_n-y_n)^2\}^{1/2}.$$

容易证明，距离有下列性质：

(i) **非负性**　$\rho(x,y)\geqslant 0$，$\rho(x,y)=0$ 与 $x=y$ 等价；

(ii) **对称性**　$\rho(x,y)=\rho(y,x)$；

(iii) **三角不等式**　对于任何 $x,y,z\in\mathbf{R}^n$，有

$$\rho(x,y)\leqslant\rho(x,z)+\rho(z,y).$$

一般地，如果对一个抽象集能引进满足条件(i)—(iii)的二元函数 $\rho(x,y)$，则称此函数为**距离**，称此集为**距离空间**. $\mathbf{R}^n$ 是距离空间的一个简单例子. 关于一般距离空间，将在第 2 册第六章中作详细介绍.

如同直线上点集一样，对 $\mathbf{R}^n$ 中点集，也可以引进一些基本概念. 设 $a\in\mathbf{R}^n$，称满足 $\rho(a,x)<r$ 的一切点 x 所成的集为**点 a 的邻域**($r>0$). 从几何上看，点 a 的邻域是以 a 为中心、r 为**半径**的开球，在一维情形是以 a 为中心的开区间 $(a-r,a+r)$，这与定义 3.1 所给的等价.

注意，有的书上说到 a 的邻域是指任何这样的集 U，它的内部包含一个以 a 为中心的开球.

还有，所谓点列 $\{x_n\}$ 收敛于点 a 就是指 $\rho(x_n,a)\to 0(n\to\infty)$，点列 $\{x_n\}$ 有界是指存在常数 M 使对一切 n 有 $\rho(x_n,0)\leqslant M$，等等.

有了邻域概念，便不难定义聚点. 设 E 为 $\mathbf{R}^n$ 中一个点集，$a\in\mathbf{R}^n$. 如果 a 的任一邻域中都含有 E 中一个异于 a 的点，则称 a 为 E 的**聚点**. 它等价于存在点列 $\{x_n\}\subset E$，$x_n\neq a$ 使 $x_n\to a(n\to\infty)$. 如同直线上的点集一样，可完全类似地定义**内点**、**开集与闭集**等概念，这里不再一一重复. 我们指出，定理 3.1—定理 3.6 对于 $\mathbf{R}^n$ 情形也是成立的，但定理 4.1 不能直接照搬到 $\mathbf{R}^n(n\geqslant 2)$ 中来，参看下面定理 4.2. 在考虑多维情形时，不妨先从二维来理解. 下面就来考虑二维开集的构造，这可以同一维情形相比较. 设在 $\mathbf{R}^1$ 中给定一个区间 (α,β). 考察端点为整数的单位长半闭区间类 $\{[n,n+1):n\in\mathbf{Z}\}$，把整个含于 (α,β) 内的这种区间全体记为 T_0. 再考虑半闭区间类 $\left\{\left[\frac{n}{2},\frac{n+1}{2}\right):n\in\mathbf{Z}\right\}$，凡是整个含于 $(\alpha,\beta)\setminus T_0$ 的那些区间全体记为 T_1，其中每个区间长为 2^{-1}. 一般地，可得长为 2^{-k} 的半闭区间集 T_k，其中每个区间的端点为形如 $n/2^k$ 的点，$n\in\mathbf{Z}$，整个区间都含于

$$(\alpha,\beta)\setminus(T_0\cup\cdots\cup T_{k-1}),\quad k=2,3,\cdots.$$

那么不难看出，(α,β) 正好等于所有 T_k 中一切半闭区间的并，且是互不相交的并. 这个想法可应用到整个开集上. 而且在多维情形也可应用. 下面以二维情形为例来叙述. 所谓半闭正方形指的是形如

$$\{(x,y):a\leqslant x<a+h,c\leqslant y<c+h,h>0\}$$

的集.

定理 4.2 $\mathbf{R}^2$ 中的非空开集 G 可表示为至多可列个互不相交的半闭正方形的并.

证 我们简要地说明这种构造法，而将繁琐的叙述细节略去. 取直线网

$$x=0,x=\pm 1,x=\pm 2,\cdots,y=0,y=\pm 1,y=\pm 2,\cdots,$$

把坐标平面 $\mathbf{R}^2$ 分成可列个第 0 类半闭正方形，其中任意两个没有公共点. 再考虑把第 0 类半闭正方形的每个等分为 4 个的更密直线网，

$$x=0,\pm 1/2,\pm 2/2,\pm 3/2,\cdots,$$
$$y=0,\pm 1/2,\pm 2/2,\pm 3/2,\cdots,$$

则得第 1 类半闭正方形，其中两两不相交，再次把第 1 类半闭正方形的每个等分为 4 个，如此等等.

同一类半闭正方形中两两不相交，且每个第 k 类正方形由 4 个第 $k+1$ 类正方形组成，第 k 类正方形的边长为 $1/2^k$. 所有各类正方形全体的集显然可列.

把第 0 类半闭正方形中整个含在 G 内的那些所成的集记成 T_0，第 1 类半闭正方形中整个含在 G 内而不含于 T_0 的那些半闭正方形所成的集记成 T_1. 同样，用 T_2 表示含于 G 内而不含于 $T_1\cup T_0$ 的第 2 类半闭正方形集，等等(图 5). 这样，根据归纳法得到组 $T_0,T_1,T_2,\cdots$，其并集由至多可列个半闭正方形 $Q_0,Q_1,\cdots,Q_k,\cdots$ 组成. 所述定理的内容即指 $G=\bigcup\limits_{k=0}^{\infty}Q_k$. ∎

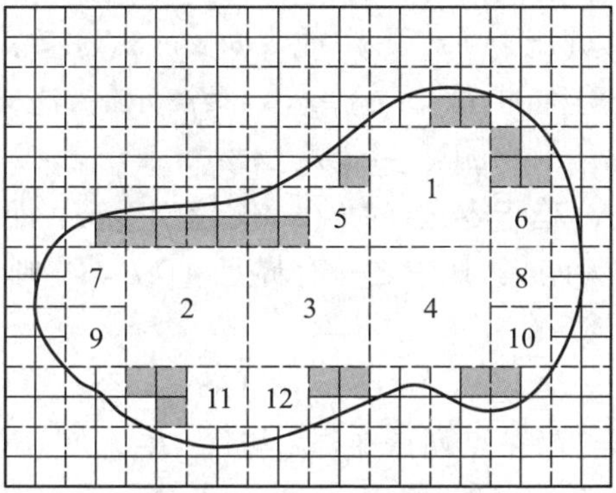

图 5　二维开集的构造示意

在 $\mathbf{R}^n$ 中还可以引进另一些概念. 例如，非空集 A 的**直径**定义为

$$d(A)=\sup_{x,y\in A}\rho(x,y).$$

当 $d(A)<\infty$ 时，称 A 为**有界**的，这与分析中有界集的定义等价.

一点 $a\in\mathbf{R}^n$ 与一非空集 A 的距离定义为

$$\rho(a,A)=\inf_{x\in A}\rho(a,x).$$

一般地，两集 A,B 的距离定义为

$$\rho(A,B)=\inf_{\substack{x\in A\\ y\in B}}\rho(x,y).$$

这是两点间距离的一种推广方式，但已不满足距离性质(iii)了.

例 2　可以证明，若 B 为非空闭集，那么一定存在一点 $b\in B$，使

$$\rho(a,b)=\rho(a,B).$$

其实，据下确界的定义，存在点列 $\{y_n\}\subset B$，使

$$\rho(a,B)=\lim_{n\to\infty}\rho(a,y_n).$$

这样，数列 $\{\rho(a,y_n)\}$ 有界：$\rho(a,y_n)\leqslant M$. 从而可知点列 $\{y_n\}$ 有界：

$$\rho(y_n,0)=\rho(0,y_n)\leqslant\rho(0,a)+\rho(a,y_n)\leqslant\rho(0,a)+M.$$

于是据聚点原理，$\{y_n\}$ 存在收敛子列 $\{y_{n_k}\}\to b\ (k\to\infty)$，且因 B 是闭集，知 $b\in B$. 从而有

$$\rho(a,b)=\lim_{k\to\infty}\rho(a,y_{n_k})=\rho(a,B).$$

注意,当$\{y_n\}$非无穷集时,子列$\{y_{n_k}\}$可能自某项始 $y_{n_k}=b$.

容易看出,当 a 变动时,由距离定义的函数 $\varphi(x)=\rho(x,B)$,$x\in\mathbf{R}^n$是连续的.其实,任取 $a\in\mathbf{R}^n$,则对任一点 $y\in B$,有

$$\varphi(x)\leqslant\rho(x,y)\leqslant\rho(x,a)+\rho(a,y).$$

由 $y\in B$ 的任意性,当取下确界时,便得

$$\varphi(x)\leqslant\rho(a,x)+\varphi(a)\quad 或\quad \varphi(x)-\varphi(a)\leqslant\rho(a,x).$$

此不等式关于 x,a 是对称的,故 $\varphi(a)-\varphi(x)\leqslant\rho(a,x)$.这样,

$$|\varphi(x)-\varphi(a)|\leqslant\rho(a,x).$$

x 趋于 a 相当于$\rho(a,x)$趋于零,这时 $\varphi(x)$便趋于 $\varphi(a)$.即 φ 于点 a 处连续.

例 3 若 A,B 均为闭集,其中之一有界且 $A\cap B=\varnothing$,则可证明$\rho(A,B)>0$,且存在两点 $a\in A,b\in B$ 使

$$\rho(a,b)=\rho(A,B).$$

其实,与上面一样,存在点列$\{x_n\}\subset A$ 与$\{y_n\}\subset B$ 使

$$\lim_{n\to\infty}\rho(x_n,y_n)=\rho(A,B).$$

不妨设A有界,那么$\{x_n\}$有界.据聚点原理,有子列$\{x_{n_k}\}$收敛于a且因A为闭集,$a\in A$.此时易见$\{y_{n_k}\}$也有界,因而它有子列$\{y_{n'_k}\}$收敛于一点 $b\in B$.对应的子列$\{x_{n'_k}\}$仍是收敛于 a 的.于是有

$$\lim\rho(x_{n'_k},y_{n'_k})=\rho(a,b)=\rho(A,B).$$

因 $A\cap B=\varnothing$,故 $a\neq b$.这样$\rho(A,B)>0$.显然,若 A,B 相交,则 $\rho(A,B)=0$.

本例有下列推广:若 $A_1,A_2,\cdots,A_n$ 为互不相交的闭集且除 A_n 外均有界,则距离$\rho(A_i,A_j)(i\neq j)$均可在相应的集中的点达到,且$\min\limits_{i\neq j}\rho(A_i,A_j)>0$.

下面的例子说明,当A,B 均为无界闭集时,上述结果未必成立.

例 4 设$A=\bigcup\limits_{n\in\mathbf{N}}[2n-1,2n]$,$B=\left\{2n+\dfrac{1}{2n}:n\in\mathbf{N}\right\}$,则$A,B$ 均为闭集(无界集)且不相交;但$\rho(A,B)=0$,且不存在 $a\in A,b\in B$ 使$\rho(a,b)=0$.

*§5 集的势·序集

本节我们来讨论一般集合的另一些特性,它们带有更为基础的意义,并且在应用上也很重要.由于这些内容属于补充材料,初学时除基本概念外可以暂时略去.

前面已讲了可列集概念.这是借用对等方法从无限集中分出来的最简单的

一类集.设想把一切集进行分类,凡彼此对等的归于同一类,不对等的属于不同的类.对每类集我们给予一个标志,用**势**或**基数**来称呼它,并用$\overline{\overline{E}}$来表示集E的势.例如,可列集的势记为$\aleph_0$,与区间$[0,1]$对等的集的势记成$\aleph$,并称为**连续集的势**.据定理2.3知道,两个势$\aleph$与$\aleph_0$是不同的.

关于势的大小比较,仍借用对等来定义.设A,B为两个集,假定A与B不对等,而A与B的一个子集B_0对等,则称**A的势小于B的势**,或**B的势大于A的势**,记为$\overline{\overline{A}}<\overline{\overline{B}}$或$\overline{\overline{B}}>\overline{\overline{A}}$.具有$n$个元的有限集的势记成$n(n\in\mathbf{N})$,而空集的势记成0.那么下列势的大小关系成立:

$$0<n<\aleph_0<\aleph.$$

从任意一个集A出发,可以作出一个集$\mathscr{A}$,它的势大于A的势.当A是有限集时,$A=\{a_1,a_2,\cdots,a_k\}$,可以取$\mathscr{A}$为A的一切子集所成的类.那么$\mathscr{A}$的元是

$$\varnothing,\{a_1\},\cdots,\{a_k\},\{a_1,a_2\},\cdots,\{a_{k-1},a_k\},\cdots,\{a_1,a_2,\cdots,a_k\},$$

它共有$\binom{k}{0}+\binom{k}{1}+\cdots+\binom{k}{k}=2^k$个元.显然$2^k>k$.当$A$是可列集时,它的一切子集所成的类的势是$\aleph$,它大于$\aleph_0$,这可以象征性地记成$2^{\aleph_0}>\aleph_0$.此事实可借用实数的二进表示来论证,同时也是下述定理的推论.

定理 5.1 设集A的势为μ,用2^μ表示A的一切子集所成的类的势,则有

$$2^\mu>\mu.$$

证 设$\mathscr{A}$表示A的一切子集所成的类,$\mathscr{A}$的势为2^μ.因$\mathscr{A}$是由A的一切子集构成的,A的一切单元素集所成的类是$\mathscr{A}$的子类$\mathscr{A}_0$,$\mathscr{A}_0$显然与A对等,故有$2^\mu\geqslant\mu$.剩下的只需证明等号不可能成立.假定相反,则存在一一映射$f:\mathscr{A}\to A$.令

$$\mathscr{A}_1=\{f(E):E\in\mathscr{A},\ f(E)\notin E\},$$

则集$\mathscr{A}_1$为A的一子集,同时$\mathscr{A}_1$本身又是$\mathscr{A}$的一个元.

于是,矛盾将产生.因为如果看成$\mathscr{A}$的元的$\mathscr{A}_1$被f映为$f(\mathscr{A}_1)$,若$f(\mathscr{A}_1)\in\mathscr{A}_1$时,据$\mathscr{A}_1$的定义,$\mathscr{A}_1$中无$f(\mathscr{A}_1)$这个元,于是将有$f(\mathscr{A}_1)\notin\mathscr{A}_1$,矛盾;若$f(\mathscr{A}_1)\notin\mathscr{A}_1$,仍据$\mathscr{A}_1$的定义,应有$f(\mathscr{A}_1)\in\mathscr{A}_1$,亦明显矛盾.因此,如果上述一一映射$f$存在的话,将不可能确定元$f(\mathscr{A}_1)$是否属于$\mathscr{A}_1$,这违反了我们关于集论的基本约定.故所述一一映射$f$不存在,因而得$2^\mu>\mu$. ■

所证定理表明,具有最大势的集是不存在的.

关于势的比较,有下列常用的**伯恩斯坦**(F. Bernstein)**定理**.

定理 5.2 设λ,μ为两个势.若$\lambda\leqslant\mu,\mu\leqslant\lambda$同时成立,则有$\lambda=\mu$.

证 回到势的一个代表集来考察.设A的势为λ,B的势为μ.由$\lambda\leqslant\mu$知存在B的子集B_0使$A\sim B_0$,设映射f实现A与B_0的一一对应.同样,由$\mu\leqslant\lambda$知存在

A 的子集 A_0,使 $B\sim A_0$,并有映射 g 实现 B 与 A_0 的一一对应(图 6).

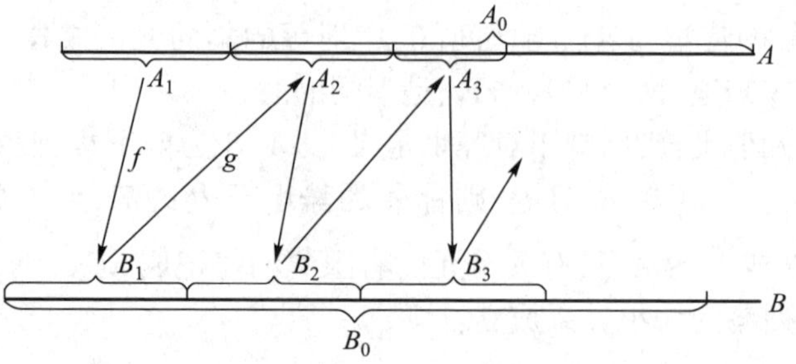

图 6　定理 5.2 证明示意

令

$$A\backslash A_0=A_1,\quad f(A_1)=B_1,$$
$$g(B_1)=A_2,\quad f(A_2)=B_2,$$
$$g(B_2)=A_3,\quad f(A_3)=B_3,$$
$$\cdots\cdots\cdots\cdots$$

由于 f 与 g 都是一一映射,故 $A_1,A_2,A_3,\cdots$ 互不相交,$B_1,B_2,B_3,\cdots$ 也互不相交.显然,由映射 f 知 $A_n\sim B_n,n\in\mathbf{N}$,故 $\bigcup\limits_{n=1}^{\infty}A_n\sim\bigcup\limits_{n=1}^{\infty}B_n$.另一方面,由映射 g 知 $B\sim A_0,B_k\sim A_{k+1},k\in\mathbf{N}$,故

$$B\Big\backslash\bigcup_{k=1}^{\infty}B_k\sim A_0\Big\backslash\bigcup_{k=1}^{\infty}A_{k+1}=A\Big\backslash\bigcup_{n=1}^{\infty}A_n,$$

从而

$$A=\left(A\Big\backslash\bigcup_{n=1}^{\infty}A_n\right)\cup\left(\bigcup_{n=1}^{\infty}A_n\right)\sim\left(B\Big\backslash\bigcup_{n=1}^{\infty}B_n\right)\cup\left(\bigcup_{n=1}^{\infty}B_n\right)=B.$$ ■

我们指出,从伯恩斯坦定理可以推知,对于任何两个势 λ,μ,三个关系

$$\lambda<\mu,\lambda=\mu,\lambda>\mu$$

中不可能有两者同时成立(这里未断言必有一成立).其实,若出现了 $\lambda=\mu$,则其余两式已不可能成立;若出现了 $\lambda<\mu$ 以及 $\lambda>\mu$,那么由伯恩斯坦定理(参看证明)推出 $\lambda=\mu$,矛盾.实际上所述关系有且仅有一成立[21].

为了以后的需要,我们介绍一下实数的 p 进表示,$p\geqslant 2$ 是整数.设 $x\in[0,1)$,把 x 写成如下的正项级数

$$x=x_1\cdot p^{-1}+x_2\cdot p^{-2}+\cdots+x_n\cdot p^{-n}+\cdots,$$

其中 $x_n\in\{0,1,\cdots,p-1\}$.右边正项级数显然收敛,并且不超过

$$(p-1)p^{-1}+(p-1)p^{-2}+\cdots=1,$$

它所收敛的那个和就代表实数 x. 若从某位数字 x_n 开始全为 $p-1$,而 $x_{n-1}\neq p-1$,则这样的数有两种表示:

$$x=x_1p^{-1}+x_2p^{-2}+\cdots+x_{n-1}p^{-n+1}+(p-1)p^{-n}+(p-1)p^{-n-1}+\cdots$$

与

$$x=x_1p^{-1}+x_2p^{-2}+\cdots+(x_{n-1}+1)p^{-n+1}.$$

通常约定用后一种表示,它称为有限表示. 在此约定下,$[0,1)$ 中的实数便与其 p 进表示构成一一对应. 至于自然数 x,同样可依 p 的正幂组合来表示,即

$$x=x_{-r}p^r+x_{-r+1}p^{r-1}+\cdots+x_0p^0,$$

其中 $x_k\in\{0,1,\cdots,p-1\}$, $k=0,-1,\cdots,-r$,并且除 $x=0$ 以外,可要求 $x_{-r}\neq 0$,这里附标 $-r$ 依赖于数 x 本身. 因此,把上面讨论结合起来,便知每个 $x\in[0,\infty)$ 有下列 p **进表示**

$$x=\sum_{n=-r}^{\infty}x_np^{-n},\quad x_n\in\{0,1,\cdots,p-1\},$$

其中 $x_{-r}\neq 0$,对 $x\neq 0$;而 $x=0$ 时,各个数字 x_n 全为 0. 这样,每个非负实数与其 p 进表示在限制有限表示时构成一一对应:

$$x\leftrightarrow(x_{-r}x_{-r+1}\cdots x_0;x_1x_2\cdots).$$

当 $x\in[0,1)$,即 x 的整数部分为 0 时,上述 p 进表示可简写成

$$x\leftrightarrow(x_1x_2\cdots x_n\cdots).$$

把级数和看成部分和的极限时,这种 p 进表示的加、乘运算就如同级数一样进行. 对于负数,只需在正数表示前添上负号,看成加法的逆运算. 于是四则运算可依通常正项级数那样进行(零不能作除数).

例如,$p=2$ 时,几个数的二进表示如下

$$1=(1;000\cdots),\quad 5=(101;000\cdots),$$
$$2=(10;000\cdots),\quad 6=(110;000\cdots),$$
$$3=(11;000\cdots),\quad 7=(111;000\cdots),$$
$$4=(100;000\cdots),\quad 8=(1000;000\cdots),$$
$$\frac{1}{2}=(100\cdots),\quad \frac{2}{3}=(101010\cdots),\quad 2\frac{1}{3}=(10;010101\cdots).$$

上面已经说过,$\frac{1}{2}$ 还有表示 $(0111\cdots)$,若无特别声明,我们约定用有限表示 $\frac{1}{2}=(100\cdots)$. 常用的表示是十进表示,计算机中用二进表示,本书中还要用到三进表示.

例 1 试证闭区间 $[0,1]$ 与闭正方形 $[0,1;0,1]$ 有相同的势 $\aleph$.

证 令 $I^2=[0,1;0,1]$,它的势为 μ,已知 $[0,1]$ 的势为 $\aleph$. 显然,$\mu\geqslant\aleph$. 把 I^2 中每一点 (x,y) 用二进小数表示为

$$\begin{cases}x=0.x_1x_2\cdots,\\ y=0.y_1y_2\cdots,\end{cases}$$

$x_n,y_n\in\{0,1\},n\in\mathbf{N}$. 并约定称 x 的小数表示中自某一位开始后数字全相同的这种数为**二进有理数**. 依约定,凡是二进有理数我们用有限表示,即自某一位开始后数字全为 0. 例如,$1/2=0.1000\cdots$ 而不用 $1/2=0.0111\cdots$. x 与 y 均为二进有理数的点 (x,y) 称为 I^2 的**二进有理点**. 考察映射 $f:I^2\to[0,1]$,它使

$$(x,y)\text{ 与 }z=0.x_1y_1x_2y_2x_3y_3\cdots x_ny_n\cdots$$

相对应. 可以看出,f 使 I^2 中除去二进有理点所得子集 A_0 与 $[0,1]$ 的一子集构成一一对应,但因 $I^2\setminus A_0$ 是可列集,$[0,1]$ 的势为 $\aleph$,故有 $\mu\leqslant\aleph$. 故据定理 5.2,有 $\mu=\aleph$.

例 2 试证闭区间 $[0,1]$ 与 $(-\infty,\infty)$ 同势,又闭正方形 $[0,1;0,1]$ 与整个平面同势.

证 考察定义在开区间 $(0,1)$ 上的函数 $f(x)=\dfrac{2x-1}{x(1-x)}$. 易见它是严格单调的,因而是一一映射且将 $(0,1)$ 映到 $(-\infty,\infty)$. 区间 $[0,1]=(0,1)\cup\{0,1\}$,它的势为 $\aleph$,故 $(-\infty,\infty)$ 与 $[0,1]$ 的势相同,均为 $\aleph$.

类似地,把 (x,y) 看成平面上的点坐标,那么 $(x,y)\to(f(x),f(y))$ 实现了开正方形 $(0,1;0,1)$ 到整个平面的一一映射,这里 f 是上面所给的映射. 同时 $[0,1;0,1]$ 是平面的子集,我们便可断定闭正方形 $[0,1;0,1]$ 与整个平面同势.

例 3 一切实系数多项式的集的势为 $\aleph$.

其实,n 次实系数多项式有表示

$$P_n(x)=c_0+c_1x+\cdots+c_nx^n,$$

其中 $c_0,c_1,\cdots,c_n\in\mathbf{R},n\in\mathbf{N}\cup\{0\}$,$x$ 是变元. 用 P_n 表示一切 n 次实系数多项式的集,则一切实系数多项式的集为 $\mathrm{P}=\bigcup\limits_{n=0}^{\infty}\mathrm{P}_n$. 已知 $\overline{\overline{\mathbf{R}}}=\aleph$,故 $\overline{\overline{\mathrm{P}}}_0=\aleph$. 由 $\overline{\overline{\mathbf{R}^2}}=\aleph$,知 $\overline{\overline{\mathrm{P}}}_i=\aleph$. 因而据归纳法知 $\overline{\overline{\mathrm{P}}}_n=\aleph,n\in\mathbf{N}\cup\{0\}$. 于是有一一对应:

$$\mathrm{P}_0\longleftrightarrow[0,1),\mathrm{P}_1\longleftrightarrow[1,2),\cdots,\mathrm{P}_n\longleftrightarrow[n,n+1),\cdots$$

因而 $\mathrm{P}\longleftrightarrow[0,\infty)$. 可见 $\overline{\overline{\mathrm{P}}}=\aleph$.

顺便指出,由于有理数集的势为 $\aleph_0$,故一切有理系数多项式的集的势为 $\aleph_0$.

例 4 设用 M 表示 $[0,1]$ 上一切有界实函数的类,试证 M 的势为 $2^{\aleph}$.

证 我们再一次应用伯恩斯坦定理. 设 E 是 $[0,1]$ 的任一子集,作函数

$$\chi_E(x)=\begin{cases}1, & x\in E,\\ 0, & x\in[0,1]\setminus E.\end{cases}$$

这是集 E 的特征函数(以$[0,1]$为基本集).显然,$\chi_E \in M$.由此可知$[0,1]$的任一子集(看成一个元)都与 M 中的一个元相对应,且不同子集所对应的特征函数也不同.但$[0,1]$的一切子集所成的类的势为 $2^{\aleph}$,故 M 的势不小于 $2^{\aleph}$.

另一方面,对于每个 $f \in M$,函数图像$\{(x, f(x)) : x \in [0,1]\}$为平面上的一子集,如果用 A 表示平面的一切子集所成的类,那么我们已经证明:M 的势不大于 A 的势.后者是 $2^{\aleph}$.故 M 的势不大于 $2^{\aleph}$.于是由定理 5.2,知 M 的势等于 $2^{\aleph}$. ▮

例 5 康托尔完全集 P_0的势为 $\aleph$.

其实,引进$[0,1]$中小数的三进表示来考察.区间$(1/3,2/3)$中每个点 x 可表示成

$$x=0.1x_2x_3\cdots,$$

其中 $x_2,x_3,\cdots$是 0,1,2 三个数字中之一.这区间的两个端点均有两种表示,规定采用(不出现数字 1):

$$1/3=0.0222\cdots,\quad 2/3=0.2000\cdots.$$

区间$(1/3^2,2/3^2)$,$(7/3^2,8/3^2)$中的点 x 可表示成

$$x=0.01x_3x_4\cdots \quad 或 \quad x=0.21x_3x_4\cdots,$$

其中 $x_3,x_4,\cdots$是 0,1,2 中任一数字.而区间端点则采用(不出现数字 1):

$$1/3^2=0.0022\cdots,\quad 7/3^2=0.2022\cdots,$$

$$2/3^2=0.0200\cdots,\quad 8/3^2=0.2200\cdots.$$

如此等等.根据归纳法分析可知,依上述规定,G_0中的点的三进表示中必有一位数字是 1,且只有这样的点才属于 G_0.因而 P_0与集

$$A=\{0.x_1x_2x_3\cdots: 每个\ x_k \in \{0,2\}\}$$

成一一对应.借用实数的二进表示易知 A 与$[0,1]$对等,故 A 的势为 $\aleph$,从而 P_0 的势为 $\aleph$.

为让读者对康托尔三分集 P_0 多一些了解,在这里对它给出一种借用迭代函数系的表示.设用 I_0 表示一维区间$[0,1]$.由两个函数 $S_1(x)=x/3$,$S_2(x)=2/3+x/3$ 组成的迭代函数系将 I_0 映射成

$$I_1=S_1(I_0)\cup S_2(I_0),$$

一般地 $I_2=S_1(I_1)\cup S_2(I_1)$,$\cdots$,$I_n=S_1(I_{n-1})\cup S_2(I_{n-1})$,$n\in \mathbf{N}$.于是 P_0 可以表示成这些迭代区间的交:$P_0=\bigcap\limits_{n=0}^{\infty} I_n$.这是分形分析中最简单而重要的例子.

我们看到,无限集的势中以 $\aleph_0$ 与 $\aleph$ 较为简单,并且有 $\aleph_0<\aleph$.康托尔的连续统假设说,在 $\aleph_0$与 $\aleph$ 之间,没有第三种势存在(1878 年).这个问题看来很简单,但多少年来没有得到解决.直到 1963 年才有人证明[6],连续统假设与集合论公理系(策梅洛(E. Zermelo)-弗兰克尔(A. A. Fraenkel)公理系)是互相独立的.这对连续统假设的解决是一个重大的贡献.

下面引进集的**序**概念并作某些讨论.

在实数集中有大小概念,依此建立了实数的一种次序.对于一般的集,引进**序**的定义如下:

定义 5.1 对于给定的集 X,若在它的元之间能引进关系"$\leqslant$"(这里作为序的记号,可读成"小于或等于"),满足**序公理**:

(i) $a\leqslant a$;

(ii) 若 $a\leqslant b, b\leqslant c$,则 $a\leqslant c$;

(iii) 若 $a\leqslant b, b\leqslant a$,则 $a=b$,

其中 $a,b,c\in X$,那么称 X 为带有序"$\leqslant$"的**半序集**.如果对于半序集 X 的任意两个元 a,b,还满足条件:

(iv) 关系式 $a\leqslant b$ 与 $b\leqslant a$ 二者必居其一,

那么称 X 为带有序"$\leqslant$"的**全序集**.

记号"$a\leqslant b$"也可写成"$b\geqslant a$".又记号"$a<b$"表示"$a\leqslant b$ 但 $a\neq b$".

定义 5.2 设 X 为半序集,X_0为 X 的子集.如果 $b\in X$ 满足条件:对一切 $x\in X_0$都有 $x\leqslant b$,则称 b 为 X_0的一个**上界**.如果 b 为 X_0的一个上界,且对 X_0的任一上界 b',均有 $b\leqslant b'$,则称 b 为 X_0的**上确界**.换句话说,X_0的上确界是 X_0的上界中的最小者(按序"$\leqslant$"意义).

注意,X_0的上确界未必属于 X_0.关于 X_0的**下界**、**下确界**可类似地定义.X_0的上、下确界分别用 $\sup X_0$, $\inf X_0$表示.

例 6 设 E 为一非空集,它的一切子集构成一个类 X,依平常的集的包含关系,X 成一**半序类**.

这就是说,$A,B\in X, A\leqslant B$ 的意义是指 $A\subset B$.容易验明,上面序公理(i)—(iii)成立,但(iv)不成立.

设 X_0为 X 的**子类**,易见 $\sup X_0=\bigcup\limits_{A\in X_0} A$, $\inf X_0=\bigcap\limits_{A\in X_0} A$.

例 7 由六个点$\{(1,2),(2,5),(3,4),(4,4),(5,6),(1,6)\}$构成的平面子集,如果用坐标$(x,y)$的 x 与 y 之和的大小为序,就有$(1,2)<(2,5)<(5,6)$,等等.但三个点$(2,5),(3,4),(1,6)$等序,不能排出大或小.

例 8 复平面上每个复数可以表示成 $z=r\mathrm{e}^{\mathrm{i}\theta}, r\geqslant 0, \theta\geqslant 0$.约定 $z_1<z_2$ 当且仅当$r_1<r_2$或者 $r_1=r_2$ 而 $\theta_1<\theta_2$;$z_1=z_2$ 自然指 $r_1=r_2$ 且 $\theta_1=\theta_2$.此时序公理(i)—(iii)显然满足.我们看到,同一个点可以有多种表示,例如 $1+\mathrm{i}=\sqrt{2}\,\mathrm{e}^{\mathrm{i}\pi/4}=\sqrt{2}\,\mathrm{e}^{9\mathrm{i}\pi/4}$,似乎出现了重叠点.

再举一个有趣的例子(例 9),集中一些元自身不与它相等(依序关系).为此我们将引用二进群 G_2 概念.G_2 是由一切无穷排列

$$\hat{x}=(x_1x_2\cdots x_n\cdots),\quad x_n\in\{0,1\}, n\in\mathbf{N}$$

构成,群的运算$\oplus$为按位模 2 加法.例如,

$$\hat{x}=(01000\cdots),\quad \hat{y}=(11000\cdots),$$

则 $\hat{x}\oplus\hat{y}=(10000\cdots)$.易知 G_2 是可换加群.

规定 G_2 中的序如下.两个元 $\hat{x}=(x_1x_2\cdots)$,$\hat{y}=(y_1y_2\cdots)$ 相等 $\hat{x}=\hat{y}$ 是指 $x_k=y_k$,$k\in\mathbf{N}$;而 $\hat{x}<\hat{y}$(或 $\hat{y}>\hat{x}$)是指存在某个 $k\in\mathbf{N}$,使

$$x_1=y_1,\cdots,x_{k-1}=y_{k-1},x_k<y_k.$$

这样,关系"$\leqslant$"成为 G_2 的序,序公理(i)—(iii)显然成立.

例 9 考察实数集 $E=\{x:0\leqslant x\leqslant 1\}$,每个数 $x\in E$ 依二进小数表示为(参看例 1)

$$x=0.x_1x_2\cdots x_n\cdots,x_n\in\{0,1\},\quad n\in\mathbf{N}.$$

作对应 $E\to G_2(x\to\hat{x})$ 如下:

$$0.x_1x_2\cdots x_n\cdots\to(x_1x_2\cdots x_n\cdots).$$

那么,E 中每个数对应于 G_2 中的一个元,但 E 中每个非零二进有理数对应于 G_2 中两个不同的元.如果我们依群 G_2 的序来定义 E 的序,即约定 E 中 $x\leqslant y$ 指的是 G_2 中 $\hat{x}\leqslant\hat{y}$.那么这样约定的"序"就出现了问题.例如,

$$\alpha=\frac{1}{2}=0.1000\cdots,\quad \beta=\frac{1}{2}=0.0111\cdots$$

分别对应于 G_2 的元 $\hat{\alpha}=(1000\cdots)$ 与 $\hat{\beta}=(0111\cdots)$,而 $\hat{\alpha}>\hat{\beta}$,于是依约定的序有 $\alpha>\beta$ 或 $\frac{1}{2}>\frac{1}{2}$.这样,序关系(i)不成立.

例 10 考虑实 n 维欧几里得空间 $\mathbf{R}^n$.任取 $\mathbf{R}^n$ 中两个元 $x=(x_1,x_2,\cdots,x_n)$ 与 $y=(y_1,y_2,\cdots,y_n)$.约定 $x=y$ 的意义是它们的对应坐标相等.如果 $x_1<y_1$ 或 $y_1>x_1$,那么记成 $x<y$.或者,如果 $x_1=y_1,\cdots,x_k=y_k$,而 $x_{k+1}<y_{k+1}(k\in\{1,2,\cdots,n-1\})$ 亦记 $x<y$.这样我们得到带有序"$\leqslant$"的全序集 $\mathbf{R}^n$.这是一种字典序,易见 $\mathbf{R}^n$ 本身无上、下确界.设 E 为 $\mathbf{R}^n$ 的非空子集.那么当 $n=1$ 时,显然 E 有上、下确界的充分必要条件是 E 有界.当 $n>1$ 时,E 有上、下确界当且仅当下列一组条件满足:

$E^1=\{x_1:(x_1,x_2,\cdots,x_n)\in E\}$ 有界且可取达其下、上确界 α_1,β_1;

$E_1^2=\{x_2:(\alpha_1,x_2,\cdots,x_n)\in E\}$ 有下界,$E_2^2=\{x_2:(\beta_1,x_2,\cdots,x_n)\in E\}$ 有上界且可分别取达其下确界及上确界 α_2,β_2;

……

$E_1^{n-1}=\{x_{n-1}:(\alpha_1,\alpha_2,\cdots,\alpha_{n-2},x_{n-1},x_n)\in E\}$ 有下界,$E_2^{n-1}=\{x_{n-1}:(\beta_1,\beta_2,\cdots,\beta_{n-2},x_{n-1},x_n)\in E\}$ 有上界且可分别取达其下确界及上确界 α_{n-1},β_{n-1};

$E_1^n=\{x_n:(\alpha_1,\alpha_2,\cdots,\alpha_{n-1},x_n)\in E\}$ 有下界,$E_2^n=\{x_n:(\beta_1,\beta_2,\cdots,\beta_{n-1},x_n)\in E\}$ 有上界.

我们将建立在下面讨论中起基本作用的一条定理.为此,先做一些准备.

定义 5.3 设 X 为非空半序集,它的每个非空全序子集均有上确界.取定元 $a\in X$ 与映射 $f:X\to X$.称 X 的子集 A 为**容许集**,如果下列三条件满足:

(i) $a\in A$;

(ii) $f(A)\subset A$;

(iii) A 的每个全序子集的上确界属于 A.

显然,X 本身满足条件(i)—(iii),故容许集存在.令 P 为一切容许集的交,则 P 是最小的容许集.

引理 5.1 设 X 为非空半序集且它的每个非空全序子集均有上确界,再设映射 $f:X\to X$ 满足 $f(x)\geqslant x(x\in X)$,那么

$$M=\{x:x\in X \text{ 且 } x\geqslant a\}$$

为容许集.从而 $M\supset P$.

证 我们验证对于 M,容许集的三条件满足.(i) 显然.(ii) 设 $x\in M$,则 $f(x)\in X$ 且 $x\geqslant a$.由假设 $f(x)\geqslant x$ 知 $f(x)\geqslant a$.故 $f(x)\in M$,从而(ii)满足.(iii) 设 M_0 为 M 的任一全序子集,由假设它有上确界 $m\in X$.因对任意 $x\in M_0$ 有 $x\geqslant a$,故 $m\geqslant a$.这样,$m\in M$.于是,对于 M 容许集的三条件全部满足,可见 M 为容许集.注意到 P 是最小容许集,便有 $M\supset P$. ▮

引进容许集 M 的目的是利用性质:对一切 $x\in P$ 有 $x\geqslant a$.此外,我们还需要 P 的另外两个表示:

$$B=\{x:x\in P \text{ 且由 } y<x, y\in P \text{ 即有 } f(y)\leqslant x\}$$

并约定 $a\in B$;

$$C=\{z:z\in P, z\leqslant x \text{ 或 } z\geqslant f(x)\},$$

其中 x 是 B 中任一固定的元,而 f 如引理 5.1 所述.

为了证明 $B=C=P$,注意 $B\subset P, C\subset P$,只需证明 B,C 均为容许集即可.

引理 5.2 C 是容许集且 $C=P$.

证 如上所述,只需证明 C 为容许集.下面证明 C 满足容许集的三条件.

(i) 因对 $x\in B, B\subset P$,据引理 5.1 有 $x\geqslant a$,故 $a\in C$.

(ii) 设 $z\in C$,则因对 $x\in B$ 有

$$z\leqslant x \quad \text{或} \quad z\geqslant f(x).$$

注意到由引理假设 $f(z)\geqslant z$ 与 B 的定义,我们可以作出运行图

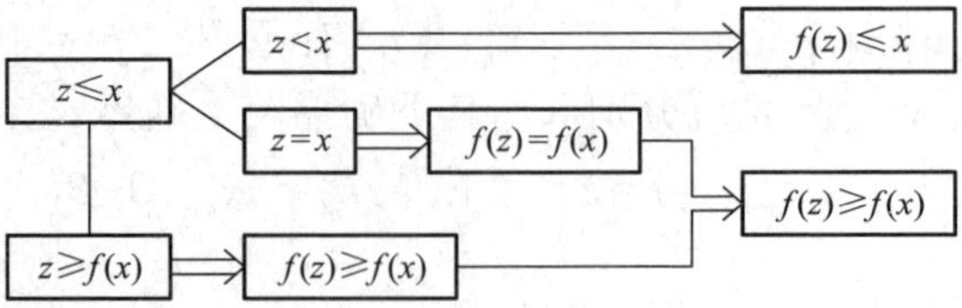

由此据 C 的定义，$f(z)\in C$，因而 $f(C)\subset C$.

(iii) 设 C_0 为 C 的任一非空全序子集，$c_0=\sup C_0$. 那么对 $z\in C, x\in B$，据 C 的定义有 $z\leqslant x$ 或 $z\geqslant f(x)$. 观察运行图：

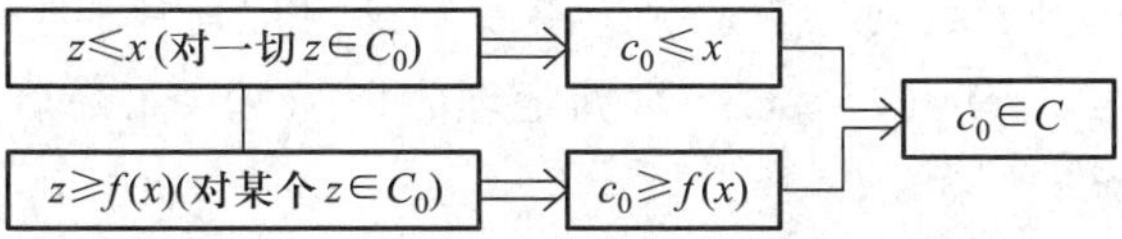

其中 c_0 的存在性是由于 $C\subset P$. 由此知 $c_0\in C$. 这样 C 是容许集且 $C=P$. ■

引理 5.3 B 是容许集且 $B=P$.

证 仍然验明 B 满足容许集的三条件.

(i) $a\in B$ 是约定的.

(ii) 设 $x\in B, y\in P$. 据引理 5.2，$y\in C$，因而有

$$y\leqslant x \quad 或 \quad y\geqslant f(x).$$

由 $x\in B$ 知 $x\in P, f(x)\in P$. 为证 $f(x)\in B$，据 B 的定义，只需考虑 $y<f(x)$ 的情形. 此时上面论断后一个不成立，必然有 $y\leqslant x$. 观察运行图（据 B 的定义与映射 f 的条件）：

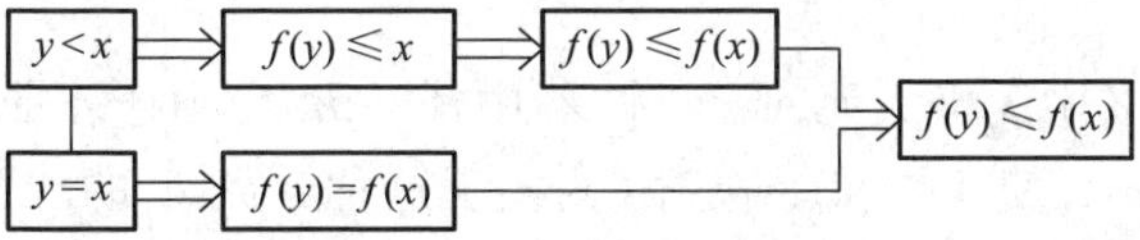

因此 $f(x)\in B$，从而 $f(B)\subset B$.

(iii) 设 B_0 为 B 的任一全序子集，$b_0=\sup B_0$.

假设 $y\in P, y<b_0$. 那么由于 $C=P$，对任一 $x\in B_0$ 有

$$y\leqslant x \quad 或 \quad y\geqslant f(x).$$

后一式不可能对一切 $x\in B_0$ 成立，因不然的话，将有 $y\geqslant f(x)\geqslant x\ (x\in B_0)$，$y$ 为 B_0 的一个上界，$y\geqslant b_0$. 此与假设矛盾. 故存在某个 $x\in B_0$ 使 $y\leqslant x$. 观察运行图（参看 B 的定义）：

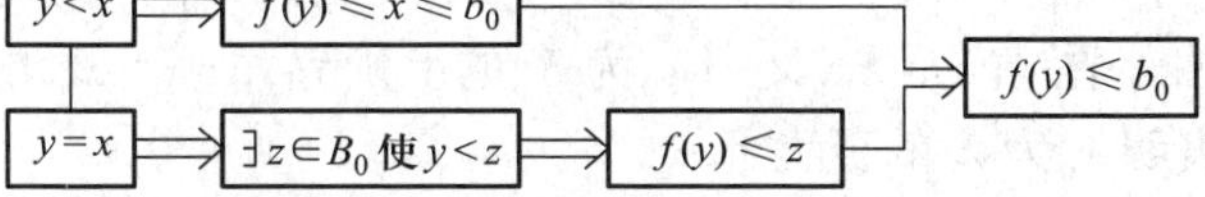

可见 $y<b_0$ 时有 $f(y)\leqslant b_0$. 这样 $b_0\in B$，即(iii)成立.

于是 B 为容许集，且显然 $B\subset P$，故 $B=P$. ■

有了上述准备，便可建立下列基本定理.

定理 5.3 设 X 为非空半序集，且 X 的每个非空全序子集均有上确界，再设

映射 $f: X \to X$ 满足 $f(x) \geqslant x (x \in X)$，那么必有一个元 $c \in X$ 使 $f(c) = c$.

证 据引理 5.2，对任何 $x, z \in P$，有 $x, z \in C$. 从而据 C 的定义，有

$$z \leqslant x \quad 或 \quad z \geqslant f(x).$$

注意到 $f(x) \geqslant x$ 得到 $z \leqslant x$ 或 $z \geqslant x$. 就是说，z 与 x 可以比序，因而 P 是全序集. 令 $c = \sup P$ 而 $f(c) \in P$，有 $f(c) \leqslant c$. 同时据定理假设 $f(c) \geqslant c$. 最后据关于半序集的条件(iii)得 $f(c) = c$. ∎

定义 5.4 设 X 为半序集，$x \in X$. 如果对任一个 $y \in X$，满足 $x \leqslant y$，即有 $y = x$，则称 x 为 X 的**极大元**. 关于**极小元**可以类似地定义.

注意，一个集的极大元、极小元未必是唯一的.

例 11 设 E 为一非空集，它的一切子集构成一个类 X. 依平常集的包含关系"$\subset$"，X 成一半序集. 容易看出，X 的极大元为 E，极小元为 $\varnothing$. 若考虑 X 的一子集 $X_0 = X \backslash \{\varnothing\}$，则把 E 中任一点所成的集看成 X_0 的元时，该元都是 X_0 的极小元.

下列定理的证明是以策梅洛选择公理(参阅下面定理 5.6)为基础的.

定理 5.4 每个半序集都含有极大全序子集.

证 设集 X 是所给带有序"$\leqslant$"的半序集. 用 $\mathscr{A}$ 表示 X 的一切全序子集所成的类，$\mathscr{A}$ 中的元依平常集的包含关系"$\subset$"成一半序集. 我们要证明 $\mathscr{A}$ 有一极大元.

假如不然，$\mathscr{A}$ 中无极大元. 那么对 $\mathscr{A}$ 中任一元 A，由于不是极大元，应存在 $\mathscr{A}$ 的一个元 $A_1 \neq A$，使 $A_1 \supset A$. 令映射 f 为实现这种 A 到 A_1 的映射 $(A \in \mathscr{A})$. 就是说，$f: \mathscr{A} \to \mathscr{A}$ 为满足 $f(A) \supset A$ 且 $f(A) \neq A (A \in \mathscr{A})$ 的映射. 并且显然，$\mathscr{A}$ 的每一非空全序子集恒存在上确界(取并集即得). 于是根据定理 5.3，存在一个元 $A_0 \in \mathscr{A}$，使 $f(A_0) = A_0$. 据映射 f 的定义，$f(A_0) \supset A_0$，但不等于 A_0，矛盾. 因而定理的结论为真. ∎

据定理 5.4 容易证明下列**佐恩**(M. Zorn)**引理**，它在应用上是很重要的.

定理 5.5 设 X 为非空半序集，若 X 的每一非空全序子集有上确界，则 X 有极大元.

证 据定理 5.4，X 有一极大全序子集 X_0. 令 $x_0 = \sup X_0$. 任取一个元 $x \in X$，满足 $x_0 \leqslant x$. 若 $x \in X_0$，则集 $X_0 \cup \{x\}$ 为一全序子集，它包含 X_0 作为真子集. 这与 X_0 为极大全序子集相矛盾. 故 $x \in X_0$. 又因 x_0 为 X_0 的上确界，故 $x \leqslant x_0$. 据半序关系条件(iii)，$x = x_0$. 这表明 x_0 为 X 的极大元. ∎

如果我们仔细观察一下定理 5.4 的证明(也参看定理 2.1 的证明)，便可发现在那里用到下述公理，它常称为**策梅洛选择公理**(Zermelo's axiom of choice).

定理 5.6 设 $\mathscr{A}$ 为一非空集的类，则存在映射 $f: \mathscr{A} \to \bigcup\limits_{A \in \mathscr{A}} A$，满足：对每个 $A \in \mathscr{A}$，有 $f(A) \in A$.

定理 5.6 的意思是说,对于由非空集组成的类 $\mathscr{A}$,可以作出这样一个集 E,它是由属于 $\mathscr{A}$ 的每个集中取一个元组成的.这定理的意思比较明白,本书采取承认的态度.可以证明,上面所讲的定理 5.4—定理 5.6 是彼此等价的.

在本章末我们举一个关于势的关系的例.设集 M 的势为 μ,且 M 为无限集.令

$$P=\{(a,0):a\in M\}\cup\{(a,1):a\in M\},$$

并记成 $P=M\times\{0,1\}$.对于任意两个不相交的集 M_1,M_2,令 μ_1,μ_2 分别为它们的势,我们定义 $\mu_1+\mu_2$ 为集 $M_1\cup M_2$ 的势.那么有下列结果.

例 12 设 μ 为任一无限集的势,则有 $\mu+\mu=\mu$.

证 设集 M 的势为 μ.令 $P=M\times\{0,1\}$ 如上定义,则据定义,P 的势为 $\mu+\mu$.用 $\mathscr{F}$ 表示一切这样的一一映射 f 的类,使 f 的定义域 $D_f\subset M$ 且值域 $R_f=D_f\times\{0,1\}$.由于 M 是无限集,它有可列子集 C.显然 $C\times\{0,1\}$ 是可列集,因而有 C 到 $C\times\{0,1\}$ 的一一映射存在,这表明 $\mathscr{F}$ 非空.利用集的包含关系将 $\mathscr{F}$ 半序化,即 $f_1\leqslant f_2$ 当且仅当 $D_{f_1}\subset D_{f_2}$.设 $\mathscr{F}_0$ 是 $\mathscr{F}$ 的任一非空全序子类,令 $D=\bigcup\limits_{f\in\mathscr{F}_0}D_f$,$R=\bigcup\limits_{f\in\mathscr{F}_0}R_f$,则以 D 为定义域 R 为值域的一一映射 F 属于 $\mathscr{F}$,它是 $\mathscr{F}_0$ 的上确界,即佐恩引理的条件满足.于是据此引理,存在 $\mathscr{F}$ 的极大元 g.令 D_g 为 g 的定义域,R_g 为 g 的值域,由 $g\in\mathscr{F}$ 知 D_g 的势 μ' 适合条件 $\mu'=\mu'+\mu'$.如能证明 $\mu'=\mu$,则结论便得到证明.可是,令 $A=M\backslash D_g$,若能证明 A 为有限集,则 D_g 的势等于 $D_g\cup A=M$ 的势,即 $\mu'=\mu$;剩下来要证明 A 不可能为无限集.假设不然,取 A 的可列子集 A_0,并令 h 为 A_0 到 $A_0\times\{0,1\}$ 上的一一映射,则可得 $\mathscr{F}$ 中的元 φ,满足 $D_\varphi=D_g\cup D_h$,且 $g<\varphi$(指 $D_g\subset D_\varphi$ 但 $D_g\neq D_\varphi$).这与 g 的极大性相矛盾.从而 A 为有限集且 $\mu'=\mu$. ∎

小结与延伸

本章介绍集的基本概念及其运算.无限集的内涵丰富多样,这里用对等方法来理解无限集.任一无限集与它的一个真子集对等且没有最大的无限集,这只能用集的势(基数)来理解.除了用构造一一映射来判断集的势以外,伯恩斯坦定理是一个有力工具.欧几里得空间点集的一些概念想读者已经熟悉,开集的结构表示实际上是一种互斥分解,它为后面讲测度作准备.有关半序集的几条定理是相当基础性的,初学时可略去其证明.两个重要例子$[0,1]$的不可列性、康托尔三分

集及其论证方法是非常典型的.

关于本书的基本内容,可参考[2,3,5,9,10,11,14,18,21,22,28—31,33].点集部分可参考[9,11,12,28].关于多维点集可参考[10,14,18,22].关于势与佐恩引理,可参看[6,7,9,12];[12]中有与佐恩引理等价的几条定理互证.关于康托尔集与不可测集见[4,8,9,21,30].[11]是测度与积分论的经典著作.关于习题及题解的著作,可参看[1,13,16,25—27,32].

第一章习题

§1

1. 证明下列关系式((1)—(4)):

(1) $(A\backslash B)\cap(C\backslash D)=(A\cap C)\backslash(B\cup D)$.

(2) $(A\cap B)\cup C=(A\cup C)\cap(B\cup C)$.

(3) $A\backslash(B\backslash C)\subset(A\backslash B)\cup C$.

(4) $(A\backslash B)\backslash(C\backslash D)\subset(A\backslash C)\cup(D\backslash B)$.

(5) 问$(A\backslash B)\cup C=A\backslash(B\backslash C)$成立的充分必要条件是什么?

(6) 问 $A\cup(B\backslash C)=(A\cup B)\backslash C$ 是否成立?(表示选自研究生试题,后同.)

2. 设 X 为基本集,试证对任意 $A,B\subset X$,有

(1) $\mathscr{C}X=\varnothing,\mathscr{C}\varnothing=X$.

(2) $A\cup\mathscr{C}A=X,A\cap\mathscr{C}A=\varnothing$.

(3) $\mathscr{C}(\mathscr{C}A)=A$.

(4) 若 $A\subset B$,则 $\mathscr{C}A\supset\mathscr{C}B$.

3. 设给出集 E 与任一集族 $A_\alpha,\alpha\in I$,问关系式

$$E\cup\left(\bigcap_{\alpha\in I}A_\alpha\right)=\bigcap_{\alpha\in I}\left(E\cup A_\alpha\right)$$

是否恒成立?

4. 设 $A_0\subset A,B_0\subset B$,试证

(1) $(A\cup B)\backslash(A_0\cup B_0)=(A\backslash A_0\backslash B_0)\cup(B\backslash A_0\backslash B_0)$.

(2) $(A\cap B)\backslash(A_0\cap B_0)=(A\cap(B\backslash B_0))\cup(B\cap(A\backslash A_0))$.

5. 定义集 A,B 的**对称差**为 $A\triangle B=(A\backslash B)\cup(B\backslash A)$.试证对任何集 A,B,C 有

(1) $A=B$ 的充分必要条件为 $A\triangle B=\varnothing$.

(2) $A\cup B=(A\cap B)\cup(A\triangle B)$.

(3) $A\triangle B\subset(A\triangle C)\cup(C\triangle B)$.

6. 设 $E_n=\{m/n:m\in\mathbf{Z}\}$, $n\in\mathbf{N}$, 证明 $\varliminf\limits_{n} E_n=\mathbf{Z}$, $\varlimsup\limits_{n} E_n=\mathbf{Q}$. 这里**下限集**、**上限集**分别定义为 $\varliminf\limits_{n} E_n=\bigcup\limits_{k=1}^{\infty}\bigcap\limits_{n=k}^{\infty}E_n$, $\varlimsup\limits_{n} E_n=\bigcap\limits_{k=1}^{\infty}\bigcup\limits_{n=k}^{\infty}E_n$.

§2

7. 试作下列各题中集之间的一一对应:

(1) $[0,1)$ 与 $(0,1)$.

(2) $[a,b]$ 与 $(-\infty,\infty)$.

*(3) 开区间 $(0,1)$ 与无理数集.

(4) 开上半平面与开单位圆.

(5) $\mathbf{N}^2$ 与 $\mathbf{N}$.

8. 设 $A=\{0,1\}$, 试证一切排列

$$(a_1,a_2,\cdots,a_n,\cdots):\quad a_n\in A$$

所成之集的势为 $\aleph$.

9. 问下列各集能否与自然数集或区间 $[0,1]$ 构成一一对应:

(1) 以有理数为端点的区间集;

(2) 闭正方形 $[0,1;0,1]$.

如果可能,试作出对应方法.

10. 证明整系数多项式全体是可列的.

11. 设用 $C[0,1]$ 表示 $[0,1]$ 上一切连续函数所成的集,试证它的势为 $\aleph$.

12. 设用 M 表示 $(-\infty,\infty)$ 上一切单调函数所成的集,试讨论它的势.

13. 设 A 是势大于 1 的集, A 上的一一映射称为 A 的置换. 试证存在 A 的一个置换 f 使对一切 $x\in A$, $f(x)\neq x$.

*14. 设 $f: X\to Y$ 为满射, $A\subset X$, $B\subset Y$. 问下列四个关系中哪些是正确的,哪些不是:

(1) $f^{-1}(f(A))=A$. (2) $f^{-1}(f(A))\supset A$.

(3) $f(f^{-1}(B))\supset B$. (4) $f(f^{-1}(B))=B$.

15. 设给定映射 $f: X\to Y$. 试证对任意集族 $\{B_\alpha\}_{\alpha\in I}\subset Y$ 有

$$f^{-1}\Big(\bigcup_{\alpha\in I}B_\alpha\Big)=\bigcup_{\alpha\in I}f^{-1}(B_\alpha),\quad f^{-1}\Big(\bigcap_{\alpha\in I}B_\alpha\Big)=\bigcap_{\alpha\in I}f^{-1}(B_\alpha),$$

$$f^{-1}(\mathscr{C}B)=\mathscr{C}f^{-1}(B).$$

§3

16. 证明任何点集的内点全体是开集.

17. 设$f(x)$是定义在$\mathbf{R}^1$上只取整数值的函数,试证它的连续点集为开集,不连续点集为闭集.

18. 设点集列$\{E_k\}$是有限区间$[a,b]$中的渐缩列:$E_1\supset E_2\supset\cdots$,且每个$E_k$均为非空闭集,试证交集$\bigcap\limits_{k=1}^{\infty}E_k$非空.

19. 设点集列$\{E_k\}$如上题,f为$[a,b]$上连续函数,证明$f(\bigcap\limits_{k=1}^{\infty}E_k)=\bigcap\limits_{k=1}^{\infty}f(E_k)$.

*20. 设$f(x)$是定义在$[0,1]$上的有限函数,已知它在每个无理点连续.问它在无理点集上是否有界,在$[0,1]$上是否一致连续?

21. 设$f(x)$是$\mathbf{R}$上实函数,映任一开集为开集,问它是否连续?又连续映射是否映开集为开集?

§4

22. 设F_1,F_2是$\mathbf{R}^n$中的闭集,且$F_1\cap F_2=\varnothing$.试证存在开集G_1,G_2使$G_1\cap G_2=\varnothing$,而$G_1\supset F_1,G_2\supset F_2$.

23. 设F_1,F_2为$\mathbf{R}^n$中的非空闭集,其中之一有界.试证存在两点$a_1\in F_1$,$a_2\in F_2$使$\rho(a_1,a_2)=\rho(F_1,F_2)$.

24. 设G_1,G_2是$\mathbf{R}^1$中的开集,且$G_1\subset G_2$.试证G_1的每个构成区间含于G_2的某个构成区间之中.

25. 试证$\mathbf{R}^n$中每个闭集可表为可列个开集的交,每个开集可表为可列个闭集的并.

26. 设E为康托尔三分集的补集中构成区间的中点所成的集,求E'.

27. 设P_0为$[0,1]$中的康托尔三分集,试证:$P_0+P_0=\{x+y:x,y\in P_0\}=[0,2]$,$P_0-P_0=\{x-y:x,y\in P_0\}=[-1,1]$.

提示:利用实数的三进表示并注意到$P_0\pm P_0$均为闭集.

§5

28. 对题13中的集A与所指的置换f,当A的势为偶数或无限时,试证映射f可选其满足$f(f(x))=x$,对一切$x\in A$.当A的势为奇数时,情况如何?

29. 设A为无限集,试求它的一切置换所成的集的势.

30. 设f为$[0,1]$上的实函数,存在常数C使对任一自然数n以及任意n个互不相同的数$x_1,x_2,\cdots,x_n\in[0,1]$有

$$|f(x_1)+f(x_2)+\cdots+f(x_n)|\leqslant C,$$

证明集 $E=\{x\in[0,1]: f(x)\neq 0\}$ 为至多可列的.

提示：对每个正数 α，集 $E_\alpha=\{x: f(x)>\alpha\}$ 与 $E_{-\alpha}=\{x: f(x)<-\alpha\}$ 均为有限集.

31. 设 E 是 $\mathbf{R}$ 中可数集，证明存在一点 $a\in\mathbf{R}$ 使 $E\cap(E+a)=\varnothing$.

提示：令 $D=\{x-y: x,y\in E\}$，D 可数，可取 $a\in\mathbf{R}\setminus D$.

32. 试证开单位圆不能为互不重叠的圆的并所覆盖.

提示：假定可能，则用以覆盖的圆显然有可列个，圆与圆之间的切点至多也是可列集. 取一个圆的圆心 P 作为出发点，作过 P 与一切切点的单位圆的弦成一可列集 S，那么必有过 P 的一弦 $l\in S$. 下面用 l 代替直径 $(-1,1)$，依[26]，p. 99 例 32 讨论即得矛盾.

33. 设 α 为无理数，证明数集 $M=\{m\alpha+n: m,n\in\mathbf{Z}\}$ 在 $\mathbf{R}$ 中稠密.

提示：要点是证明对任一 $k\in\mathbf{N}$，存在点 $x_k\in M$ 使 $x_k\in(0,1/k)$；从而知 M 的子集 $\{nx_k: n\in\mathbf{Z}, k\in\mathbf{N}\}$ 在 $\mathbf{R}$ 中稠密. 为此设 α 的十进表示为 $\alpha=[\alpha]+0.\alpha_1\alpha_2\cdots$. 考虑含 $k+1$ 个元的集

$$A=\{0.\alpha_r\alpha_{r+1}\cdots: r=1,2,\cdots,k+1\}.$$

则 $A\subset M\cap(0,1)$. 可以断定 A 中必有两个不同元 a_1,a_2 使 $0<a_2-a_1<1/k$ 且显然 $a_2-a_1\in M$.

34. 设 n 为一自然数，令 $P_n=\{k\in\mathbf{N}: k$ 为 n 的约数$\}$. 对任意 $a,b\in P_n$，约定 $a\leqslant b$ 的意义为 a 是 b 的约数. 试证 P_n 以"$\leqslant$"为序成一半序集. 又，欲使 P_n 为全序集，对 n 应有什么要求?

35. 称 X 的子集所成的类 $\mathscr{A}$ 有性质(σ)：X 非 $\mathscr{A}$ 中有限个元的并. 试证：若 $\mathscr{A}$ 有性质(σ)，则存在 X 的子集的极大类 $\mathscr{B}$，具有性质(σ)且包含 $\mathscr{A}$. 并证明，若 $A_1,A_2,\cdots,A_n\subset X$，且 $A_1\cap A_2\cap\cdots\cap A_n\in\mathscr{B}$，则必有某个 $A_k\in\mathscr{B}$.

36. 试以定理 5.5 作为出发点来证明定理 5.6.

37. 设 $\mathscr{A}$ 是由给定的集的子集所成的类：$A\in\mathscr{A}$ 是指 A 的每一有限子集属于 $\mathscr{A}$. 试证 $\mathscr{A}$ 含有一极大元.

38. 试证，设 X 为非空半序集，若 X 的每一非空全序子集有上界，则 X 有极大元(佐恩引理的另一形式).

第二章 勒贝格测度

本章开始讨论欧几里得空间点集的测度理论.我们以第一章定理 4.1 为基础来定义开集、闭集的测度,然后用以构造任意点集的外测度与内测度,进而讨论可测集的性质,特别是完全可加性与可测集类定理.为了便于学习,将着重讲一维有界点集的勒贝格测度,至于多维及无界集情形将在 §4 作一些扼要说明.作为补充内容,还介绍了环上测度的基本结果.

---

§1 引　　言

从本章起我们进入积分理论的第一步,即讨论与积分相关的点集的度量性质.这在黎曼积分情形是不需要的,因为它仅考虑区间或极其简单的区域上的积分,而这些集的长度或容积都是易于了解的.要想在较复杂的点集(假定是一维的)上考察积分,就应先考虑点集的相应“长度”.不过,这种点集也不能太复杂,使得有可能对它引进一种“适当的度量”,这种度量就是以后所说的**测度**.

先考察一下区间的情况.区间 $I=(a,b)$,$[a,b)$,$(a,b]$或$[a,b]$的测度自然都应是 $b-a$,以便同它们通常的长度相一致.

假定基本集为$[0,1]$,则所有有限个区间的并构成一个类 $\mathscr{R}$,并且这个类中两个元的差也属于 $\mathscr{R}$.设 $E\in\mathscr{R}$,E 可以表示成有限个互不相交的区间的并,定义 E 的测度 mE 为这些互不相交区间的长度之和.那么,显然有下列性质:

(i) $mE\geqslant 0$(非负性);

(ii) 若 $E_1\cap E_2=\varnothing$,则 $m(E_1\cup E_2)=mE_1+mE_2$(有限可加性);

(iii) $m[0,1]=1$,

其中 $E,E_1,E_2\in\mathscr{R}$.

上述三条性质事实上即为测度的特征.我们称它们为**测度公理**.最值得注意的是第二条性质,即有限可加性.从客观事实看来,它的内容部分体现了“全量等于分量之和”这一公理.由此联想到,如果用下列条件代替(ii)(图 7),

(ii′) 若 $E_k \cap E_j = \varnothing (k \neq j)$,则

$$m(E_1 \cup E_2 \cup \cdots \cup E_k \cup \cdots) = mE_1 + mE_2 + \cdots + mE_k + \cdots,$$

那么,测度公理(i),(ii′),(iii)将可以反映更多的现象.同时,从表面上就可以看出,如果仅考察由有限个区间的并构成的类是不够的.因为,可列个互不相交的区间的并,一般说来,已不能表为有限个区间的并;同时它们的差一般甚至不能表为可列个区间的并.

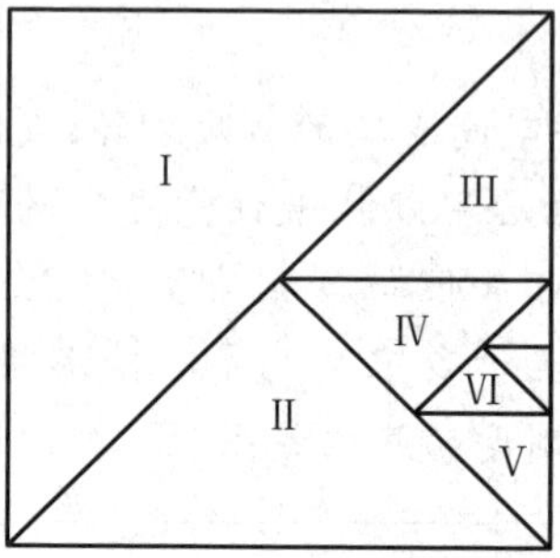

图 7　可加性示意

假如要考察的不是区间,而是[0,1]中某个点集 E,例如有理点集,怎样来定义它的长度呢?或者说得确切些,怎样来定义它的测度呢?

试用黎曼积分的办法来考察 E 的测度,看看会得到什么结论.用分点

$$x_0 = 0 < x_1 < x_2 < \cdots < x_n = 1$$

将区间[0,1]分成一些小区间,如果把与 E 有公共点的区间的长度的和当

$$\max_{1 \leqslant i \leqslant n}(x_i - x_{i-1}) \to 0$$

时的极限作为 E 的测度,立即看出 E 的测度等于 1.另一方面,同样可得$[0,1]\setminus E$(即[0,1]中无理点集)的测度也等于 1,而这两个集互不相交,其并为[0,1],故若测度公理可应用,将得到 1=1+1 的矛盾.此矛盾在于测量方法不合理.

还有另一种办法来测量 E 的测度.设 $\varepsilon>0$ 是任意给定的一个正数.把 E 中的点排列为

$$x_1, x_2, \cdots, x_n, \cdots,$$

并考虑开区间$(x_n-\varepsilon/2^{n+1}, x_n+\varepsilon/2^{n+1})$,$n \in \mathbf{N}$ 所成的类 $\mathscr{E}$.由于 E 中每一点都含在 $\mathscr{E}$ 的某个元中,可以说 E 被 $\mathscr{E}$ 所覆盖.可是 $\mathscr{E}$ 中区间长度的总和为

$$\frac{\varepsilon}{2} + \frac{\varepsilon}{2^2} + \cdots + \frac{\varepsilon}{2^{n+1}} + \cdots = \varepsilon;$$

同时 ε 可以任意小,因此可以想象 E 的测度应等于 0.这个结论看来是合理的,利

用以后定义的测度将会得到同样的结论.

测度的严格定义将在后面给出.下一节先从简单的开集的测度出发,逐步引进外测度、内测度与可测集的概念.

§2 有界点集的外、内测度·可测集

前面已经说过,本章将着重研究直线上有界点集的测度,这一点以后不再一一声明.

这里用构造方法来讲点集的测度.我们逐步讲开集与闭集的测度,然后讲外测度与内测度,最后讲可测集.在这里我们可以学到一种成套理论的模型,而且这种处理方法往往可以直接用到其他一些情形(例如第四章 §7 的 *LS* 测度).

首先讲开集与闭集的测度.

定义 2.1 设 G 为非空开集,据第一章定理 4.1,G 有结构表示:

$$G=\bigcup_{k}(\alpha_k,\beta_k),$$

其中(α_k,β_k)等互不相交,它们是 G 的构成区间. 我们规定**开集 G 的测度**为它的一切构成区间长度的和,并记为 mG:

$$mG=\sum_{k}(\beta_k-\alpha_k).$$

不难看出,$mG<\infty$. 事实上,因为 G 有界,存在有限区间(a,b),使 $G\subset(a,b)$.显然,对于任何自然数 n(不妨假定上面的和是无穷级数的和而非有限和),都有 $\bigcup\limits_{k=1}^{n}(\alpha_k,\beta_k)\subset(a,b)$,从而推出

$$\sum_{k=1}^{n}(\beta_k-\alpha_k)\leqslant b-a.$$

令 $n\to\infty$,即得

$$\sum_{k=1}^{\infty}(\beta_k-\alpha_k)\leqslant b-a<\infty.$$

这样,正项级数$\sum\limits_{k=1}^{\infty}(\beta_k-\alpha_k)$收敛. 正是由于这一原因,用以定义 mG 的级数与项的次序无关.

定义 2.2 设 F 为非空闭集,任取一包含 F 的开区间(a,b),令 $G=(a,b)\setminus F$,则 G 为开集. 定义**闭集 F 的测度**为

$$mF=b-a-mG.$$

可以证明,F 的测度与区间的选择无关. 其实,若 F 为单点集,此论断显然;否则由于 F 为有界闭集,令 $\alpha=\inf\{x:\ x\in F\}$,$\beta=\sup\{x:\ x\in F\}$,则 α,β 为相异实数且均属于 F. 容易验明

$$G=(a,\alpha)\cup(\beta,b)\cup((\alpha,\beta)\setminus F),$$

且右边三个开集互不相交. 据开集的测度的定义,有

$$mG=\alpha-a+b-\beta+m((\alpha,\beta)\setminus F),$$

或

$$b-a-mG=\beta-\alpha-m((\alpha,\beta)\setminus F).$$

可见 mF 与 a,b 的取法无关.

在第一章已指出,除了空集与整个数直线是既开又闭的集以外,在直线上不再有其他的既开又闭的集. 因此用上述方法定义闭集的测度是合理的,不会与开集的测度定义相矛盾.

例 1 考察康托尔完全集 P_0 与相应的开集 G_0 的测度. 由上面定义可知,

$$mG_0=\frac{1}{3}+\frac{2}{3^2}+\cdots+2^k\cdot\frac{1}{3^{k+1}}+\cdots=1,\quad mP_0=1-mG_0=0.$$

这里我们得到了一个测度为 0 的不可列集的例子.

开集测度具有下列性质:

定理 2.1 (i) 设 G_1,G_2 是两个有界开集,且 $G_1\subset G_2$,则 $mG_1\leqslant mG_2$(单调性);

(ii) 设有界开集 G 是有限个或可列个开集 $G_1,G_2,\cdots$ 的并,则

$$mG\leqslant\sum_k mG_k\quad(\text{半可加性});$$

如果 G_k 等互不相交,则

$$mG=\sum_k mG_k\quad(\text{完全可加性}).$$

证 (i) 设 G_1,G_2 的构成区间分别是 $\{\delta_k^{(1)}\}_{k\in\mathbf{N}}$ 与 $\{\delta_k^{(2)}\}_{k\in\mathbf{N}}$,那么

$$mG_1=\sum_k m\delta_k^{(1)},\quad mG_2=\sum_k m\delta_k^{(2)}.$$

任取 $\varepsilon>0$,有自然数 n 存在,使

$$mG_1<\sum_{k=1}^n m\delta_k^{(1)}+\varepsilon.$$

由于 $G_1\subset G_2$,$\delta_1^{(1)},\delta_2^{(1)},\cdots,\delta_n^{(1)}$ 必分别含于 G_2 的某 m 个互不相交的构成区间 $\delta_{r_1}^{(2)},\delta_{r_2}^{(2)},\cdots,\delta_{r_m}^{(2)}$ 中($m\leqslant n$),把两组有限个区间 $\delta_1^{(1)},\delta_2^{(1)},\cdots,\delta_n^{(1)}$ 与 $\delta_{r_1}^{(2)},\delta_{r_2}^{(2)},\cdots,$

$\delta_{r_m}^{(2)}$进行比较,容易知道

$$\sum_{k=1}^{n} m\delta_k^{(1)} \leqslant \sum_{j=1}^{m} m\delta_{r_j}^{(2)},$$

因此

$$mG_1 < \sum_{j=1}^{m} m\delta_{r_j}^{(2)} + \varepsilon \leqslant mG_2 + \varepsilon.$$

由于 ε 可取任意的正数,有 $mG_1 \leqslant mG_2$.

(ii) 为了证明半可加性,不妨假定$\sum\limits_k mG_k < \infty$(如果不然,要证的不等式显然成立). 设 G_k的构成区间是$(\alpha_i^{(k)}, \beta_i^{(k)})$, $i, k \in \mathbf{N}$, G 的构成区间是(α_j, β_j), $j \in \mathbf{N}$. 显然,每个区间(α_j, β_j)都是某些小区间$(\alpha_i^{(k)}, \beta_i^{(k)})$的并,并且当 j 不同时,构成(α_j, β_j)的小区间的并也互不相交,于是对任意小于$(\beta_j - \alpha_j)/2$ 的正数 ε,闭区间$[\alpha_j + \varepsilon, \beta_j - \varepsilon]$中每一点都是构成$(\alpha_j, \beta_j)$的某个开区间$(\alpha_i^{(k)}, \beta_i^{(k)})$的内点. 根据有限覆盖定理,这些$(\alpha_i^{(k)}, \beta_i^{(k)})$中有有限个区间就可以覆盖$[\alpha_j + \varepsilon, \beta_j - \varepsilon]$. 如果用$\sum_j'(\beta_i^{(k)} - \alpha_i^{(k)})$表示相应的有限个区间长度之和,而用$\sum_j(\beta_i^{(k)} - \alpha_i^{(k)})$表示构成$(\alpha_j, \beta_j)$的一切开区间$(\alpha_i^{(k)}, \beta_i^{(k)})$的长度之和,那么

$$\beta_j - \alpha_j - 2\varepsilon \leqslant \textstyle\sum_j'(\beta_i^{(k)} - \alpha_i^{(k)}) \leqslant \sum_j(\beta_i^{(k)} - \alpha_i^{(k)}).$$

上式右边与 ε 无关,故

$$\beta_j - \alpha_j \leqslant \textstyle\sum_j(\beta_i^{(k)} - \alpha_i^{(k)}).$$

再对 j 求和,便得

$$mG = \sum_{j=1}^{\infty} (\beta_j - \alpha_j) \leqslant \sum_{j=1}^{\infty} \textstyle\sum_j(\beta_i^{(k)} - \alpha_i^{(k)}).$$

因为收敛的正项二重级数可以交换求和次序,上式右边可整理成

$$\sum_{j=1}^{\infty} \textstyle\sum_j(\beta_i^{(k)} - \alpha_i^{(k)}) = \displaystyle\sum_{k=1}^{\infty} \sum_{i=1}^{\infty} (\beta_i^{(k)} - \alpha_i^{(k)}) = \sum_{k=1}^{\infty} mG_k,$$

故得 $mG \leqslant \sum\limits_k mG_k$,于是(ii)的前半部分得证.

剩下来要证明,当 G_k等互不相交时完全可加性成立. 设 $G_k \cap G_j = \varnothing\ (k \neq j)$,则易知每个$(\alpha_j, \beta_j)$正好是某个$(\alpha_i^{(k)}, \beta_i^{(k)})$,因此上面对一切 j 求和,也就是对一切 k 与 i 求和,有

$$mG = \sum_j (\beta_j - \alpha_j) = \sum_k \sum_i (\beta_i^{(k)} - \alpha_i^{(k)}) = \sum_k mG_k. \qquad \blacksquare$$

引理 2.1 设 $F_1, F_2, \cdots, F_n$均为闭集,$F_k \subset (\alpha_k, \beta_k)$, $k = 1, 2, \cdots, n$,且(α_k, β_k)等互不相交,则

$$m\Big(\bigcup_{k=1}^{n} F_k\Big) = \sum_{k=1}^{n} mF_k.$$

证 由于有限个闭集的并为闭集,上述等式左边有意义. 我们对 $n=2$ 来证明引理,一般情形可用归纳法完成. 令

$$a_k=\inf\{x:x\in F_k\}, b_k=\sup\{x:x\in F_k\}, k=1,2.$$

那么,由于 F_k 为闭集, a_k,b_k 均属于 F_k,从而据闭集测度的定义知

$$mF_k=b_k-a_k-m\mathscr{C}_kF_k,$$

这里 $\mathscr{C}_kF_k$ 表示开集 $(a_k,b_k)\setminus F_k, k=1,2.$

不妨假定 $b_1<a_2$. 由于 $F_1\cup F_2$ 为闭集,它含于闭区间 $[a_1,b_2]$ 中,而 a_1,b_2 分别为 $F_1\cup F_2$ 的下、上确界,故令 $\mathscr{C}(F_1\cup F_2)$ 表示 $F_1\cup F_2$ 关于 (a_1,b_2) 的补集时,有

$$m(F_1\cup F_2)=b_2-a_1-m\mathscr{C}(F_1\cup F_2).$$

但

$$\mathscr{C}(F_1\cup F_2)=\mathscr{C}_1F_1\cup\mathscr{C}_2F_2\cup(b_1,a_2)$$

且右边三个开集互不相交,故根据定理 2.1 的(ii),

$$m\mathscr{C}(F_1\cup F_2)=m\mathscr{C}_1F_1+m\mathscr{C}_2F_2+a_2-b_1,$$

从而

$$\begin{aligned}m(F_1\cup F_2)&=b_2-a_1-(a_2-b_1)-m\mathscr{C}_1F_1-m\mathscr{C}_2F_2\\&=b_1-a_1-m\mathscr{C}_1F_1+b_2-a_2-m\mathscr{C}_2F_2\\&=mF_1+mF_2.\end{aligned}$$

∎

定理 2.2 设 F 为闭集, G 为开集,且 $F\subset G$,则

$$m(G\setminus F)=mG-mF.$$

证 设 G 的构成区间类是 $\{(\alpha_k,\beta_k)\}_{k\in\mathbf{N}}$. 据有限覆盖定理,存在自然数 n,使 $\bigcup\limits_{k=1}^{n}(\alpha_k,\beta_k)\supset F$. 令 $F_k=F\cap(\alpha_k,\beta_k)$,则 F_k 为含于 (α_k,β_k) 的闭集,且互不相交. 我们有

$$\begin{aligned}G\setminus F&=\Big\{\bigcup_{k=1}^{n}(\alpha_k,\beta_k)\setminus F\Big\}\cup\Big\{\bigcup_{k=n+1}^{\infty}(\alpha_k,\beta_k)\Big\}\\&=\Big\{\bigcup_{k=1}^{n}((\alpha_k,\beta_k)\setminus F_k)\Big\}\cup\Big\{\bigcup_{k=n+1}^{\infty}(\alpha_k,\beta_k)\Big\},\end{aligned}$$

即开集 $G\setminus F$ 被表示成互不相交的开集的并. 据定理 2.1 与闭集测度的定义,有

$$m(G\setminus F)=\sum_{k=1}^{n}m((\alpha_k,\beta_k)\setminus F_k)+\sum_{k=n+1}^{\infty}(\beta_k-\alpha_k)$$

$$= \sum_{k=1}^{n} (\beta_k-\alpha_k) - \sum_{k=1}^{n} mF_k + \sum_{k=n+1}^{\infty} (\beta_k-\alpha_k).$$

注意到 F_k 等满足引理 2.1 的条件,应用该引理便得

$$m(G\setminus F) = \sum_{k=1}^{\infty} (\beta_k-\alpha_k) - m\left(\bigcup_{k=1}^{n} F_k\right) = mG-mF. \quad \blacksquare$$

推论 设 $F_k, k=1,2,\cdots,n$ 是互不相交的闭集,则

$$m\left(\bigcup_{k=1}^{n} F_k\right) = \sum_{k=1}^{n} mF_k.$$

证 不妨设 $n=2$,一般的情形可用归纳法完成.作开区间 $I\supset F_1\cup F_2$,令 $G_k = I\setminus F_k, k=1,2$.因 F_1, F_2 不相交,$G_1\supset F_2$.于是由定理 2.2,

$$\begin{aligned} mF_1+mF_2 &= mI-(mG_1-mF_2) = mI-m(G_1\setminus F_2) \\ &= mI-m(G_1\cap G_2) = m(F_1\cup F_2). \end{aligned} \quad \blacksquare$$

现在引进有界集的外、内测度与可测集的定义.

定义 2.3 设 E 为有界集,E 的**外测度**定义为一切包含 E 的开集的测度的下确界,并记成

$$m^* E = \inf_{G\supset E} mG.$$

E 的**内测度**则定义为一切含于 E 中闭集的测度的上确界,并记成

$$m_* E = \sup_{F\subset E} mF.$$

由于类 $\{G: G$ 为开集且 $G\supset E\}$ 是非空的,例如包含 E 的区间便属于这个类,同时开集的测度已有了定义,故数集 $\{mG: G$ 为开集且 $G\supset E\}$ 的下确界有意义,并且满足 $0\leqslant m^* E<\infty$.同样,$m_* E$ 有意义,$0\leqslant m_* E<\infty$.

由外测度、内测度的定义容易推出下列简单性质:

定理 2.3 关于点集的内、外测度有

(i) $m_* E\leqslant m^* E$;

(ii) 设 $E_1\subset E_2$,则 $m_* E_1\leqslant m_* E_2, m^* E_1\leqslant m^* E_2$;

(iii) 设 $E=\bigcup_{k=1}^{\infty} E_k$,则

$$m^* E \leqslant \sum_{k=1}^{\infty} m^* E_k;$$

如果 E_k 等互不相交,则

$$m_* E \geqslant \sum_{k=1}^{\infty} m_* E_k.$$

证 取任意开集 G 与闭集 F,且满足 $F\subset E\subset G$,据定理 2.2 可知,$mG-mF=$

$m(G\setminus F)\geqslant 0$,故 $mF\leqslant mG$.令 F 固定而 G 变动取下确界,得 $mF\leqslant m^*E$.再令 F 变动取上确界时即得 $m_*E\leqslant m^*E$.这样(i)成立.

对于(ii)的证明,我们以前一不等式为例,后一式是类似的.任取闭集 $F\subset E_1$ 时也有 $F\subset E_2$.因此类 $\{F:F$ 为闭集且含于 $E_1\}$ 是类 $\{F:F$ 为闭集且 $F\subset E_2\}$ 的子类,故前者中闭集测度的上确界不超过后者中闭集测度的上确界,即有 $m_*E_1\leqslant m_*E_2$.

(iii)对每个 k,可作开集 $G_k\supset E_k$,使 $mG_k<m^*E_k+\varepsilon/2^k$, $k\in\mathbf{N}$.令 $G=\bigcup\limits_{k=1}^{\infty}G_k$,则 G 为开集且 $G\supset E$,故

$$m^*E\leqslant mG\leqslant\sum_{k=1}^{\infty}mG_k<\sum_{k=1}^{\infty}m^*E_k+\varepsilon.$$

令 $\varepsilon\to 0$ 得

$$m^*E\leqslant\sum_{k=1}^{\infty}m^*E_k.\tag{1}$$

另一方面,固定任一 $n\in\mathbf{N}$.对每个 $E_1,E_2,\cdots,E_n$,可取闭集 $F_k\subset E_k$,使 $mF_k>m_*E_k-\varepsilon/2^k$;令 $F=\bigcup\limits_{k=1}^{n}F_k$,则 F 为闭集且因 E_k 等互不相交,F_k 等也互不相交,于是据定理 2.2 的推论,得

$$mF=\sum_{k=1}^{n}mF_k>\sum_{k=1}^{n}m_*E_k-\varepsilon,$$

从而

$$m_*E\geqslant mF>\sum_{k=1}^{n}m_*E_k-\varepsilon.$$

令 $\varepsilon\to 0$ 再令 $n\to\infty$ 即得

$$m_*E\geqslant\sum_{k=1}^{\infty}m_*E_k.\tag{2}$$ ∎

注 不等式(1)称为外测度的半可加性;(2)称为内测度的半可加性.要注意此情形不等号方向与(1)相反且要求 E_k 等互不相交.

定义 2.4 设 E 为有界集,当 $m_*E=m^*E$ 时,称 E 为**勒贝格可测的**,简称 E 为**可测的**.这时 E 的外测度或内测度称为 E 的**测度**,并记成 mE.

不难验明,像开区间、闭区间、半闭半开区间等这样一些简单的集都是可测的,并且测度与区间长度一致.特别是,由一点所成的集是可测的且测度为零.今后还要阐明,开集、闭集以及所谓博雷尔集都是可测的.但是,不可测集是存在的,我们将在后面 §4 中给出例子.

现借用开集、闭集均为可测的事实(见定理 3.6 之后)来证明任一集增添一个**零测度集**不影响其可测性.

例 2 零测度集 E 的任何子集是可测的,且测度为 0.

证 设 $E_0 \subset E$,则 $m_* E_0 \leqslant m^* E_0 \leqslant m^* E = 0$. 故 E_0 可测且 $mE_0 = 0$. ∎

例 3 设 E_0 为零测度集,E 为任意有界集,则 $E \cup E_0$ 与 E 的可测性相同;在可测情形,有 $m(E \cup E_0) = mE$.

证 因 $mE_0 = 0$,对任意 $\varepsilon > 0$,存在开集 $G_0 \supset E_0$ 使 $mG_0 < \varepsilon/2$,同时存在开集 $G \supset E$ 使 $mG < m^* E + \varepsilon/2$. 现在 $G \cup G_0$ 是包含 $E \cup E_0$ 的开集,据定理 2.1 有

$$m(G \cup G_0) \leqslant mG + mG_0 < m^* E + \varepsilon.$$

故

$$m^*(E \cup E_0) \leqslant m^* E.$$

相反的不等式是显然的,因而

$$m^*(E \cup E_0) = m^* E. \tag{3}$$

现在任取闭集 $F \subset E \cup E_0$ 来考虑. 假定数 ε 与开集 G_0 如上所述. 由外测度的半可加性,有

$$\begin{aligned} mF &= m_* F \leqslant m_*((F \setminus G_0) \cup G_0) \\ &\leqslant m^*((F \setminus G_0) \cup G_0) \leqslant m^*(F \setminus G_0) + m^* G_0. \end{aligned}$$

注意到 G_0 为开集,$F \setminus G_0$ 为含于 E 的闭集,它们均为可测的,即得

$$mF \leqslant m(F \setminus G_0) + mG_0 < m(F \setminus G_0) + \varepsilon/2 \leqslant m_* E + \varepsilon/2.$$

令 $\varepsilon \to 0$ 再对左边取上确界,得 $m_*(E \cup E_0) \leqslant m_* E$. 相反的不等式是显然的,故

$$m_*(E \cup E_0) = m_* E. \tag{4}$$

由已证明的(3),(4)两式即得所需结论. ∎

§3 可测集的性质

上一节给出了可测集概念,本节讨论可测集的性质. 这些性质中有的是讲一个集为可测的充分必要条件,因而也可作为可测集的定义.

定理 3.1 有界集 E 为可测的充分必要条件是:对任给的 $\varepsilon > 0$,存在开集 $G \supset E$ 与闭集 $F \subset E$,使 $m(G \setminus F) < \varepsilon$.

证 必要性 设 E 可测,$m^* E = m_* E$. 据内、外测度的定义,对任给的 $\varepsilon > 0$,存在开集 $G \supset E$ 与闭集 $F \subset E$,使

$$mG < m^* E + \varepsilon/2, \quad mF > m_* E - \varepsilon/2.$$

但 $m^* E = m_* E$,故 $mG - mF < \varepsilon$. 因 $F \subset G$,据定理 2.2 即得

$$m(G \setminus F) < \varepsilon.$$

充分性　设对任给的 $\varepsilon>0$,存在开集 $G\supset E$ 与闭集 $F\subset E$,使$m(G\backslash F)<\varepsilon$.据定理 2.2 有 $mG-mF<\varepsilon$.又因 $mF\leqslant m_*E\leqslant m^*E\leqslant mG$,故 $m^*E-m_*E<\varepsilon$.由 ε 的任意性,得 $m^*E\leqslant m_*E$,但已知$m^*E\geqslant m_*E$,故 $m^*E=m_*E$.这样,E 的可测性得证. ∎

定理 3.2　(i) 设基本集为 $X=(a,b)$,若 E 可测,则 E 关于 X 的补集 $\mathscr{C}E$ 也可测.

(ii) 若 E_1,E_2可测,则 $E_1\cup E_2,E_1\cap E_2,E_1\backslash E_2$均可测.又若 E_1,E_2不相交时,则 $m(E_1\cup E_2)=mE_1+mE_2$.

证　(i) 因 E 可测,据定理 3.1,对任意的 $\varepsilon>0$,存在开集 $G\supset E$ 与闭集 $F\subset E$,使 $m(G\backslash F)<\varepsilon$.如果必要的话,我们在$(a,b)$内取两点 $a',b'(a'<b')$,使开集 $G_1=G\cup(a,a')\cup(b',b)$(目的是使 $\mathscr{C}G_1$成为闭集)满足

$$m(G_1\backslash F)<2\varepsilon.$$

易见 $\mathscr{C}G_1$是含在 $\mathscr{C}E$ 中的闭集,$\mathscr{C}F$ 是包含 $\mathscr{C}E$ 的开集,又因 $\mathscr{C}F\backslash\mathscr{C}G_1=G_1\backslash F$,故 $m(\mathscr{C}F\backslash\mathscr{C}G_1)<2\varepsilon$.据定理 3.1,$\mathscr{C}E$ 是可测的.

(ii) 因 E_1,E_2均可测,对任意的 $\varepsilon>0$,存在开集 G_i与闭集 F_i,使

$$G_i\supset E_i\supset F_i,\quad m(G_i\backslash F_i)<\varepsilon,\quad i=1,2.$$

令 $G=G_1\cup G_2,F=F_1\cup F_2$,易见 $G\backslash F\subset(G_1\backslash F_1)\cup(G_2\backslash F_2)$,故 $m(G\backslash F)<2\varepsilon$.再注意到 $G\supset(E_1\cup E_2)\supset F$ 且 G,F 分别为开集与闭集,据定理 3.1 知 $E_1\cup E_2$可测.

当 E_1,E_2不相交时,F_1,F_2也不相交,故据定理 2.2 的推论,

$$\begin{aligned}m(E_1\cup E_2)&\geqslant m(F_1\cup F_2)=mF_1+mF_2\\&>mG_1+mG_2-2\varepsilon\geqslant mE_1+mE_2-2\varepsilon.\end{aligned}$$

由 ε 的任意性,有

$$m(E_1\cup E_2)\geqslant mE_1+mE_2.$$

同理可证

$$m(E_1\cup E_2)\leqslant mE_1+mE_2,$$

因此得

$$m(E_1\cup E_2)=mE_1+mE_2.$$

最后,要证明 $E_1\cap E_2$与 $E_1\backslash E_2$的可测性,只需利用关系式

$$E_1\cap E_2=\mathscr{C}(\mathscr{C}E_1\cup\mathscr{C}E_2),$$

$$E_1\backslash E_2=E_1\cap\mathscr{C}E_2,$$

以及已证明的事实即可. ∎

定理 3.3(测度的单调性) 设 E_1, E_2 是两个可测集，$E_1 \subset E_2$，则

$$mE_1 \leqslant mE_2.$$

证 据定理 3.2，$E_2 \setminus E_1$ 是可测的.现在 E_2 有互斥分解

$$E_2 = (E_2 \setminus E_1) \cup E_1,$$

故 $mE_2 = m(E_2 \setminus E_1) + mE_1$.显然，任何可测集的测度是非负的，故 $mE_2 \geqslant mE_1$. ∎

定理 3.4 (i) 设 $E = \bigcup\limits_{k=1}^{\infty} E_k$，每个 E_k 均可测，则 E 也可测.又如果 E_k 等互不相交，则有

$$mE = \sum_{k=1}^{\infty} mE_k.$$

(ii) 设 $E = \bigcap\limits_{k=1}^{\infty} E_k$，每个 E_k 均可测，则 E 也可测.

证 (i) 首先假定 E_k 等互不相交.据定理 3.2，对任意自然数 n，$\bigcup\limits_{k=1}^{n} E_k$ 是可测的，而且有

$$m\left(\bigcup_{k=1}^{n} E_k\right) = \sum_{k=1}^{n} mE_k.$$

对于任意的 $\varepsilon > 0$，作闭集 $F \subset \bigcup\limits_{k=1}^{n} E_k$，使

$$mF > m\left(\bigcup_{k=1}^{n} E_k\right) - \varepsilon,$$

那么

$$m_* E \geqslant mF > m\left(\bigcup_{k=1}^{n} E_k\right) - \varepsilon = \sum_{k=1}^{n} mE_k - \varepsilon.$$

先令 $\varepsilon \to 0$，再令 $n \to \infty$，得

$$m_* E \geqslant \sum_{k=1}^{\infty} mE_k. \tag{1}$$

另一方面，对每个 $k \in \mathbf{N}$，可作开集 $G_k \supset E_k$，使 $mG_k < mE_k + \varepsilon/2^k$，令 $G = \bigcup\limits_{k=1}^{\infty} G_k$，则 G 为开集且 $G \supset E$，故

$$m^* E \leqslant mG \leqslant \sum_{k=1}^{\infty} mG_k < \sum_{k=1}^{\infty} mE_k + \varepsilon,$$

令 $\varepsilon \to 0$ 得

$$m^* E \leqslant \sum_{k=1}^{\infty} mE_k. \tag{2}$$

比较(1),(2),知 $E=\bigcup\limits_{k=1}^{\infty}E_k$是可测的,且 $mE=\sum\limits_{k=1}^{\infty}mE_k$.

当 E_k等是任意可测集情形,由等式

$$E=E_1\cup(E_2\setminus E_1)\cup(E_3\setminus(E_1\cup E_2))\cup\cdots\cup(E_k\setminus(E_1\cup\cdots\cup E_{k-1}))\cup\cdots$$

得到 E 的一种互斥分解.据定理 3.2 的(ii),知上式右边每一项可测,于是应用已证明结果,得到 $E=\bigcup\limits_{k=1}^{\infty}E_k$可测.

(ii) 根据第一章定理 1.2,$\mathscr{C}E=\mathscr{C}\left(\bigcap\limits_{k=1}^{\infty}E_k\right)=\bigcup\limits_{k=1}^{\infty}(\mathscr{C}E_k)$,从而根据定理 3.2 的(i)与已证明的(i),知 $\mathscr{C}E$ 可测,因而 E 也可测. ∎

定理 3.4 所揭示的性质是**测度的完全可加性**((i)的后一部分)以及可测集关于可列并、可列交运算的**封闭性**,这些正是勒贝格测度的最重要性质.

由于一点所成的集的测度为零,根据完全可加性,任何可列集的测度为零(参看 §1).并且易见, §1 开始时说到的区间(a,b),$[a,b)$等,不管开闭与否,测度都是 $b-a$,这种规定是合理的.

设(a,b)是基本集,根据定理 3.2 的(i)可知,E 与它的补集$\mathscr{C}E$的可测性相同.再据可加性,当 E 或 $\mathscr{C}E$ 可测时,有等式

$$mE+m\mathscr{C}E=b-a$$

成立.当 E 未必可测时,我们有

引理 3.1 设 $E\subset(a,b)$,$\mathscr{C}E$ 是 E 关于(a,b)的补集.则有

$$m_*E+m^*\mathscr{C}E=b-a. \tag{3}$$

证 对于任意的 $\varepsilon>0$.取闭集 $F\subset E$,使

$$mF>m_*E-\varepsilon. \tag{4}$$

F 关于(a,b)的补集 $\mathscr{C}F$ 为开集,且 $\mathscr{C}F\supset\mathscr{C}E$,故

$$m^*\mathscr{C}E\leqslant m\mathscr{C}F=b-a-mF, \tag{5}$$

于是由(4),(5)得

$$m_*E+m^*\mathscr{C}E<b-a-\varepsilon.$$

令 $\varepsilon\to0$ 得

$$m_*E+m^*\mathscr{C}E\leqslant b-a. \tag{6}$$

另一方面,取开集 $G\supset\mathscr{C}E$,使

$$mG<m^*\mathscr{C}E+\varepsilon, \tag{7}$$

在必要时可适当扩大开集 G,使它包含两个小区间(a,a')与(b',b),这里 $a<a'<$

$b'<b$,并使不等式(7)仍成立(相应的只要增大(7)中的 ε).这时有

$$H=\mathscr{C}G=[a',b']\setminus G,$$

它是闭集(这是目的所在),且显然含于 E.故

$$m_*E \geqslant mH = b-a-mG.$$

由此式与(7)得

$$m_*E+m^*\mathscr{C}E>b-a-\varepsilon,$$

令 $\varepsilon\to 0$ 得 $m_*E+m^*\mathscr{C}E\geqslant b-a$.此式与(6)一起表明(3)成立. ∎

从等式(3)可以看出,由于 E 与 $\mathscr{C}E$ 处于对称地位,等式

$$m_*\mathscr{C}E+m^*E=b-a$$

也成立.因而得到:

$$m^*\mathscr{C}E-m_*\mathscr{C}E=m^*E-m_*E.$$

由此推知,关于基本区间(a,b),集 E 与其补集的可测性相同.这在定理 3.2 中已提到过了.此外,把(3)改写成

$$m_*E=b-a-m^*\mathscr{C}E,$$

我们看出,集 E 的内测度可以通过它的补集的外测度来定义.

下面再给出可测集的另一充分必要条件.

定理 3.5 有界集 E 可测的充分必要条件是:对任何集 A,等式

$$m^*A=m^*(A\cap E)+m^*(A\cap\mathscr{C}E) \tag{8}$$

成立.

注 条件(8)称为**卡拉泰奥多里**(C. Carathéodory)**条件**.

证 充分性 设 $E\subset(a,b)$,并且不妨假定(a,b)是基本区间.取 $A=(a,b)$,由条件(8)得

$$m^*E=b-a-m^*\mathscr{C}E,$$

据引理 3.1,上式右边正是 E 的内测度 m_*E,故 $m^*E=m_*E$,即 E 可测.

必要性 设 E 可测,由外测度的半可加性,得

$$m^*A\leqslant m^*(A\cap E)+m^*(A\cap\mathscr{C}E). \tag{9}$$

另一方面,对任意的 $\varepsilon>0$,据外测度定义,存在开集 $G\supset A$,使

$$m^*A>mG-\varepsilon. \tag{10}$$

这时 $G\cap E\supset A\cap E, G\cap\mathscr{C}E\supset A\cap\mathscr{C}E$,故

$$m^*(A\cap E)\leqslant m(G\cap E), m^*(A\cap\mathscr{C}E)\leqslant m(G\cap\mathscr{C}E).$$

由于开集是可测的(参阅后面定理 3.6 证明后的说明),且据定理 3.4,有

$$m(G\cap E)+m(G\cap \mathscr{C}E)=m(G\cap (E\cup \mathscr{C}E))=mG,$$

从而由(10)得

$$m^*A>m(G\cap E)+m(G\cap \mathscr{C}E)-\varepsilon$$

$$\geqslant m^*(A\cap E)+m^*(A\cap \mathscr{C}E)-\varepsilon.$$

令 $\varepsilon\to 0$ 即得

$$m^*A\geqslant m^*(A\cap E)+m^*(A\cap \mathscr{C}E).$$

把此式与(9)联合便得(8). ∎

例 1 利用定理 3.5 证明,若 E_1,E_2 均可测且互不相交,则 $E_1\cup E_2$ 可测.

证 因 E_1 可测,对任意集 A 有

$$m^*A=m^*(A\cap E_1)+m^*(A\cap \mathscr{C}E_1). \tag{11}$$

因 E_2 可测,把 $A\cap \mathscr{C}E_1$ 看成任意集时,利用(11),得

$$m^*(A\cap \mathscr{C}E_1)=m^*(A\cap \mathscr{C}E_1\cap E_2)+m^*(A\cap \mathscr{C}E_1\cap \mathscr{C}E_2).$$

由于 $E_1\cap E_2=\varnothing,\mathscr{C}E_1\supset E_2$,且 $\mathscr{C}E_1\cap \mathscr{C}E_2=\mathscr{C}(E_1\cup E_2)$,上式成为

$$m^*(A\cap \mathscr{C}E_1)=m^*(A\cap E_2)+m^*(A\cap \mathscr{C}(E_1\cup E_2)). \tag{12}$$

又因 E_1 可测,把 $A\cap (E_1\cup E_2)$ 看成任意集,利用(8),

$$m^*(A\cap (E_1\cup E_2))=m^*(A\cap (E_1\cup E_2)\cap E_1)+$$

$$m^*(A\cap (E_1\cup E_2)\cap \mathscr{C}E_1),$$

或

$$m^*(A\cap (E_1\cup E_2))=m^*(A\cap E_1)+m^*(A\cap E_2). \tag{13}$$

把(12)代入(11)并利用(13),即得

$$m^*A=m^*(A\cap (E_1\cup E_2))+m^*(A\cap \mathscr{C}(E_1\cup E_2)).$$

因此据定理 3.5 知 $E_1\cup E_2$ 可测. ∎

附带指出,(13)实际上是外测度的一种特殊有限可加性.

定理 3.6 (i) 设 $\{E_k\}$ 是基本集 (a,b) 中的**渐张可测集列**,即 $E_1\subset E_2\subset\cdots$,则 $E=\bigcup\limits_{k=1}^{\infty}E_k$ 是可测的,且 $mE=\lim\limits_{k\to\infty}mE_k$.

(ii) 设 $\{E_k\}$ 是基本集 (a,b) 中**渐缩可测集列**,即 $E_1\supset E_2\supset\cdots$,则 $E=\bigcap\limits_{k=1}^{\infty}E_k$ 是可测的,且 $mE=\lim\limits_{k\to\infty}mE_k$.

证 (i) $E=\bigcup\limits_{k=1}^{\infty}E_k$ 的可测性是显然的.注意到 E 的下列分解

$$E=E_1\cup (E_2\setminus E_1)\cup\cdots\cup (E_k\setminus E_{k-1})\cup\cdots,$$

其中右边各项互不相交,应用定理 3.4,即得

$$mE=mE_1+\sum_{k=2}^{\infty}m(E_k\setminus E_{k-1})=mE_1+\sum_{k=2}^{\infty}(mE_k-mE_{k-1})=\lim_{k\to\infty}mE_k.$$

对于(ii),只需注意到 $\mathscr{C}\left(\bigcap_{k=1}^{\infty}E_k\right)=\bigcup_{k=1}^{\infty}(\mathscr{C}E_k)$,再应用(i)即得所需结论. ∎

注 对于无界集情形,可以证明(i)仍然正确,也参看后面命题 4.1,但(ii)不一定成立.例如,若取 $E_k=(k,\infty)$,$k\in\mathbf{N}$,则关系式 $mE=\lim_{k\to\infty}mE_k$ 成为 $0=\infty$,显然不正确.

至此,可测集的一些基本性质已讨论过了.我们指出,其中比较重要的是关于差集的可测性、测度的完全可加性与单调性.或者说,可测集关于差集与可列并的运算是封闭的.实际上,一切可测集所成的类构成一个**集的 σ 环**.由此还推出,可测集关于可列交运算也是封闭的.这样,在可测集类中进行运算是相当方便的.

读者可以回顾一下,我们正是遵循由简单到复杂的思想来讨论测度的,即由开集的测度到可测集,这种想法类似于由有理数集定义实数,再由开集的完全可加性到可测集的完全可加性,等等.先解决特殊的问题,再解决一般的问题.但是,我们应当思考一下,开集、闭集等是否可测?如果可测,它们的测度与作为出发点规定的测度是否一致?下面说明,答案是肯定的.

先看开区间 $I=(a,b)$ 的情形.I 自身就是包含 (a,b) 的一个开集(只含一个构成区间),故 $m^*I\leqslant mI=b-a$,但数集

$$\{mG:G\text{ 为开集且 }G\supset I\}$$

中有数 mI,因而 mI 即为这数集的下确界.这样,$m^*I=b-a$.另一方面,

$$[a+\varepsilon/2,b-\varepsilon/2]\quad(0<\varepsilon<b-a)$$

为含于 I 中的闭集,它的测度显然为 $b-a-\varepsilon$,其上确界为 $b-a$.故 $m_*I=b-a$.因此据可测集的定义,$I=(a,b)$ 可测且测度为 $b-a$,与我们开始时规定的相一致,并且测度记号 mI 也无须改变.既然开集可表示为有限个或可列个开区间的并,据定理 3.4,它是可测的.再根据开集的结构表示,它的测度也与原来规定的相一致.由此据定理 3.2 可知,闭集是可测的,它的测度也与原来规定的相一致.在这里我们指出重要的一类集,它以开集、闭集为对象,作至多可列次或并或交的运算,所得的集统称**博雷尔**(E. Borel)**集**(§6 末将给出标准定义).这样,一切博雷尔集是可测的.特别,博雷尔集中有这样的集是值得注意的:一是可表为可列个开集的交,称为 G_δ **集**;另一是可表为可列个闭集的并,称为 F_σ **集**.它们可以用来构造任意可测集的测度.

定理 3.7 设 E 是可测集,则存在 G_δ 集 A 与 F_σ 集 B,满足 $A\supset E\supset B$ 且

$$mE=mA=mB.$$

证 设 E 可测，则 $mE=m^*E$. 于是据外测度定义，对每个 $n\in\mathbf{N}$，存在开集 $G_n\supset E$，使 $mG_n<mE+1/n,n\in\mathbf{N}$. 这样，我们得到开集列 $\{G_n\}$. 令 $A=\bigcap_{k=1}^{\infty}G_n$，则 A 适合定理要求. 其实，A 显然为 G_δ 集，且对任一 $n\in\mathbf{N}$，有 $E\subset A\subset G_n$，故

$$0\leqslant mA-mE\leqslant mG_n-mE<1/n.$$

令 $n\to\infty$ 即得 $mA=mE$.

同样，从 $mE=m_*E$ 出发，据内测度定义，对每个 $n\in\mathbf{N}$，存在闭集 $F_n\subset E$，使 $mF_n>mE-1/n,n\in\mathbf{N}$. 令 $B=\bigcup_{k=1}^{\infty}F_n$，则 B 为含于 E 的 F_σ 集且 $mB=mE$. ▮

定理 3.7 告诉我们，可测集 E 是与某个 G_δ 集以及与某个 F_σ 集仅相差一个零测度的集. 由于其逆也成立，这样我们就获得了可测集的一种构造. 此外，从定理 3.7 的证明中可以看出，当 E 不可测时，所作出的集 A 与 B 满足关系 $mA=m^*E$，$mB=m_*E$.

例 2 设 E 是基本集，其测度为 1. $\{E_n\}$ 是 E 的可测子集列，且对每个 $n\in\mathbf{N}$，$mE_n=1$. 试证 $m\left(\bigcap_{k=1}^{\infty}E_n\right)=1$.

证 利用测度的有限可加性，可证(见本章习题 9)

$$m(E_1\cup E_2)=mE_1+mE_2-m(E_1\cap E_2),$$

因 $E_1\subset E_1\cup E_2\subset E$，故 $m(E_1\cup E_2)=1$；而 $mE_1=mE_2=1$，可见 $m(E_1\cap E_2)=1$. 据归纳法便可证 $m(E_1\cap E_2\cap\cdots\cap E_n)=1,n\in\mathbf{N}$. 于是据定理 3.6 的(ii)，这时区间 (a,b) 应当用基本集 E 代替，由于序列 $\left\{\bigcap_{k=1}^{n}E_k\right\}$ 为渐缩列，便得 $m\left(\bigcap_{n=1}^{\infty}E_n\right)=\lim_{n\to\infty}m\left(\bigcap_{k=1}^{n}E_k\right)=1$.

此结果也可如下证明. 用 $\mathscr{C}A$ 表示 E 的子集 A 关于 E 的补集，则据德摩根法则有 $\mathscr{C}(\bigcap_n E_n)=\bigcup_n\mathscr{C}E_n$. 由于 $m\mathscr{C}E_n=mE-mE_n=0,n\in\mathbf{N}$，据测度的半可加性知

$$m\mathscr{C}\left(\bigcap_{n=1}^{\infty}E_n\right)\leqslant\sum_{n=1}^{\infty}m\mathscr{C}E_n=0,$$

因而 $m\mathscr{C}\left(\bigcap_{n=1}^{\infty}E_n\right)=0$. 于是 $m\left(\bigcap_{n=1}^{\infty}E_n\right)=mE-m\mathscr{C}\left(\bigcap_{n=1}^{\infty}E_n\right)=1$. ▮

例 3 假设集 E 是可测集，$x\in\mathbf{R}$. 称 x 为 E 的**全密点**，如果

$$\lim_{\varepsilon\to0^+}\frac{1}{2\varepsilon}m(E\cap I(x;\varepsilon))=1,$$

其中 $I(x;\varepsilon)$ 表示开区间 $(x-\varepsilon,x+\varepsilon)$. 试证，若 E 为闭集，且 x_0 为 E 的全密点时，有 $\rho(x_0+h,E)=o(h),h\to0$. 又当 $x_0\in E$ 时如何？

证 不妨设 $h>0$. 当 h 充分小时,考察两个区间 $I(x_0+h;\varepsilon h)$, $I(x_0;h+\varepsilon h)$,这里 $\varepsilon>0$. 显然,

$$I(x_0+h;\varepsilon h)\subset I(x_0,h+\varepsilon h).$$

我们断定,对一切充分小的 h 必有 $E\cap I(x_0+h;\varepsilon h)\neq\varnothing$. 其实,假定结论相反,即 $E\cap I(x_0+h;\varepsilon h)=\varnothing$,则 $I(x_0+h;\varepsilon h)\subset\mathscr{C}E$,从而

$$E\cap I(x_0;h+\varepsilon h)\subset I(x_0;h+\varepsilon h)\setminus I(x_0+h;\varepsilon h),$$

故

$$\begin{aligned}\frac{m(E\cap I(x_0;h+\varepsilon h))}{2(h+\varepsilon h)}&\leqslant\frac{m(I(x_0;h+\varepsilon h)-I(x_0+h;\varepsilon h))}{2(h+\varepsilon h)}\\&=\frac{2(h+\varepsilon h)-2\varepsilon h}{2(h+\varepsilon h)}=\frac{1}{1+\varepsilon}.\end{aligned}$$

可见令 $\delta=h(1+\varepsilon)$,则

$$\lim_{h\to0}\frac{1}{2\delta}m(E\cap I(x_0;\delta))\leqslant\frac{1}{1+\varepsilon}<1,$$

此与 x_0 为 E 的全密点的假设矛盾. 这就证明了 $E\cap I(x_0+h;\varepsilon h)$ 对一切充分小的 h 是非空的. 我们取一点 $z\in E\cap I(x_0+h;\varepsilon h)$,则有 $\rho(x_0+h,E)\leqslant\rho(x_0+h,z)\leqslant\varepsilon h$ 对一切充分小的 h 成立. 这就表示 $\rho(x_0+h,E)=o(h)$, $h\to0$.

又当 $x_0\in E$ 时, $x_0\in\mathscr{C}E$,可断言 $\rho(x_0+h,E)=\rho(x_0,E)+O(h)$, $h\to0$. 因此时对 $x_0\in\mathscr{C}E$ 所属的构成区间 (α,β),有 $\rho(x_0,E)=\min\{x_0-\alpha,\beta-x_0\}$. 假定 $x_0-\alpha<\beta-x_0$. 那么对一切充分小的 $h>0$,有 $\rho(x_0+h,E)=x_0+h-\alpha$. 于是

$$\rho(x_0+h,E)-\rho(x_0,E)=x_0+h-\alpha-(x_0-\alpha)=h.$$

此式对 $h<0$ 也成立.

对 $x_0-\alpha\geqslant\beta-x_0$ 情形可类似地讨论. 从而知所述断言成立. ∎

注意闭集 E 的全密点必属于 E,而当 $x_0\in E$ 时 $\rho(x_0,E)=0$. 因此本例要证的式子可写成

$$\rho(x_0+h,E)=\rho(x_0,E)+o(h),h\to0.$$

又当 $x_0\in E$ 时,则有关系式

$$\rho(x_0+h,E)=\rho(x_0,E)+O(h),h\to0,$$

两者有明显区别.

§4 关于测度的几点评注

1. 无界集的测度

以上三节讨论的都是有界集情形,在很多问题中往往要考虑**无界可测集**. 设

E 是一维无界集，如果它与任何开区间的交是可测的，就称 E 为**可测的**，它的测度定义为

$$\lim_{\alpha\to\infty} m\{(-\alpha,\alpha)\cap E\},$$

仍以 mE 表示 E 的测度. 当 E 可测时，这个极限恒存在，但可能为有限也可能为无穷大（两种情形均认为极限存在），这与有界集情形不一样. 当 E 为有界可测集时，此极限值与 §2 定义的测度相一致.

无界可测集与有界可测集有很多完全类似的性质. 例如，我们可以证明下列命题：

命题 4.1 设 $\{E_k\}_{k\in\mathbf{N}}$ 是可测集列（有界或无界），则它的并集 $E=\bigcup_{k=1}^{\infty}E_k$ 是可测的；又若 E_k 等互不相交，则

$$mE=\sum_{k=1}^{\infty}mE_k.$$

证 任取开区间 I，有

$$E\cap I=\bigcup_{k=1}^{\infty}(E_k\cap I),$$

因 E_k 等可测，故 $E_k\cap I$ 可测且它们都是含于 I 内的有界集. 而据有界可测集的性质，并集 $\bigcup_{k=1}^{\infty}(E_k\cap I)$ 可测. 这样，$E\cap I$ 可测，因而据定义 E 是可测的. 当 E_k 等互不相交时，可取上面的 $I=I_\alpha=(-\alpha,\alpha)\ (\alpha>0)$，则 $E_k\cap I_\alpha$ 等也互不相交，据有界可测集的完全可加性，得

$$m(E\cap I_\alpha)=\sum_{k=1}^{\infty}m(E_k\cap I_\alpha),$$

令 $\alpha\to\infty$ 得

$$mE=\sum_{k=1}^{\infty}mE_k.$$

自然，这个等式有可能是 $\infty=\infty$ 的情形. 只有当右边正项级数收敛时，E 才有有限测度. ∎

在这个证明中，我们看到，无界可测集的性质是相应的有界可测集性质的发展，而证明方法也只是多加一道极限手续而已. 一些其他的性质也极为类似. 由于本质差别不大，故全部略去.

2. 多维空间点集的测度

对于多维空间中点集，同样可以建立勒贝格测度理论. 在处理方法上与一维

情形本质相同，只是在细节上有所差异，多维情形显得复杂些.例如，在一维情形，开集的构造比较简单，可以利用它的结构表示来定义测度.而在二维情形，就要利用第一章的定理4.2.根据这条定理，平面上有界开集被表成可列个两两无公共内点的半闭正方形的并：$G=\cup I_k$.令 mI_k 表示 I_k 的面积，我们定义 G **的测度**即为所有 mI_k 的和，即

$$mG=\sum mI_k,$$

并且可以证明 G 的测度与所述表示法无关.定义了开集测度以后，可以与一维情形类似，逐步引进闭集的测度，任意有界集的外、内测度以及可测集的定义等.无界集情形也可以仿照第1段那样处理.读者如有兴趣，可作为练习去做.

3. 不可测集的例

平常我们所遇到的点集大多是可测集，因而自然要问是否有不可测集存在？这里我们将引进一个不可测集的例，它是依赖于策梅洛选择公理而作出的，其他类型的例子至今未见.正因如此，一直有人不承认不可测集的存在.

考察集的平移变换.设 h 为实数，E 为 $\mathbf{R}$ 的一子集.对于 $x\in E$，令 T_h 为平移变换，T_h：$x\to x+h$，并令

$$T_hE=\{T_hx:\ x\in E\},$$

称它为 E 的 h **平移变换**.显然，设 $E=(\alpha,\beta)$，则 $T_hE=(\alpha+h,\beta+h)$，因而开区间 E 的 h 平移变换后测度保持不变，即 $m(T_hE)=mE$.由此可知，当 E 为开集 G 时，亦有 $m(T_hG)=mG$.据外测度的定义容易推出，对于任意点集 E，T_hE 的外测度保持不变.从而当 E 可测时，T_hE 也可测且有 $m(T_hE)=mE$.这种性质称为**勒贝格测度关于平移的不变性**.它在下面的讨论中要用到.

引理 4.1 设 E 是一维点集，具有正的测度，数 α 满足 $0<\alpha<1$，那么存在开区间 I，使 $m(E\cap I)>\alpha mI$.

证 据外测度定义，存在一开集 $G\supset E$，使

$$mE>\alpha mG.$$

设 G 的结构表示为 $G=\bigcup_k I_k$，I_k 等为互不相交的开区间，那么必有某个 I_k 可以作为引理中的 I.其实，假设不然，对每个 $k\in\mathbf{N}$，有 $m(E\cap I_k)\leqslant\alpha mI_k$，则由等式

$$mE=m(E\cap G)=m\Big\{\bigcup_k(E\cap I_k)\Big\}=\sum_k m(E\cap I_k)$$

将推出

$$mE\leqslant\sum_k\alpha mI_k=\alpha mG,$$

这同 G 的取法相矛盾. ∎

引理 4.2 设 E 为正测度集,令 $\Delta(E)=\{x-y: x,y\in E\}$,则 $\Delta(E)$ 包含一个关于原点对称的开区间 J.

证 应用引理 4.1,可作出开区间 I,使

$$m(E\cap I)>\frac{3}{4}mI.$$

令 $J=\left(-\frac{mI}{2},\frac{mI}{2}\right)$,则 J 符合引理要求.

其实,任取 $z\in J$,则 $|z|<\frac{1}{2}mI$.用 $A+z=T_zA$ 表示集 A 的 z 平移.那么有

$$(E\cap I)\cup((E\cap I)+z)\subset I\cup(I+z);$$

注意到

$$m(I\cup(I+z))\leqslant mI+|z|<\frac{3}{2}mI,$$

便有

$$m\{(E\cap I)\cup((E\cap I)+z)\}<\frac{3}{2}mI.$$

我们断言,$E\cap I$ 与 $(E\cap I)+z$ 相交.因若不然的话,将有

$$\begin{aligned}m\{(E\cap I)\cup((E\cap I)+z)\}&=m(E\cap I)+m((E\cap I)+z)\\&=2m(E\cap I)>\frac{3}{2}mI,\end{aligned}$$

在这里利用了测度的平移不变性.这与上述结果相矛盾.于是可取一点 $x\in(E\cap I)\cap((E\cap I)+z)$.从而 $x\in E$ 且可写成 $x=y+z$ 的形式,这里 $y\in E$.这样就有

$$z=x-y,\quad x,y\in E,$$

即 $z\in\Delta(E)$.由于 z 是 J 中任意的点,故 $J\subset\Delta(E)$. ∎

定理 4.1 一维不可测集是存在的.

证 设 $\mathbf{Q}$ 为有理数集,我们利用 $\mathbf{Q}$ 将 $\mathbf{R}$ 中的点分类,当 $x-y\in\mathbf{Q}$ 时认为 x,y 属于同一等价类.这样,$\mathbf{R}$ 被分成等价类,并且每两个不同等价类互不相交.其实,设 E_x,E_y 是不同等价类,它们的代表元分别是 x,y: $x\in E_x,y\in E_y$.如果有公共元 $z\in E_x\cap E_y$,则 $x-y=x-z+z-y\in\mathbf{Q}$,于是将有 $x,y\in E_y$(且 $x,y\in E_x$),即 E_x 与 E_y 一致,矛盾.现在,据第一章定理 5.6,从每个等价类中取一点构成一集 E(注意这里应用到策梅洛选择公理),那么 E 是不可测的.

为了证明 E 的不可测性,首先注意 $\Delta(E)=\{x-y: x,y\in E\}$ 显然包含原点,

且由 E 的作法知除原点外 E 没有其他有理点，因而它不含有对称的开区间. 据引理 4.2，若 E 可测，将有 $mE=0$. 其次，设 a_1, a_2 是 $\mathbf{Q}$ 中任意两个不同的点，则集 $E^{(i)}=\{x: x=e+a_i, e\in E\}$ $(i=1,2)$ 互不相交. 因若不然的话，设有 $e_1, e_2\in E$ 使 $e_1+a_1=e_2+a_2$，将有 $e_1-e_2=a_2-a_1\in\mathbf{Q}$，从而 $e_1-e_2=0$ 或 $e_1=e_2$. 由此推出 $a_1=a_2$，矛盾. 另一方面，$\mathbf{R}$ 中任一点 x 必属于这些等价类中之一，因而可写成 $x=e+a, e\in E, a\in\mathbf{Q}$. 因此，若将 $\mathbf{Q}$ 写成 $\{a_n\}$，$E_n=\{x: x=e+a_n, e\in E\}$，$n\in\mathbf{N}$，则据测度的平移不变性，有 $mE_n=mE=0$. 从而注意到 $\mathbf{R}=\bigcup\limits_{k=1}^{\infty}E_n$，将得出

$$m\mathbf{R}=\sum_n mE_n=0,$$

这是不可能的. 因而，E 的不可测性得到证明. ■

由上述等价类的作法，假如由每个等价类中取属于 $[0,1)$ 中一点构成一集 E，则 E 是有界不可测的.

例 1 设 $m^*E<\infty$ 而 A 可测，则

$$m^*(E\cup A)+m^*(E\cap A)=m^*E+mA.$$

证 由 A 可测，据定理 3.5，对集 E，有等式

$$m^*E=m^*(E\cap A)+m^*(E\cap\mathscr{C}A).$$

在此式中把 E 换成 $E\cup A$，

$$m^*(E\cup A)=m^*A+m^*((E\cup A)\cap\mathscr{C}A).$$

因 A 可测，m^*A 即 mA，$m^*((E\cup A)\cap\mathscr{C}A)=m^*(E\cap\mathscr{C}A)$，与上一式联合便得欲证等式. ■

可是，对于一般未必可测集，却未必有等号成立. 试看下例.

例 2 设 $A, B\subset\mathbf{R}$，试证下列关系式成立：

(i) $m^*(A\cup B)+m^*(A\cap B)\leqslant m^*A+m^*B$;

(ii) $m_*(A\cup B)+m_*(A\cap B)\geqslant m_*A+m_*B$.

并问严格不等式是否可能成立？

证 (i) 据外测度定义，可取开集 U_n, V_n，使 $U_n\supset A, V_n\supset B, n\in\mathbf{N}$ 且

$$\lim_{n\to\infty}mU_n=m^*A,\quad \lim_{n\to\infty}mV_n=m^*B, \tag{1}$$

对任意两个开集 U, V，由等式 $(U\cup V)\setminus V=U\setminus(U\cap V)$ 且两边均为互斥分解，利用可测集测度的可加性即得

$$m(U\cup V)-mV=mU-m(U\cap V)$$

或

$$m(U\cup V)+m(U\cap V)=mU+mV \tag{2}$$

这样，对每个 $n\in\mathbf{N}$，

$$m(U_n\cup V_n)+m(U_n\cap V_n)=mU_n+mV_n \tag{3}$$

注意到 $U_n\cup V_n\supset A\cup B, U_n\cap V_n\supset A\cap B$,上式左边 $\geqslant m^*(A\cup B)+m^*(A\cap B)$,故

$$mU_n+mV_n\geqslant m^*(A\cup B)+m^*(A\cap B).$$

令 $n\to\infty$ 便得(i).

(ii) 类似地取闭集 E_n, F_n 使 $E_n\subset A, F_n\subset B, n\in \mathbf{N}$,且

$$\lim_{n\to\infty} mE_n=m_*A,\ \lim_{n\to\infty} mF_n=m_*B,$$

并利用等式,对每个 n,

$$m(E_n\cup F_n)+m(E_n\cap F_n)=mE_n+mF_n$$

可证明(ii).

严格不等式可能成立.例如,取$[0,1]$中的一不可测子集 A,并设 $B=\mathscr{C}A$.那么(i)成为 $1+0<m^*A+1-m_*A$,因 A 不可测,$m^*A>m_*A$,此式是严格不等式.类似地(ii)中严格不等式也可能成立. ∎

*§5 环与环上定义的测度

从本节开始我们将介绍抽象测度的基本知识.读者有了 $\mathbf{R}$ 中勒贝格测度的模型,进一步学习抽象测度是不太困难的.抽象测度对于进一步学习现代分析是不可缺少的,它概括了测度的最一般特征,同时也能包括种种具体测度作为特例.现在分三节来讲,本节讲环与环上测度,然后再讲抽象外测度与可测集以及广义测度的较深入的性质.对于要求不甚高的读者,初学时可以略去这一部分而直接进入第三章.

定义 5.1 设 X 为基本集,$\mathscr{R}$ 为由 X 的子集所成的非空类,如果下列条件满足:

(i) 由 $A,B\in\mathscr{R}$ 即有 $A\backslash B\in\mathscr{R}$;

(ii) 由 $A,B\in\mathscr{R}$ 即有 $A\cup B\in\mathscr{R}$,

则 $\mathscr{R}$ 称为**集的环**或简称为**环**;如果(i)成立,而(ii)代之以

(ii′) 由 $A_1,A_2,\cdots\in\mathscr{R}$ 即有 $\bigcup\limits_{n=1}^{\infty}A_n\in\mathscr{R}$,

即对于 $\mathscr{R}$ 有(i),(ii′)成立,则 $\mathscr{R}$ 称为**集的 σ 环**或简称为 **σ 环**.若环 $\mathscr{R}$ 中含有 X 自身,则称 $\mathscr{R}$ 为**代数**.同样,**σ 代数**是指含有 X 的 σ 环.

设 $\mathscr{E}$ 是 X 中子集的类,包含类 $\mathscr{E}$ 的一切环的交记为 $\mathscr{R}(\mathscr{E})$,它是包含 $\mathscr{E}$ 的最小环,称为**由 $\mathscr{E}$ 产生的环**.由 $\mathscr{E}$ 产生的 σ 环可类似地定义.

例 1 $[0,1]$中的一切可测集构成环,也是 σ 环,并且还是代数和 σ 代数.$[0,1]$中的一切开集不是环,因为(i)不成立.

例 2 X 中一切子集所成的类是 σ 环也是 σ 代数.因而包含一个类 $\mathscr{E}$ 的环是存在的,故定义中所述的 $\mathscr{R}(\mathscr{E})$ 有意义.

例 3 为了给出 $\mathbf{R}$ 中常见的环的例子,考察任意半闭区间 $[\alpha,\beta)$,这里 $-\infty<\alpha<\beta<\infty$. 任何两个半闭区间的差可能是空集 $\varnothing$,也可能是两个互不相交的半闭区间的并:

$$[\alpha_1,\beta_1)\cup[\alpha_2,\beta_2),\beta_1<\alpha_2.$$

这已不是一个简单的半闭区间了.但这种新的集的差与并至多是有限个半闭区间的并.由此可以看出,$\mathbf{R}$ 的子类

$$\left\{\bigcup_{i=1}^{n}[\alpha_i,\beta_i):\alpha_i,\beta_i\in\mathbf{R},n\in\mathbf{N}\right\}\cup\{\varnothing\}$$

满足环的条件(i)与(ii),因而构成一个环.

为了看出最小环的某种特性,我们证明

定理 5.1 由类 $\mathscr{E}$ 产生的环 $\mathscr{R}(\mathscr{E})$ 中每个元均含于 $\mathscr{E}$ 的某有限个元的并中;由 $\mathscr{E}$ 产生的 σ 环 $\mathscr{R}_\sigma(\mathscr{E})$ 中每个元均含于 $\mathscr{E}$ 的某可列个元的并中.

证 只证定理的前半部分,后半部分完全类似.考察类

$$\mathscr{S}=\left\{A:A\subset X,\text{存在 }E_1,E_2,\cdots,E_n\in\mathscr{E},n\in\mathbf{N},\text{使 }A\subset\bigcup_{k=1}^{n}E_k\right\},$$

就是说,$\mathscr{S}$ 是 $\mathscr{E}$ 中任意有限个元的并的子集所成的类.我们证明 $\mathscr{S}$ 为环.

其实,设 $A_1,A_2\in\mathscr{S}$,那么有

$$A_1\subset\bigcup_{k=1}^{n}E_k^{(1)},A_2\subset\bigcup_{j=1}^{m}E_j^{(2)},$$

其中 $E_k^{(1)},E_j^{(2)}\in\mathscr{E},k=1,2,\cdots,n,j=1,2,\cdots,m$.故

$$A_1\cup A_2\subset\left(\bigcup_{k=1}^{n}E_k^{(1)}\right)\cup\left(\bigcup_{j=1}^{m}E_j^{(2)}\right),A_1\setminus A_2\subset\bigcup_{k=1}^{n}E_k^{(1)}.$$

这表明,$A_1\cup A_2,A_1\setminus A_2$ 均属于 $\mathscr{S}$,即 $\mathscr{S}$ 为环,且 $\mathscr{S}$ 显然包含类 $\mathscr{E}$ 自身.既然 $\mathscr{R}(\mathscr{E})$ 为包含 $\mathscr{E}$ 的最小环,故 $\mathscr{R}(\mathscr{E})\subset\mathscr{S}$,定理得证. ∎

在§3 定理 3.6 中,我们已讲过渐张序列与渐缩序列概念,现在引进单调类的定义.

定义 5.2 设 $\mathscr{M}$ 为 X 的子集所成的类.若其中渐张序列的并与渐缩序列的交均属于 $\mathscr{M}$,则称 $\mathscr{M}$ 为**单调类**.

我们已知 (a,b) 中的可测集类是单调类(定理 3.6).一般地,每个 σ 环都是单调类(注意关系 $\bigcap_{n=1}^{\infty}A_n=A_1\setminus\bigcup_{n=2}^{\infty}(A_1\setminus A_n)$).另一方面,一个环如果是单调类,也一定是 σ 环.这些简单结论很容易从定义推出来.

与环的情形类似,我们称包含类 $\mathscr{E}$ 的最小单调类为**由 $\mathscr{E}$ 产生的单调类**,并记成 $\mathscr{M}(\mathscr{E})$.

定理 5.2 设 $\mathscr{E}$ 为集 X 的子集所成的环，则由 $\mathscr{E}$ 产生的单调类 $\mathscr{M}(\mathscr{E})$ 与由 $\mathscr{E}$ 产生的 σ 环 $\mathscr{R}_\sigma(\mathscr{E})$ 相等，$\mathscr{M}(\mathscr{E})=\mathscr{R}_\sigma(\mathscr{E})$.

证 因 $\mathscr{R}_\sigma(\mathscr{E})$ 是 σ 环，它是单调类.而 $\mathscr{M}(\mathscr{E})$ 是最小单调类，故 $\mathscr{M}(\mathscr{E})\subset\mathscr{R}_\sigma(\mathscr{E})$.

另一方面，为证相反的包括式，只需证明 $\mathscr{M}=\mathscr{M}(\mathscr{E})$ 为 σ 环即可.为此，对任意 $A\in\mathscr{E}$ 作类

$$\mathscr{K}(A)=\{B\in\mathscr{E}:\ A\backslash B, B\backslash A, A\cup B\in\mathscr{M}\}.$$

那么，若 $B\in\mathscr{K}(A)$，则 $A\in\mathscr{K}(B)$.并且，若 $A\in\mathscr{E}$，则 $\mathscr{K}(A)\supset\mathscr{E}$.这是因为，对于任何 $B\in\mathscr{E}$，因 $\mathscr{E}$ 为环，$A\backslash B, B\backslash A, A\cup B$ 均属于 $\mathscr{E}$，从而均属于 $\mathscr{M}$，故 $B\in\mathscr{K}(A)$.因此 $\mathscr{K}(A)\supset\mathscr{E}$.

不难证明，对每个 $A\in\mathscr{E}$，$\mathscr{K}(A)$ 是单调类.例如，限于考察 $\mathscr{K}(A)$ 中渐张序列 $\{B_n\}_{n\in\mathbf{N}}$ 的情形，令 $B=\bigcup\limits_n B_n$.由于

$$A\backslash B_n, B_n\backslash A, B_n\cup A\in\mathscr{M}, n\in\mathbf{N},$$

且它们都是单调列(第一个为渐缩列，其余为渐张列)，从而据 $\mathscr{M}$ 为单调类，

$$A\backslash B=\bigcap_n(A\backslash B_n), B\backslash A=\bigcup_n(B_n\backslash A), B\cup A=\bigcup_n(B_n\cup A)$$

均属于 $\mathscr{M}$.这就表明 $B\in\mathscr{K}(A)$.故 $\mathscr{K}(A)$ 为单调类得证.

这样，当 $A\in\mathscr{E}$ 时，作为包含 $\mathscr{E}$ 的单调类 $\mathscr{K}(A)$，应有

$$\mathscr{K}(A)\supset\mathscr{M}.$$

最后，我们证明 $\mathscr{M}$ 为 σ 环.设 $A,B\in\mathscr{M}$，任取 $C\in\mathscr{E}$.由上面所证，$\mathscr{K}(C)\supset\mathscr{M}$，从而 $A\in\mathscr{K}(C)$，故 $C\in\mathscr{K}(A)$.因 C 是 $\mathscr{E}$ 中任意元，知 $\mathscr{E}\subset\mathscr{K}(A)$.作为包含 $\mathscr{E}$ 的单调类 $\mathscr{K}(A)$，应有 $\mathscr{K}(A)\supset\mathscr{M}$.这样，$B\in\mathscr{K}(A)$，即 $A\backslash B, B\backslash A, A\cup B$ 均属于 $\mathscr{M}$.这表明 $\mathscr{M}$ 为环.前面已经指出过，一个环如果是单调类必是 σ 环，因而 $\mathscr{M}$ 为 σ 环. ∎

推论 设 $\mathscr{E}$ 为环，$\mathscr{M}$ 为单调类，$\mathscr{M}\supset\mathscr{E}$，则 $\mathscr{M}\supset\mathscr{R}_\sigma(\mathscr{E})$.

证 据定理 5.2，因 $\mathscr{M}$ 为包含 $\mathscr{E}$ 的单调类，应包含 $\mathscr{M}(\mathscr{E})=\mathscr{R}_\sigma(\mathscr{E})$. ∎

在第一章 §2 已讲了映射概念.这里将考察一种特殊的映射——集函数与有关概念.

定义 5.3 设 X 为基本集，$\mathscr{R}$ 为 X 的子集的类.称定义在 $\mathscr{R}$ 上且取值为实数或无穷大的广义实函数 μ 为**集函数**；若对每个 $E\in\mathscr{R}$，$\mu E\geqslant 0$，称 μ 为**非负的**；若 $\mu E\neq\pm\infty$ $(E\in\mathscr{R})$，称 μ 为**有限的**；若对 $\mathscr{R}$ 中互不相交的序列 $\{E_n\}_{n\in\mathbf{N}}$，其并 $\bigcup\limits_n E_n\in\mathscr{R}$，恒有

$$\mu\Big(\bigcup_{n=1}^{\infty}E_n\Big)=\sum_{n=1}^{\infty}\mu E_n,$$

称μ为σ**可加的或完全可加的**.对我们来说,最重要的是当$\mathscr{R}$为σ环或环的情形.这时,若$\mathscr{R}$上定义的集函数μ满足

(i) μ是非负的;

(ii) μ是σ可加的;

(iii) $\mu\varnothing=0$,

则称μ为σ环(或环)$\mathscr{R}$上的**测度**.如果集函数μ满足条件(ii),(iii),而(i)未必满足,则称μ为**广义测度**.

例 4 设$\mathscr{R}$是由整数集的一切子集所成的σ环.对$E\in\mathscr{R}$,若E为有限集,它的元的个数为n,则令$\mu E=n$;若E为无限集,令$\mu E=\infty$;再规定$\mu\varnothing=0$.容易验明(i)—(iii)成立,故μ为测度.

前面讨论过的$\mathbf{R}^n$中勒贝格测度也是测度的例子;当基本集为有界时,测度是有限的.

关于测度的基本性质在叙述与证明方面都与以前的勒贝格测度情形相似,但要注意一个重要的差别,即当证明一个结果时,往往直接从条件(i)—(iii)出发,而不是像以前那样先证明较为简单的结论.

定理 5.3 设μ是σ环$\mathscr{R}$上的测度,则有下列性质:

(i) 单调性 设$E_1,E_2\in\mathscr{R},E_1\subset E_2$,则$\mu E_1\leqslant\mu E_2$.

(ii) 半可加性 设$E_n\in\mathscr{R},n\in\mathbf{N}$,则

$$\mu\Big(\bigcup_n E_n\Big)\leqslant\sum_n\mu E_n,$$

从而推出,若$E\in\mathscr{R},E\subset\bigcup\limits_n E_n$,则

$$\mu E\leqslant\sum_n\mu E_n.$$

(iii) 对于$\mathscr{R}$中渐张序列$\{E_n\},n\in\mathbf{N}$,有

$$\mu\Big(\bigcup_n \mathrm{E}_n\Big)=\lim_n\mu E_n;$$

对于渐缩序列$\{E_n\},n\in\mathbf{N}$,若$\mu E_1<\infty$,则有

$$\mu\Big(\bigcap_n E_n\Big)=\lim_n\mu E_n.$$

我们不去给出详细的证明,只作几点注记.单调性由有限可加性推出(参看定理3.3),半可加性由σ可加性与单调性推出(参看定理3.4的证明中(2)式).至于(iii)的前半部分,可依下列办法利用σ可加性得出:

$$\mu\Big(\bigcup_{n=1}^{\infty}E_n\Big)=\mu\Big(\bigcup_{k=1}^{\infty}(E_k\setminus E_{k-1})\Big)=\sum_{k=1}^{\infty}\mu(E_k\setminus E_{k-1})$$

$$=\lim_n\sum_{k=1}^{n}\mu(E_k\setminus E_{k-1})=\lim_n\mu\Big(\bigcup_{k=1}^{n}(E_k\setminus E_{k-1})\Big)=\lim_n\mu E_n,$$

其中约定了 $E_0=\varnothing$,并且避免利用等式 $\mu(E_k\setminus E_{k-1})=\mu E_k-\mu E_{k-1}$ 所引起的 $\infty-\infty$ 问题.

至于(iii)的后半部分,应先指出交集 $\bigcap_{n=1}^{\infty} E_n\in\mathscr{R}$.对每个 $n\in\mathbf{N}$,$E_1\setminus E_n\in\mathscr{R}$,从而 $\bigcup_{n=1}^{\infty}(E_1\setminus E_n)\in\mathscr{R}$.由等式

$$\bigcap_{n=1}^{\infty} E_n=E_1\setminus\bigcup_{n=1}^{\infty}(E_1\setminus E_n)$$

知 $\bigcap_{n=1}^{\infty} E_n\in\mathscr{R}$.对渐张序列 $\{E_1\setminus E_n\}_{n\in\mathbf{N}}$,应用(iii)的前半部分结论,即可证明所需结果(参看定理 3.6(ii)的证明).

*§6　σ 环上外测度 · 可测集 · 测度的扩张

上一节我们初步讨论了 σ 环或环上的测度.本节将继续讨论 σ 环上外测度及其性质,由此引出可测集概念并考察 σ 环上测度的扩张问题.最后给出几个具体例子.

定义 6.1　设 X 为基本集,$\mathscr{R}_\sigma$ 为由 X 的子集所成的 σ 环,λ 为定义在 $\mathscr{R}_\sigma$ 上的集函数.如果下列三条件满足:

(i) $\lambda E\geqslant 0\ (E\in\mathscr{R}_\sigma)$,$\lambda\varnothing=0$;

(ii) $\lambda\left(\bigcup_{n=1}^{\infty} E_n\right)\leqslant\sum_{n=1}^{\infty}\lambda E_n\quad(E_n\in\mathscr{R}_\sigma)$;

(iii) 若 $E_1\subset E_2$,则 $\lambda E_1\leqslant\lambda E_2\quad(E_1,E_2\in\mathscr{R}_\sigma)$,

则称 λ 为 $\mathscr{R}_\sigma$ **上的外测度**.特别当 $\mathscr{R}_\sigma$ 为由 X 的一切子集所成的 σ 环时,称 λ 为 X **上的外测度**.

我们看出,这种抽象外测度是勒贝格外测度的推广.由 §5 定理 5.1 知道,由类 $\mathscr{E}$ 产生的 σ 环 $\mathscr{R}_\sigma(\mathscr{E})$ 中每个元都含在 $\mathscr{E}$ 的某可列个元的并中.这使我们联想到,是否能从环上的一个测度 μ 出发,引进适当的外测度?这同由开集测度引进勒贝格外测度的想法类似,虽然所有开集的类并不构成一个环.

设 $\mathscr{E}$ 是由 X 的子集所成的环,μ 为 $\mathscr{E}$ 上的测度.考察类

$$\mathscr{S}(\mathscr{E})=\left\{E:E\subset X,E\subset\bigcup_{n=1}^{\infty}A_n,A_n\in\mathscr{E}\right\},$$

从定理 5.1 的证明中知道 $\mathscr{S}(\mathscr{E})$ 是 σ 环.并且还容易看出,当 $\mathscr{S}(\mathscr{E})$ 是 σ 代数时,它必是由 X 的一切子集所构成的类.现在对于每个 $E\in\mathscr{S}(\mathscr{E})$,令

$$\mu^* E=\inf \sum_{n=1}^{\infty} \mu A_n, \tag{1}$$

这里下确界取遍 $\mathscr{E}$ 中一切这样的序列 $\{A_n\}$: $\bigcup_{n=1}^{\infty} A_n \supset E$.那么 μ^* 是 σ 环 $\mathscr{S}(\mathscr{E})$ 上的一个外测度,称为**由 μ 导出的外测度**.其实, $\mu^* E \geqslant 0\,(E \in \mathscr{S}(\mathscr{E}))$ 是显然的,且由 $\mu\varnothing=0$ 显然有 $\mu^*\varnothing=0$.这样,条件(i)成立.据下确界定义,(iii)也明显.剩下来只需验证条件(ii).如果对于某个 $n\in\mathbf{N}$ 有 $\mu^* E_n=\infty$,则不需证明.设 $\mu^* E_n<\infty$, $n\in\mathbf{N}$.任取 $\varepsilon>0$,于是对每个 $k\in\mathbf{N}$,可取序列 $\{A_n^{(k)}\}_{n\in\mathbf{N}}\subset\mathscr{E}$,使

$$E_k \subset \bigcup_{n=1}^{\infty} A_n^{(k)} \text{ 且 } \sum_{n=1}^{\infty} \mu A_n^{(k)} < \mu^* E_k+\varepsilon/2^k.$$

从而

$$\bigcup_{n,k=1}^{\infty} A_n^{(k)} \supset \bigcup_{k=1}^{\infty} E_k = E$$

且

$$\mu^* E \leqslant \sum_{n,k=1}^{\infty} \mu A_n^{(k)} < \sum_{k=1}^{\infty} (\mu^* E_k+\varepsilon/2^k) = \sum_{k=1}^{\infty} \mu^* E_k+\varepsilon.$$

令 $\varepsilon\to 0$ 得

$$\mu^* E \leqslant \sum_{k=1}^{\infty} \mu^* E_k,$$

即 μ^* 具有半可加性.(ii)得证.

μ^* 不仅是 σ 环 $\mathscr{S}(\mathscr{E})$ 上的外测度,而且是环 $\mathscr{E}$ 上测度 μ 的扩张.就是说,我们有

引理 6.1 由(1)定义的集函数 μ^* 满足条件:当 $E\in\mathscr{E}$ 时, $\mu^* E=\mu E$.

证 设 $E\in\mathscr{E}$,显然有 $\mu^* E\leqslant \mu E$.另一方面,设 $A_n\in\mathscr{E}, n\in\mathbf{N}$,满足 $E\subset \bigcup_{n=1}^{\infty} A_n$.令 $B_1=A_1, B_2=A_2\setminus A_1, B_3=(A_3\setminus A_1)\setminus A_2,\cdots$,则 $\bigcup_n A_n=\bigcup_n B_n$,且 B_n 等互不相交.显然

$$\bigcup_{n=1}^{\infty}(E\cap B_n)=E\cap\left(\bigcup_{n=1}^{\infty} B_n\right)=E\cap\left(\bigcup_{n=1}^{\infty} A_n\right)=E\in\mathscr{E},$$

且 $\{E\cap B_n\}$ 中元也互不相交.由 μ 的 σ 可加性与单调性有

$$\mu E=\sum_{n=1}^{\infty}\mu(E\cap B_n)\leqslant\sum_{n=1}^{\infty}\mu B_n\leqslant\sum_{n=1}^{\infty}\mu A_n.$$

在条件 $\bigcup_{n=1}^{\infty} A_n\supset E\,(A_n\in\mathscr{E})$ 下取下确界便得

$$\mu E \leqslant \inf \sum_{n=1}^{\infty} \mu A_n = \mu^* E.$$

这样,我们证明了 $\mu E = \mu^* E (E \in \mathscr{E})$. ▌

有了外测度 μ^* 之后,我们可以直接借用它来定义可测性概念(不用内测度,参看 §3 定理 3.5).现在就引进下面一般的定义.

定义 6.2 设 λ 为 σ 环 $\mathscr{R}_\sigma$ 上的外测度.称 $E \in \mathscr{R}_\sigma$ 为 λ **可测的**,如果对一切 $A \in \mathscr{R}_\sigma$,有

$$\lambda A = \lambda (A \cap E) + \lambda (A \setminus E). \tag{2}$$

我们对上述等式作一点解释.可测集 E 有这样一种规则分解,能将任意集 A 分成互不相交的两部分 $A \cap E$ 与 $A \setminus E$,使关于这种分解,可加性对 λ 是成立的.等式(2)常称为卡拉泰奥多里条件.

现在把一切 λ 可测集记成 $\mathscr{M}$.关于它的结构,可以断言,$\mathscr{M}$ 是一个 σ 环,并且限制在 $\mathscr{M}$ 上,λ 成为测度.为了证明,先建立下列引理.

引理 6.2 设 λ 是 σ 环 $\mathscr{R}_\sigma$ 上的外测度,则由 λ 引出的一切可测集(参看(2))的类 $\mathscr{M}$ 构成一个环.

证 设 $E, F \in \mathscr{M}$,我们要证 $E \cup F \in \mathscr{M}$,$E \setminus F \in \mathscr{M}$,即要证对任何 $A \in \mathscr{R}_\sigma$ 有

$$\lambda A = \lambda (A \cap (E \cup F)) + \lambda (A \setminus (E \cup F)) \tag{3}$$

与

$$\lambda A = \lambda (A \cap (E \setminus F)) + \lambda (A \setminus (E \setminus F)) \tag{4}$$

成立.为此我们将 A 分解为互不相交的并(见图 8):

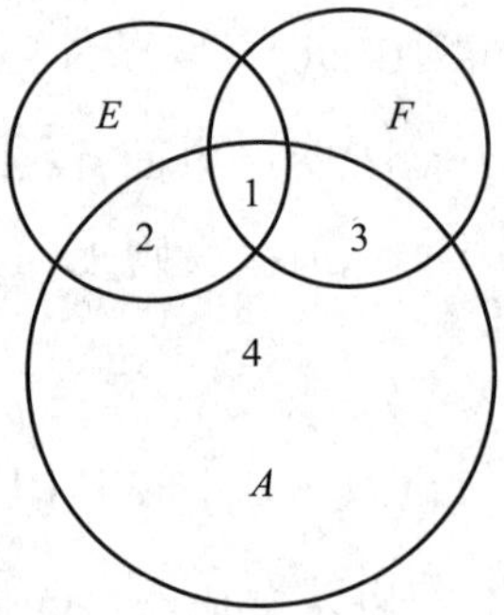

图 8 引理 6.2 证明示意

$$A = A_1 \cup A_2 \cup A_3 \cup A_4,$$

其中

$$A_1=A\cap(E\cap F),\quad A_2=A\cap(E\backslash F),$$

$$A_3=A\cap(F\backslash E),\quad A_4=A\backslash(E\cup F).$$

那么,因为 E 是 λ 可测的,依次取(2)中两集 A,E 为这里的 A,E;$A_1\cup A_2\cup A_3,E$;$A_1\cup A_3\cup A_4,E$ 可得

$$\lambda A=\lambda(A_1\cup A_2)+\lambda(A_3\cup A_4),\tag{5}$$

$$\lambda(A_1\cup A_2\cup A_3)=\lambda(A_1\cup A_2)+\lambda A_3,\tag{6}$$

$$\lambda(A_1\cup A_3\cup A_4)=\lambda A_1+\lambda(A_3\cup A_4).\tag{7}$$

又因 F 为 λ 可测,依次令(2)中二集 E,A 为 $F,A_1\cup A_2$;$F,A_3\cup A_4$,得

$$\lambda(A_1\cup A_2)=\lambda A_1+\lambda A_2,\tag{8}$$

$$\lambda(A_3\cup A_4)=\lambda A_3+\lambda A_4.\tag{9}$$

联合(5),(9),(6)得

$$\lambda A=\lambda(A_1\cup A_2\cup A_3)+\lambda A_4,$$

这就是(3).联合(5),(8),(7)得

$$\lambda A=\lambda A_2+\lambda(A_1\cup A_3\cup A_4),$$

这就是(4).

于是 $\mathscr{M}$ 关于差与有限并运算是封闭的,因而构成一个环. ∎

定理 6.1 设 λ 是 σ 环 $\mathscr{R}_\sigma$ 上的外测度,$\mathscr{M}$ 是一切 λ 可测集的类.则有

(i) $\mathscr{M}$ 为 σ 环;

(ii) 设$\{E_n\}_{n\in\mathbf{N}}$为 $\mathscr{M}$ 中互不相交的序列,它的并是 E,则对任何 $A\in\mathscr{R}_\sigma$ 有

$$\lambda(A\cap E)=\sum_{n=1}^{\infty}\lambda(A\cap E_n).$$

(iii) λ 限制于 $\mathscr{M}$ 上为测度.

证 (i) 引理中已证明 $\mathscr{M}$ 为环,因而只需证明,当 $E_n\in\mathscr{M},n\in\mathbf{N}$ 时,有 $E=\bigcup\limits_n E_n\in\mathscr{M}$.不妨设 E_n 等互不相交.根据外测度的半可加性,有

$$\lambda A\leqslant\lambda(A\cap E)+\lambda(A\cap\mathscr{C}E).\tag{10}$$

下面证明相反的不等式成立.

因为 E_1 可测,$E_1\cap E_2=\varnothing$,取定义 6.2(2)中的 A,E 分别为$A\cap(E_1\cup E_2)$,E_1 得

$$\begin{aligned}\lambda(A\cap(E_1\cup E_2))&=\lambda(A\cap(E_1\cup E_2)\cap E_1)+\lambda(A\cap(E_1\cup E_2)\cap\mathscr{C}E_1)\\&=\lambda(A\cap E_1)+\lambda(A\cap E_2),\end{aligned}$$

因而根据有限归纳法,

$$\lambda(A\cap(E_1\cup\cdots\cup E_n))=\lambda(A\cap E_1)+\lambda(A\cap E_2)+\cdots+\lambda(A\cap E_n). \tag{11}$$

令 $F_n=\bigcup_{k=1}^{n}E_k$，那么 $F_n\in\mathscr{M}$. 取定义 6.2(2)中的 A,E 分别为 A,F_n，并注意到 λ 的单调性，可得

$$\lambda A=\lambda(A\cap F_n)+\lambda(A\cap\mathscr{C}F_n)\geqslant\lambda(A\cap F_n)+\lambda(A\cap\mathscr{C}E), \tag{12}$$

利用(11)，由上式得

$$\lambda A\geqslant\sum_{k=1}^{n}\lambda(A\cap E_k)+\lambda(A\cap\mathscr{C}E),$$

令 $n\to\infty$，上式给出

$$\lambda A\geqslant\sum_{k=1}^{\infty}\lambda(A\cap E_k)+\lambda(A\cap\mathscr{C}E). \tag{13}$$

再根据 λ 的半可加性，

$$\lambda(A\cap E)\leqslant\sum_{k=1}^{\infty}\lambda(A\cap E_k),$$

故

$$\lambda A\geqslant\lambda(A\cap E)+\lambda(A\cap\mathscr{C}E). \tag{14}$$

(10)与(14)一起便表明上面不等式应成立等号. 这样，E 是 λ 可测的，(i)得证.

(ii) 据(13)及 λ 的半可加性与 E 的可测性，可得

$$\begin{aligned}\lambda A&\geqslant\sum_{k=1}^{\infty}\lambda(A\cap E_k)+\lambda(A\cap\mathscr{C}E)\\&\geqslant\lambda(A\cap E)+\lambda(A\cap\mathscr{C}E)=\lambda A,\end{aligned}$$

即

$$\lambda A=\sum_{k=1}^{\infty}\lambda(A\cap E_k)+\lambda(A\cap\mathscr{C}E). \tag{15}$$

在上式中用 $A\cap E$ 代替 A，给出

$$\lambda(A\cap E)=\sum_{k=1}^{\infty}\lambda(A\cap E_k).$$

(iii) 在(15)中取 $A=E$ 得

$$\lambda E=\sum_{k=1}^{\infty}\lambda E_k,$$

这表明 λ 限制在 $\mathscr{M}$ 上满足 σ 可加性，因而 λ 确为 σ 环 $\mathscr{M}$ 上的测度. ∎

定义 6.3 设在环 $\mathscr{E}$ 上给定一个测度 μ，而 $\mathscr{R}_\sigma$ 为包含 $\mathscr{E}$ 的一个 σ 环.若存在 $\mathscr{R}_\sigma$ 上的测度 $\tilde{\mu}$，使对每个 $A\in\mathscr{E}$ 有 $\tilde{\mu}A=\mu A$，则称 $\tilde{\mu}$ 为 **μ 到 $\mathscr{R}_\sigma$ 上的一个扩张.**

对于环 $\mathscr{E}$ 上的测度 μ，我们希望在更广的集类上定义一个测度，至少要将 μ 扩张到由 $\mathscr{E}$ 产生的 σ 环 $\mathscr{R}_\sigma(\mathscr{E})$ 上.一种办法是这样：对任意元 $A\in\mathscr{R}_\sigma(\mathscr{E})$，据定理 5.1，存在集列 $\{A_n\}_{n\in\mathbf{N}}\subset\mathscr{E}$，使 $A\subset\bigcup\limits_{n=1}^{\infty}A_n$. 这时，由于每个 μA_n 有意义，人们自然想到用下确界

$$\inf\sum_{k=1}^{\infty}\mu A_n\quad\Bigl(\bigcup_n A_n\supset A,A_n\in\mathscr{E},n\in\mathbf{N}\Bigr)$$

作为 A 的一种"测度".可是，这种"测度"的实际定义域扩大了，它不只限定于 $\mathscr{R}_\sigma(\mathscr{E})$ 上，而可能超出 $\mathscr{R}_\sigma(\mathscr{E})$，这时所述"测度"在它的实际定义域上将只是外测度而未必是测度（σ 可加性一般不成立）.因此必须缩小它的实际定义域而回到一个子类 $\mathscr{M}$ 上来，使它限制在 $\mathscr{M}$ 上真正成为一种测度.上面已证明（定理 6.1），这样的子类 $\mathscr{M}$ 存在，且 $\mathscr{M}$ 仍是 σ 环.下面还要进一步证明（定理 6.2），$\mathscr{M}\supset\mathscr{R}_\sigma(\mathscr{E})$.而且还将看到，这种扩张在一定假设下还是唯一的（定理 6.3）.

定理 6.2 设 μ 为环 $\mathscr{E}$ 上的测度，$\mathscr{M}$ 为 μ^* 可测集类（参看定义 6.2 的 (2)）.则关系式 $\mathscr{R}_\sigma(\mathscr{E})\subset\mathscr{M}$ 成立，并且 μ^* 在 $\mathscr{R}_\sigma(\mathscr{E})$ 上的限制是 μ 的扩张.

证 第一步 我们证明 $\mathscr{E}\subset\mathscr{M}$.

设 $E\in\mathscr{E},A\in\mathscr{S}(\mathscr{E})$，$\varepsilon$ 是任意指定的正数.注意到 μ^* 的半可加性，有

$$\mu^*A\leqslant\mu^*(A\cap E)+\mu^*(A\cap\mathscr{C}E),$$

因而一旦证明了对任意的 $\varepsilon>0$ 有

$$\mu^*A+\varepsilon\geqslant\mu^*(A\cap E)+\mu^*(A\cap\mathscr{C}E),$$

即有 $E\in\mathscr{M}$.当 $\mu^*A=\infty$ 时这个不等式显然正确；现设 $\mu^*A<\infty$.于是据外测度 μ^* 的定义，$\mathscr{E}$ 中存在集列 $\{A_n\}_{n\in\mathbf{N}}$，满足

$$A\subset\bigcup_{n=1}^{\infty}A_n\text{ 且 }\sum_{n=1}^{\infty}\mu A_n\leqslant\mu^*A+\varepsilon.$$

由于 $A\cap E\subset\bigcup\limits_n(A_n\cap E)$，故

$$\mu^*(A\cap E)\leqslant\sum_n\mu(A_n\cap E),$$

同理，

$$\mu^*(A\cap\mathscr{C}E)\leqslant\sum_n\mu(A_n\cap\mathscr{C}E).$$

利用 μ 在 $\mathscr{E}$ 上的可加性，

$$\mu A_n=\mu(A_n\cap E)+\mu(A_n\cap\mathscr{C}E),$$

因而得

$$\mu^*(A\cap E)+\mu^*(A\cap \mathscr{C}E)\leqslant \sum_n \mu A_n\leqslant \mu^* A+\varepsilon.$$

第二步　既然 $\mathscr{E}\subset\mathscr{M}$,而据定理6.1,$\mathscr{M}$ 是 σ 环,故作为包含 $\mathscr{E}$ 的最小 σ 环 $\mathscr{R}_\sigma(\mathscr{E})$,应有 $\mathscr{R}_\sigma(\mathscr{E})\subset\mathscr{M}$.这样,定理中的包括式已经得到.至于 μ^* 在 $\mathscr{R}_\sigma(\mathscr{E})$ 上的限制是 μ 的扩张,我们在引理6.1的证明中已证实过了. ■

定义 6.4　设 $\mathscr{R}$ 是环,μ 是 $\mathscr{R}$ 上测度.若对任何 $A\in\mathscr{R}$ 存在集列 $\{A_n\}_{n\in\mathbf{N}}\subset\mathscr{R}$,使 $A\subset\bigcup_{n=1}^{\infty}A_n$ 且 $\mu A_n<\infty$,$n\in\mathbf{N}$,则称 μ 为 **σ 有限的**.

定理 6.3　设 $\mathscr{E}$ 为环,μ_1,μ_2 为由 $\mathscr{E}$ 产生的 σ 环 $\mathscr{R}_\sigma(\mathscr{E})$ 上的测度,满足

$$\mu_1(A)=\mu_2(A)\quad（对每个 A\in\mathscr{E}）,$$

并假定 μ_1,μ_2 限制在环 $\mathscr{E}$ 上均是 σ 有限的.那么,在 $\mathscr{R}_\sigma(\mathscr{E})$ 上有 $\mu_1=\mu_2$.即,环 $\mathscr{E}$ 上测度到 σ 环 $\mathscr{R}_\sigma(\mathscr{E})$ 上的扩张是唯一的(假定测度在 $\mathscr{E}$ 上是 σ 有限的).

证　第一步　考察 μ_1,μ_2 为 $\mathscr{R}_\sigma=\mathscr{R}_\sigma(\mathscr{E})$ 上有限测度的情形.

这时,设 $\mathscr{A}$ 表示 $\mathscr{R}_\sigma$ 中一切满足 $\mu_1 A=\mu_2 A$ 的元 A 的类.那么有

$$\mathscr{E}\subset\mathscr{A}\subset\mathscr{R}_\sigma. \tag{16}$$

我们断言 $\mathscr{A}=\mathscr{R}_\sigma$,即此时扩张的唯一性成立.为此由(16)可知只需证明 $\mathscr{R}_\sigma\subset\mathscr{A}$.

设 $\mathscr{M}$ 为任一单调类,且 $\mathscr{E}\subset\mathscr{M}$.据定理5.2,由 $\mathscr{E}$ 产生的单调类与由 $\mathscr{E}$ 产生的 σ 环相等,而 $\mathscr{M}$ 为包含 $\mathscr{E}$ 的单调类,故有 $\mathscr{R}_\sigma\subset\mathscr{M}$.因此为了证明 $\mathscr{R}_\sigma\subset\mathscr{A}$,只需证明 $\mathscr{A}$ 为单调类即可.

设 $\{A_n\}_{n\in\mathbf{N}}$ 为 $\mathscr{A}$ 中渐张列,$A=\bigcup_{n=1}^{\infty}A_n$,那么由测度的定义可知

$$\mu_i(A)=\lim_n \mu_i(A_n),\quad i=1,2.$$

但因 $A_n\in\mathscr{A}$,$n\in\mathbf{N}$,故 $\mu_1 A_n=\mu_2 A_n$,从而

$$\mu_1 A=\lim_n \mu_1 A_n=\lim_n \mu_2 A_n=\mu_2 A.$$

于是 $A\in\mathscr{A}$.再设 $\{A_n\}_{n\in\mathbf{N}}$ 为 $\mathscr{A}$ 中渐缩列,$A=\bigcap_{n=1}^{\infty}A_n$.由于

$$\mu_i A\leqslant \mu_i A_n\leqslant \mu_i A_1<\infty,\quad n\in\mathbf{N},i=1,2,$$

故 $\{A_1\backslash A_n\}_{n\in\mathbf{N}}$ 为渐张列,且 $\bigcup_{n=1}^{\infty}(A_1\backslash A_n)=A_1\backslash A$.于是应用已证结果得

$$\mu_1(A_1\backslash A)=\mu_2(A_1\backslash A)\ 或\ \mu_1 A_1-\mu_1 A=\mu_2 A_1-\mu_2 A,$$

从而得 $\mu_1 A=\mu_2 A$.这表明 $A\in\mathscr{A}$,即 $\mathscr{A}$ 为单调类.从而 $\mathscr{R}_\sigma\subset\mathscr{A}$.

第二步　考察一般情形. 设 $A \in \mathscr{R}_\sigma$, 我们证明 $\mu_1 A = \mu_2 A$.

由于假设 μ_1, μ_2 限制在 $\mathscr{E}$ 上是 σ 有限的, 故存在 $\mathscr{E}$ 中的集列 $\{A_n\}_{n \in \mathbf{N}}$, 使

$$A \subset \bigcup_{n=1}^{\infty} A_n, \quad \mu_i A_n < \infty, \quad n \in \mathbf{N}, i = 1, 2.$$

同时还可以假定 A_n 为渐张列(可用 $\bigcup_{k=1}^{n} A_k$ 代替 $A_n, n \in \mathbf{N}$). 显然,

$$\bigcup_{n=1}^{\infty} (A_n \cap A) = A,$$

故

$$\lim_n \mu_i (A_n \cap A) = \mu_i A, \quad i = 1, 2. \tag{17}$$

如能证明

$$\mu_1 (A_n \cap A) = \mu_2 (A_n \cap A), \quad n \in \mathbf{N}, \tag{18}$$

则由(17)立得

$$\mu_1 A = \lim_n \mu_1 (A_n \cap A) = \lim_n \mu_2 (A_n \cap A) = \mu_2 A,$$

即定理得证. 下面来证明(18). 据测度的单调性, 知

$$\mu_i (A_n \cap A) \leqslant \mu_i A_n < \infty, \quad n \in \mathbf{N}, i = 1, 2.$$

且易见对每个 n, $\mu_i (A_n \cap A) \equiv \mu_{i,n} A \ (i = 1, 2)$ 为 $\mathscr{R}_\sigma$ 上的有限测度. 故对 $\mu_{i,n}$ 应用第一步已证结果, 即得 $\mu_{1,n} A = \mu_{2,n} A$ 或(18)成立. ∎

我们简要地举几个典型例子, 借以说明一般理论中的某些概念与应用.

例 1　勒贝格测度.

基本集为 $X = \mathbf{R}$, 半闭区间 $[\alpha, \beta)$ 的测度为 $\beta - \alpha$. $\mathscr{R}$ 为由一切半闭区间的类所产生的环, 即 $\mathscr{R}$ 由一切形如 $E = \bigcup_{i=1}^{n} [\alpha_i, \beta_i)$ 的集所成的类, 其中半闭区间 $[\alpha_i, \beta_i)$ 等互不相交. E 的测度定义为

$$mE = \sum_{i=1}^{n} (\beta_i - \alpha_i).$$

可以证明, X 中的子集的外测度 m^* 与 §2 中所讲的相一致. 一切 m^* 可测集类 $\mathscr{M}$ 称为**勒贝格可测集类**, m^* 限制在 $\mathscr{M}$ 上即为**勒贝格测度**.

一般地, 设 X 是任意基本集, $\mathscr{E}$ 为由 X 的子集所成的环, 由 $\mathscr{E}$ 所产生的 σ 环 $\mathscr{R}_\sigma(\mathscr{E})$ 常称为 X 中的**博雷尔集类**, 当 $X = \mathbf{R}$ 而 $\mathscr{E}$ 为上面的环 $\mathscr{R}$ 时, $\mathscr{R}_\sigma(\mathscr{E})$ 与 §3 所讲的博雷尔集类相一致. 这时由于已知博雷尔集是可测的, 因而当 $\mathscr{E} = \mathscr{R}$ 时有

$$\mathscr{E} \subset \mathscr{R}_\sigma(\mathscr{E}) \subset \mathscr{M}.$$

如果不是由上面的环 $\mathscr{E}=\mathscr{R}$ 出发,而是由 $\mathscr{R}$ 中开集所成的类 $\mathscr{U}$ 出发,则可证明,$\mathscr{R}_\sigma(\mathscr{U})$ 与 $\mathscr{R}_\sigma(\mathscr{E})$ 相一致.据定理 3.7 可知,若从博雷尔集出发,我们也可以定义出勒贝格可测集,因为每个勒贝格可测集与某个博雷尔集仅相差一个零测度集.

例 2 设基本集为 $X=\mathbf{R}^n$.

取 $\mathscr{E}$ 为形如 $I=[\alpha_1,\beta_1;\cdots;\alpha_n,\beta_n)$ 的半闭长方体的有限并与 Ø 所成的环. 令

$$m\varnothing=0, mI=\prod_{i=1}^{n}(\beta_i-\alpha_i),$$

则 m 为 $\mathscr{E}$ 上的测度(利用有限可加性将 m 扩充定义到 $\mathscr{E}$ 上).再将 m 扩充到 σ 环 $\mathscr{R}_\sigma(\mathscr{E})$ 上所得一切可测集即为 $\mathbf{R}^n$ 中的博雷尔集类.同样,可由 m 引出外测度 m^*,一切 m^* 可测集类即为勒贝格可测集类.对 $\mathbf{R}$ 情形的说明可以转移到这一情形来.

例 3 设基本集 $X=\mathbf{R}$,$\mu(x)$ 为定义在 $\mathbf{R}$ 上实的增函数,且为右连续的.

取 $\mathscr{E}$ 为例 1 中的环.对于区间 $I=[\alpha,\beta)$ 定义它的测度为

$$mI=\mu(\beta-0)-\mu(\alpha-0),$$

一点 α 的测度定义为

$$m\{\alpha\}=\mu(\alpha)-\mu(\alpha-0),$$

它未必等于 0,这与勒贝格测度不同.实际上,四种类型区间的测度分别是

$$\begin{aligned}m[\alpha,\beta)&=\mu(\beta-0)-\mu(\alpha-0),\\ m[\alpha,\beta]&=\mu(\beta)-\mu(\alpha-0),\\ m(\alpha,\beta]&=\mu(\beta)-\mu(\alpha),\\ m(\alpha,\beta)&=\mu(\beta-0)-\mu(\alpha),\end{aligned}$$

它们不一定完全相同.同样,依定理 6.1 的方式引出的 σ 环 $\mathscr{M}$ 称为**勒贝格-斯蒂尔切斯**(T. J. Stieltjes)**可测集类**,这种测度称为**勒贝格-斯蒂尔切斯测度**.它的构造方法在第四章 §7 中还要提到.

当 $\mu(x)=x$ 时,这种测度成为勒贝格测度.现设 $\mu(x)$ 为阶梯函数:$\mu(x)=n$,当 $n\leqslant x<n+1$,$n\in\mathbf{Z}$,请读者考虑,这时相应的勒贝格-斯蒂尔切斯测度应该是怎样的.

*§7 广义测度

在定义 5.3 里曾讲到,设 $\mathscr{R}$ 为基本集 X 中子集所成的环或 σ 环,如果 $\mathscr{R}$ 上定义的集函数 μ 满足下列两条件:

(i) μ 是 σ 可加的;

$$\mu\left(\bigcup_n E_n\right)=\sum_n \mu E_n,$$

其中 E_n 等互不相交,$E_n\in\mathscr{R},n\in\mathbf{N}$ 且 $\bigcup_{n=1}^{\infty}E_n\in\mathscr{R}$;

(ii) $\mu\varnothing=0$,

则称 μ 是 $\mathscr{R}$ 上的**广义测度**.本节将着重介绍广义测度的哈恩(H. Hahn)分解.

应当指出,(i)中等式的意义包含两点:或者右边级数绝对收敛,或者级数为定号无穷.$\infty-\infty$ 将认为无意义.广义测度允许取无穷大,可是每个确定的广义测度只能取一种定号无穷.就是说,如果 μ 是给定的广义测度,存在 $A\in\mathscr{R}$ 使 $\mu A=\infty$,那么不可能有 $B\in\mathscr{R}$ 使 $\mu B=-\infty$.同样,如果有 $A\in\mathscr{R}$ 使 $\mu A=-\infty$,那么出现 $\mu B=\infty$ 便不可能.现以前一情形为例加以说明.设 $\mu A=\infty$,据条件(i),不论 $B\in\mathscr{R}$ 如何,有

$$\mu(A\cup B)=\mu(A\backslash B)+\mu(A\cap B)+\mu(B\backslash A),\tag{1}$$

同时有

$$\mu A=\mu(A\backslash B)+\mu(A\cap B),\tag{2}$$

$$\mu B=\mu(B\backslash A)+\mu(A\cap B).\tag{3}$$

我们可证明,如果出现 $\mu B=-\infty$,将导致矛盾.因这时由(3)看出,$\mu(B\backslash A)$ 或 $\mu(A\cap B)$ 中至少有一个为 $-\infty$.如果 $\mu(B\backslash A)=-\infty$,则由(1),(2)知 $\mu(A\backslash B)+\mu(A\cap B)$ 或 μA 不可能为 ∞;与假设 $\mu A=\infty$ 相矛盾.如果 $\mu(A\cap B)=-\infty$,则由(2)看出,$\mu(A\backslash B)\neq\infty$.于是不论 $\mu(A\backslash B)$ 取有限或 $-\infty$,均不可能有 $\mu A=\infty$;矛盾.这样,μB 只可能为有限或 ∞.

对于 σ 环上广义测度 μ,还可以证明:设 $A,B\in\mathscr{R},A\subset B$,则当 $|\mu B|<\infty$ 时有 $|\mu A|<\infty$.这可由下列等式看出:

$$\mu B=\mu A+\mu(B\backslash A).$$

由于 μB 有限,上式右边两项均有限,自然 μA 为有限.此外,我们还可以建立类似于定理 5.3(iii)的结果.

定义 7.1 设 μ 为 σ 环 $\mathscr{R}$ 上广义测度,$P\in\mathscr{R}$.称 P 为 μ 的**非负集**,如果对任何 $E\in\mathscr{R}$,恒有 $\mu(P\cap E)\geqslant 0$.同样,称 $N\in\mathscr{R}$ 为 μ 的**非正集**,如果对任何 $E\in\mathscr{R}$,恒有 $\mu(N\cap E)\leqslant 0$.

由定义可知,空集 $\varnothing$ 既是非负集又是非正集.若 P 是非负集,则它的任何子集只要属于 $\mathscr{R}$,也必是非负集.对非正集也有类似结论.

定义 7.2 设 μ 为 σ 环 $\mathscr{R}$ 上的广义测度.如果基本集 X 可写成 $X=P\cup N$,其中 P,N 分别为非负与非正集,且 $P\cap N=\varnothing$,则称此分解为 X 的**哈恩分解**(关于测度 μ).

引理 7.1 设 μ 为 σ 环 $\mathscr{R}$ 上的广义测度,并设 E 为 $\mathscr{R}$ 中的元,满足 $0<\mu E<$

∞，则存在 μ 的非负集 $S\in\mathscr{R}, S\subset E$，使 $\mu S>0$.

证 用反证法.假定结论不成立，去证有矛盾发生.

第一步 对 $n\in\mathbf{Z}$，考察集

$$\mathscr{A}_n=\{A: A\in\mathscr{R}, A\subset E \text{ 且 } \mu A<-2^{-n}\}. \tag{4}$$

那么，存在某个整数 n 使 $\mathscr{A}_n$ 非空.其实，据 $0<\mu E<\infty$，对每个 $E_0\in\mathscr{R}, E_0\subset E$ 均有 $|\mu E_0|<\infty$.由于假设定理中所求非负集不存在，E 本身当然不是非负集，故存在 $B\in\mathscr{R}$，使 $-\infty<\mu(E\cap B)<0$，从而有整数 n 使 $\mu(E\cap B)<-2^{-n}$. 令 $A=E\cap B$，则 $A\in\mathscr{A}_n$. 既然此 $\mathscr{A}_n$ 非空，可令 n_1 为使 $\mathscr{A}_n$ 非空的最小整数.于是存在 $A_1\in\mathscr{A}_{n_1}$，即 $A_1\in\mathscr{R}$ 满足

$$A_1\subset E \quad \text{且} \quad \mu A_1<-2^{-n_1}. \tag{5}$$

此外还有 $\mu A_1\geqslant -2^{-n_1+1}$.

第二步 用归纳法可作出序列 $A_k\in\mathscr{R}, k\geqslant 2$，

$$A_k\subset E\setminus(A_1\cup\cdots\cup A_{k-1}) \text{ 且 } \mu A_k<-2^{-n_k}, \tag{6}$$

并且 n_k 为满足这种关系的最小整数.此外，还有

$$n_1<n_2<n_3<\cdots.$$

其实，据第一步(5)选出 A_1 后，注意到 $\mu(E\setminus A_1)=\mu E-\mu A_1>0$ 且 $E\setminus A_1$ 仍然不是非负集，对 $E\setminus A_1$ 再应用第一步结果，可得 $A_2\in\mathscr{R}, A_2\subset E\setminus A_1$ 且 $\mu A_2<-2^{-n_2}$，并且 n_2 为满足这种关系的最小整数.易知 $n_1<n_2$.因 $n_1\leqslant n_2$ 是显然的；且若 $n_1=n_2$，则令 $\tilde{A}_1=A_1\cup A_2$，将有

$$\mu\tilde{A}_1=\mu A_1+\mu A_2<-2^{-n_1+1}.$$

这与 n_1, A_1 的取法相矛盾.

对一般情形，应用归纳法即得所需(6)中序列 $\{A_k\}_{k\in\mathbf{N}}$，并且容易验明

$$\mu(E\setminus(A_1\cup\cdots\cup A_k))>0, k\in\mathbf{N}. \tag{7}$$

第三步 完成引理的证明，即证明有矛盾发生.令 $A=\bigcup\limits_{k=1}^{\infty}A_k$，有

$$\begin{aligned}\mu(E\setminus A)&=\mu E-\mu A_1-\cdots-\mu A_k-\cdots\\&>\mu E+\sum_{k=1}^{\infty}2^{-n_k}>0.\end{aligned}$$

由于 $\mu(E\setminus A)$，μE 均有限，可见级数 $\sum\limits_k 2^{-n_k}$ 收敛.同时由于我们的假定，$E\setminus A$ 不是非负集，又可以求得 $B\in\mathscr{R}, B\subset E\setminus A$ 且 $\mu B<0$.那么在上述序列 $\{n_k\}$ 中有整数 $n_k>2$ 使 $\mu B<-2^{-n_k}$.现考察集 $B\cup A_k$，它属于 $\mathscr{R}$ 且为 $E\setminus(A_1\cup\cdots\cup A_{k-1})$ 的子集；这

是因为

$$B \cup A_k \subset (E \setminus A) \cup A_k \subset E \setminus (A_1 \cup \cdots \cup A_{k-1}).$$

但另一方面,它的测度为

$$\mu(B \cup A_k) = \mu B + \mu A_k < -2^{-n_k+1},$$

此与 n_k, A_k 的取法相矛盾.

这样,引理便得到证明. ∎

定理 7.1(哈恩分解定理) 设 μ 是 σ 环 $\mathscr{R}$ 上的广义测度,则有下述哈恩分解:

$$X = P \cup N, \quad P \cap N = \varnothing,$$

其中 P 为 μ 的非负集,N 为 μ 的非正集.此外,这种分解在下述意义下唯一:若又有另外的分解 $X = P_1 \cup N_1, P_1 \cap N_1 = \varnothing, P_1, N_1$ 分别为 μ 的非负、非正集,则对每个 $E \in \mathscr{R}$ 有

$$\mu(P \cap E) = \mu(P_1 \cap E),\ \mu(N \cap E) = \mu(N_1 \cap E).$$

证 第一步 先证唯一性.考虑两集 $E \cap P \cap N_1$ 与 $E \cap P_1 \cap N$ 的测度.由于 $E \cap P \cap N_1$ 为 P 的子集,$\mu(E \cap P \cap N_1) \geqslant 0$;它又是 N_1 的子集,$\mu(E \cap P \cap N_1) \leqslant 0$.因此 $\mu(E \cap P \cap N_1) = 0$.同理,$\mu(E \cap P_1 \cap N) = 0$.据可加性,

$$\begin{aligned}\mu(E \cap P) &= \mu(E \cap P \cap P_1) + \mu(E \cap P \cap N_1)\\ &= \mu(E \cap P \cap P_1).\end{aligned}$$

由于这结果关于 P, P_1 是对称的,

$$\mu(E \cap P) = \mu(E \cap P_1).$$

同理,

$$\mu(E \cap N) = \mu(E \cap N_1).$$

第二步 由于每个广义测度只能取一种定号无穷大,不妨假定对一切 $E \in \mathscr{R}, \mu E < \infty$.令

$$\alpha = \sup\{\mu A : A \text{ 为 } \mu \text{ 的非负集}\}.$$

我们去确定一个非负集 P,满足 $\mu P = \alpha$.为此取 μ 的非负集列 $\{A_k\}_{k \in \mathbf{N}}$,使 $\lim\limits_k \mu A_k = \alpha$.令

$$P = \bigcup_{k=1}^{\infty} A_k, P_n = \bigcup_{k=1}^{n} A_k, \quad n \in \mathbf{N}.$$

根据归纳法可证每个 P_n 为非负集.其实,$P_1 = A_1$ 为非负集.一般地,设 P_n 为非负集,则因对每个 $E \in \mathscr{R}$,

$$P_{n+1} \cap E = (P_n \cap E) \cup (A_{n+1} \cap E)$$
$$= (P_n \cap E) \cup (A_{n+1} \cap E \cap \mathscr{C}P_n),$$

后式为 $P_{n+1} \cap E$ 的互斥分解,故

$$\mu(P_{n+1} \cap E) = \mu(P_n \cap E) + \mu(A_{n+1} \cap (E \cap \mathscr{C}P_n)) \geqslant 0.$$

这证明了 P_{n+1} 为非负集.

据 $P_n = A_n \cup (P_{n-1} \backslash A_n)$ 知

$$\mu P_n = \mu A_n + \mu(P_{n-1} \backslash A_n) \geqslant \mu A_n \geqslant 0,$$

而$\{P_n\}$为渐张序列,故

$$\mu(P \cap E) = \lim_{n \to \infty} \mu(P_n \cap E) \geqslant 0.$$

这表明 P 为 μ 的非负集.特别取 $E = X$ 时得

$$\mu P = \lim_n \mu P_n \geqslant \lim_n \mu A_n = \alpha.$$

据 α 的定义,$\mu P \leqslant \alpha$.因此得 $\mu P = \alpha$.

第三步　我们证明 $N = \mathscr{C}P$ 为 μ 的非正集.假定不然,则存在集 $E \in \mathscr{R}$,使

$$E \subset N, \quad 且\ \mu E > 0.$$

由第二步开始时的假定,$0 < \mu E < \infty$.对 E 应用引理 7.1,可得非负集 $S \subset E$,$S \in \mathscr{R}$ 使 $\mu S > 0$.于是 $S \cup P$ 为 μ 的非负集,且因$S \cap P = \varnothing$,有

$$\mu(S \cup P) = \mu S + \mu P = \mu S + \alpha > \alpha.$$

这与 α 的定义相违.所得矛盾表明 N 为 μ 的非正集.

因此,第二步与第三步一起,证明了哈恩分解的存在性. ∎

定义 7.3　设μ 为 σ 环 $\mathscr{R}$ 上的广义测度,并设 $X = P \cup N$ 为基本集 X 的哈恩分解.对一切 $E \in \mathscr{R}$,令

$$\mu^+ E = \mu(E \cap P), \mu^- E = -\mu(E \cap N),$$
$$|\mu|(E) = \mu^+ E + \mu^- E,$$

并分别称集函数 μ^+,μ^-与 $|\mu|$ 为广义测度 μ 的**正变分,负变分**与**总变分**.

下列定理表明广义测度可表为两个测度即正变分与负变分之差:

定理 7.2(约当(C. Jordan)分解)　设 μ 为 σ 环 $\mathscr{R}$ 上的广义测度,则集函数 μ^+,μ^-与 $|\mu|$ 均为 $\mathscr{R}$ 上的测度,且有分解

$$\mu E = \mu^+ E - \mu^- E, \quad E \in \mathscr{R}.$$

证　先证μ^+为 $\mathscr{R}$ 上测度.设 $E \in \mathscr{R}$,$X = P \cup N$ 为哈恩分解,P,N 分别为 μ 的非负、非正集.则因 $\mu^+ E = \mu(E \cap P) \geqslant 0$,$\mu^+$的非负性得证.显然,

$$\mu^{+}\varnothing=\mu(\varnothing\cap P)=\mu\varnothing=0.$$

设$\{E_k\}_{k\in\mathbf{N}}$是$\mathscr{R}$中互不相交的集列，则据μ的完全可加性，

$$\mu^{+}\left(\bigcup_{k}E_k\right)=\mu\left(\left(\bigcup_{k}E_k\right)\cap P\right)=\mu\left(\bigcup_{k}(E_k\cap P)\right)$$
$$=\sum_{k}\mu(E_k\cap P)=\sum_{k}\mu^{+}E_k,$$

因此μ^{+}有完全可加性.这样，μ^{+}满足测度的所有条件，因而是$\mathscr{R}$上测度.同理，可证μ^{-}是$\mathscr{R}$上测度.

既然已经证明了μ^{+}，μ^{-}为$\mathscr{R}$上测度，由表示

$$|\mu|(E)=\mu^{+}E+\mu^{-}E$$

立即可知$|\mu|$为$\mathscr{R}$上测度.最后，利用上述哈恩分解，对每个$E\in\mathscr{R}$，

$$\mu E=\mu(E\cap(P\cup N))=\mu(E\cap P)+\mu(E\cap N)$$
$$=\mu^{+}E-\mu^{-}E,$$

得到了μ的所需分解. ∎

显然，广义测度μ有估计：对任意$E\in\mathscr{R}$，$|\mu E|\leqslant|\mu|(E)$.

定理 7.3 设μ为σ环$\mathscr{R}$上的广义测度，那么对一切$E\in\mathscr{R}$有

$$|\mu|(E)=\sup\left\{\sum_{k=1}^{n}|\mu E_k|\right\},\tag{8}$$

其中上确界对一切互斥分解$E=\bigcup_{k=1}^{n}E_k$，$E_1,E_2,\cdots,E_n\in\mathscr{R}$而取.

证 设$E=\bigcup_{k=1}^{n}E_k$为所述任一互斥分解，则有

$$\sum_{k=1}^{n}|\mu E_k|=\sum_{k=1}^{n}|\mu^{+}E_k-\mu^{-}E_k|$$
$$\leqslant\sum_{k=1}^{n}(\mu^{+}E_k+\mu^{-}E_k)=\sum_{k=1}^{n}|\mu|(E_k)=|\mu|(E),$$

因此

$$\sup\left\{\sum_{k=1}^{n}|\mu E_k|\right\}\leqslant|\mu|(E).\tag{9}$$

另一方面，取X的哈恩分解，$X=P\cup N$，$P\cap N=\varnothing$，P,N分别为μ的非负、非正集，则

$$E=(E\cap P)\cup(E\cap N)$$

为E的一个互斥分解.因而(8)右边的上确界

$$\sup\left\{\sum_{k=1}^{n}|\mu E_k|\right\}\geqslant|\mu(E\cap P)|+|\mu(E\cap N)|$$

$$=\mu^{+}E+\mu^{-}E=|\mu|(E). \tag{10}$$

联合(9)与(10)便得所需等式(8). ▮

在定义 7.3 中我们曾给出测度 $|\mu|$ 的定义.定理 7.3 中等式(8)可看作测度 $|\mu|$ 的另一种定义.

小结与延伸

我们把测度看成积分的基础,也可以先讨论积分再讨论测度,两种方法实质上等价.学好测度再学积分应当没有什么困难了.本章用构造方法讲测度,先用开集的结构表示引进开集的测度,再定义闭集的测度,然后利用开集、闭集的测度去定义任意集的外测度与内测度直至可测集.可测集的基本性质是单调性与完全可加性,而外测度只有半可加性.值得注意的是刻画集的可测性有种种条件,例如定理 3.1 与定理 3.5,它们常用来讨论有关可测集的问题.定理 3.7 表明可测集的一种构造,借用博雷尔集来体现.读者要学会如何将一维有界点集的测度理论推广到二维无界情形,更高维情形则与二维完全类似.环上测度、外测度及广义测度的讨论提供了抽象测度的初步知识,其数学思想有一定深度且概念较多,对初学者可暂时略去.本章应用上确界、下确界运算较多,这是一种有力的数学工具.

关于多维测度,可参看[5,10,29—31].抽象测度可参看[22,30,31].哈尔(A. Haar)测度可参看[9,11].测度与概率可参看[9,11,20].关于豪斯多夫(F. Hausdorff)测度,可参看[8,9,30],[9]中较广泛地讨论了各种测度如哈尔测度、豪斯多夫测度等.

第二章习题

§2

1. 试证可列个零测度集的并仍是零测度集.

2. 已知[0,1]中无理点集 E 的测度为 1.试由内、外测度定义,考察测度与 1 任意接近且含于 E 内的闭集以及包含 E 的开集的构造是怎样的.

3. 设 G_1,G_2 是开集,且 G_1 是 G_2 的真子集,是否一定有 $mG_1<mG_2$?

4. 对任意开集 G,是否有 $m\overline{G}=mG$ 成立?

5. 如果把外测度的定义改为"有界集 E 的外测度定义为包含 E 的闭集的测度的下确界",是否合理?

6. 设 $A_1,A_2,\cdots,A_n$ 是 n 个互不相交的可测集,且 $E_k\subset A_k,k=1,2,\cdots,n$.试证

$$m^*\left(\bigcup_{k=1}^{n}E_k\right)=\sum_{k=1}^{n}m^*E_k.$$

7. 如果把外测度的定义改为"m^*E 为包含 E 的可测集的测度的下确界",问此定义与原来的外测度定义有何关系?

8. 设$\{E_k\}$为 $\mathbf{R}$ 中互不相交的集列,$E=\bigcup\limits_{k=1}^{\infty}E_k$,证明

$$m_*E\geqslant\sum_{k=1}^{\infty}m_*E_k.$$

§3

9. 设 E_1,E_2 均为有界可测集,试证

$$m(E_1\cup E_2)=mE_1+mE_2-m(E_1\cap E_2).$$

10. 设 E 是 $\mathbf{R}$ 中可测集,A 是任意集,证明

$$m^*(E\cup A)+m^*(E\cap A)=mE+m^*A;$$

当 E 不可测时如何?

*11. 设$\{E_n\}$为$[0,1]$中的集列,满足

$$\sum_{n=1}^{\infty}m^*E_n=\infty,$$

问是否有$m^*(\overline{\lim\limits_{n}}E_n)>0$?(上限集$\overline{\lim\limits_{n}}E_n$ 的定义见第一章习题 6.)

*12. 设 E 为可测集,问二式 $m\overline{E}=mE,mE^\circ=mE$ 是否成立?这里 $\overline{E}$ 是 E 的闭包,E°是由 E 的一切内点所成的集.

13. 设 G 是开集,E 是零测度集,试证 $\overline{G}=(G\backslash E)^-$.

14. 设 $E_1\subset E_2\subset\cdots\subset E_n\subset\cdots$,试证 $m^*\left(\bigcup\limits_{n=1}^{\infty}E_n\right)=\lim\limits_{n\to\infty}m^*E_n$.

15. 给出互不相交的集列$\{E_n\}_{n\in\mathbf{N}}$,使满足

$$m^*\left(\bigcup_{n=1}^{\infty}E_n\right)<\sum_{n=1}^{\infty}m^*E_n.$$

16. 给出渐缩集列:$E_1\supset E_2\supset\cdots$,每个 E_n 的外测度为有限,使满足

$$m^*\left(\bigcap_{n=1}^{\infty}E_n\right)<\lim_{n\to\infty}m^*E_n.$$

提示：参看定理 4.1 证明中不可测集的作法.

17. 试举例说明，存在可测集列 $\{E_n\subset(a,b)\}_{n\in\mathbf{N}}$，使极限 $\lim\limits_{n\to\infty}mE_n$ 存在，但极限 $\lim\limits_{n\to\infty}E_n$ 不存在.（这里集列的极限的定义见第一章习题 6.）

18. 设 $A_1,A_2,\cdots,A_n$ 是 $[0,1]$ 中 n 个可测集，且满足 $\sum\limits_{k=1}^{n}mA_k>n-1$. 试证

$$m\left(\bigcap_{k=1}^{n}A_k\right)>0.$$

19. 设 $m^*E=q>0$，证明对任何数 $c\in(0,q)$，有子集 $E_0\subset E$ 使 $m^*E_0=c$.

20. 试作一闭集 $F\subset[0,1]$，使 F 中不含任何开区间，而 $mF=1/2$.

21. 试证定义在 $(-\infty,\infty)$ 上的单调函数的不连续点集至多可列，因而为零测度集.

*22. 设 $\{E_n\}$ 为可测集列且 $\sum\limits_{n=1}^{\infty}mE_n<\infty$，证明 $m(\overline{\lim\limits_{n}}E_n)=0$.

*23. 试证：若存在可测集 $X\supset E$，满足 $mX<\infty$ 与 $mX=m^*E+m^*(X\backslash E)$，则 E 是可测的.

§4

24. 设 E 是一维有界集，$I_1,I_2,\cdots$ 是任意区间集列（可以相交），其并覆盖 E，试证 $m^*E=\inf\limits_{\cup I_k\supset E}\sum\limits_{k=1}^{\infty}mI_k$. 对于二维情形如何？

25. 设 Q 是 $\mathbf{R}^2$ 中的单位正方形 $[0,1;0,1]$，$\{E_n\}_{n\in\mathbf{N}}$ 是 Q 中可测集列，且数列 $\{mE_n\}_{n\in\mathbf{N}}$ 有聚点 1，证明存在子列 $\{E_{n_k}\}_{k\in\mathbf{N}}$ 使 $m(\bigcap\limits_{k=1}^{\infty}E_{n_k})>0$.

26. 设 $\mathscr{B}$ 表示 $\mathbf{R}^2$ 中由一切有限个圆的并所成的集类，Q 为单位正方形. 若令 $\mu Q=\inf\limits_{S\supset Q}\{\lambda S:S\in\mathscr{B}\}$，$\mu'Q=\sup\limits_{S\subset Q}\{\lambda S:S\in\mathscr{B}\}$，这里 λS 表示 S 中那些有限个圆的面积的和. 问 $\mu Q=1$，$\mu'Q=1$ 二式是否成立？

27. 设 E 为 $\mathbf{R}$ 中可测集，证明 $D(E)=\{(x,y):x-y\in E\}$ 为 $\mathbf{R}^2$ 中可测集.

28. 设 A 为一维可测集且 $mA>0$，证明 A 存在不可测子集.

提示：取 $[0,1)$ 为基本集. 用定理 4.1 的证明末所述的有界不可测集 E 以及相应的 $E_i=E+a_i$（用 mod 1 使一切 $E_i\subset[0,1)$，$i\in\mathbf{N}$）. 于是令 $A_i=A\cap E_i$，则易知若 A_i 可测必 $mA_i=0$；并且若 $A=\bigcup\limits_{i=1}^{\infty}A_i$ 可测，则由测度的 σ 可加性将得出矛盾.

29. 设 E 为 $(0,1)$ 中正测度子集且存在常数 $c>0$ 使对 $(0,1)$ 中的变动区间 I 有 $\lim\limits_{mI\to 0}m(E\cap I)/mI=c$，证明 $mE=1$.

提示：由条件可知对任一正数 $c'<c$，存在 $\delta>0$ 使当 $mI<\delta\ (I\subset(0,1))$ 时有 (a) $m(E\cap I)>c'mI$. 若结论不成立，$m\mathscr{C}E>0$，则对 $\alpha=1-c'/2$ 有区间 $J\subset(0,1)$ 使

(b) $m(\mathscr{C}E\cap J)>\alpha mJ$(参看引理 4.1).同时据(a)可知(c) $m(E\cap J)>c'mJ$ 也成立.由(b)、(c)将有 $mJ>(1+c'/2)mJ$.矛盾.

30. 设 $\{E_n\}$ 为 $\mathbf{R}$ 中互不相交的集列,满足条件 $m^*(\bigcup_{n=1}^{\infty}E_n)<\sum_{n=1}^{\infty}m^*E_n$,证明存在最小的自然数 N 使 $m^*(\bigcup_{n=1}^{N}E_n)<\sum_{n=1}^{N}m^*E_n$,并且此时 E_N 是不可测集.

提示:参看定理 4.1 的证明(设法使 $[0,1]$ 成为基本集)并应用定理 3.5.

31. 设 m 表示 $\mathbf{R}$ 中外测度限制在博雷尔集类上的测度,a,b 为实数,集 E 的 T 变换定义为 $T(E)=\{ax+b:x\in E\}$.试证对每个博雷尔集 E 有 $mT(E)=|a|mE$.

32. 设 T 为 $\mathbf{R}^n$ 上的非奇异变换,证明对任一 $E\subset\mathbf{R}^n$ 有

$$m^*(T(E))=|\det T|\,m^*E.$$

提示:将 T 分解为初等变换的积;逐步对 E 为半开方体,开集直至任意集来验证.

33. 设 E 为 $\mathbf{R}^n$ 中任一子集,α 为给定正数.对于任意的 $\varepsilon>0$,令

$$H_{\alpha,\varepsilon}(E)=\inf\sum_k d(E_k)^{\alpha},$$

其中 $d(E_k)$ 表示 E_k 的直径且下确界对一切满足 $E\subset\bigcup_k E_k$ 而 $d(E_k)<\varepsilon,k\in\mathbf{N}$ 的集列 $\{E_k\}$ 而取.再令

$$H_{\alpha}(E)=\lim_{\varepsilon\to 0}H_{\alpha,\varepsilon}(E)=\sup_{\varepsilon>0}H_{\alpha,\varepsilon}(E).$$

试证 H_α 为基本集 $\mathbf{R}^n$ 上的外测度并满足条件:若 $H_\alpha(E)<\infty$,则当 $\beta>\alpha$ 时,$H_\beta(E)=0$.H_α 称为 E 的带指标 α 的**豪斯多夫测度**.

34. 设 r 为给定的正数,a,b 为正的常数.$\mathbf{R}^n$ 中子集列 $V_1,V_2,\cdots$ 满足条件:每个 V_k 中含有半径 ar 的一个球且其直径 $d(V_k)\leqslant br$.试证任一球 $B(z,r)$ 与 $\{\overline{V}_k\}$ 中元相交的个数小于或等于 $(1+b)^n a^{-n}$.(J. E. Hutchinson)

提示:任一 $\overline{V}_k$ 若与 $B(z,r)$ 相交,则有 $\overline{V}_k\subset B(z,(1+b)r)$.再估计此大球中能容纳与 $B(z,r)$ 相交的 $\{\overline{V}_k\}$ 中球的测度之和.

35. 设 f 为集 $X\to Y$ 的任一映射,$\mathscr{A},\mathscr{B}$ 分别为 X,Y 中的 σ 代数,证明

$$\{f^{-1}(B):B\in\mathscr{B}\},\quad\{B:f^{-1}(B)\in\mathscr{A}\}$$

分别为 X,Y 的 σ 代数.

36. 设 $\mathscr{A}$ 为由 $\mathbf{R}$ 中一切这样的可测集 E 所成:或者 $mE=0$ 或者 $m\mathscr{C}E=0$.试证 $\mathscr{A}$ 为 $\mathbf{R}$ 中的一 σ 代数.

37. 设 $\mathscr{S}$ 为 X 中任一非空子集族.试证

$$\sigma(f^{-1}(\mathscr{S}))=f^{-1}(\sigma(\mathscr{S})),$$

其中 $\sigma(\mathscr{S})$ 表示 X 中由 $\mathscr{S}$ 生成的 σ 代数.

38. 设 $\mathscr{A}$ 为基本集 X 的 σ 代数，$B\subset X$ 但 $B\in\mathscr{A}$. 试证由 $\mathscr{A}$ 与 B 生成的 σ 代数 $\sigma(\mathscr{A}\cup B)$ 由一切形如

$$(A_1 \cap B) \cup (A_2 \cap (X\backslash B)), \quad A_1, A_2 \in \mathscr{A}$$

的集所成.

§5—§7

39. 下列各题中给出了在 σ 环 $\mathscr{R}_\sigma$ 上集的集函数 λ 的例子，问哪些是外测度，哪些不是？

(1) X 是任意非空集，$\mathscr{R}_\sigma$ 是 X 的一切子集的类. 对于任意 $E\in\mathscr{R}_\sigma$，令 $\lambda E=\chi_E(x_0)$，这里 x_0 是 X 中一固定点，χ_E 是集 E 的特征函数.

(2) X 是正整数集，$\mathscr{R}_\sigma$ 是 X 的一切子集的类. 对任意 $E\in\mathscr{R}_\sigma$，用 $N(E)$ 表示 E 中点的个数. 令

$$\lambda E = \overline{\lim_{n\to\infty}} N(E \cap \{1,2,\cdots,n\})/n, \quad E \in \mathscr{R}_\sigma.$$

(3) 设 μ^* 是 $\mathscr{R}_\sigma$ 上的外测度，E_0 是 $\mathscr{R}_\sigma$ 的一确定元. 令 $\lambda E=\mu^*(E\cap E_0)$，$E\in\mathscr{R}_\sigma$.（$\lambda$ 称为 μ^* 关于 E_0 的吸收.）

(4) 设 μ_1^*,μ_2^* 是 $\mathscr{R}_\sigma$ 上两个外测度，令 $\lambda E=a\mu_1^*E+b\mu_2^*E$，$E\in\mathscr{R}_\sigma$，这里 a,b 是实常数.

40. 设 $\mathscr{R}$ 是基本集 X 上的 σ 代数，并且 μ 是 $\mathscr{R}$ 上的复函数. 如果对 E 在 $\mathscr{R}$ 中的任一互斥分解 $E=\bigcup\limits_{k=1}^{\infty}E_k$，都有 $\mu E=\sum\limits_{k=1}^{\infty}\mu E_k$，则称 μ 是 X 上的**复测度**.

(1) 若 μ 是 X 上的复测度，证明由 $|\mu|(E)=\sup\sum\limits_{k=1}^{\infty}|\mu E_k|$（$E\in\mathscr{R}$，$E=\bigcup\limits_k E_k$ 为 $\mathscr{R}$ 中的互斥分解）定义的 $|\mu|$ 为 $\mathscr{R}$ 上的测度.

(2) 若 μ 是 X 上的复测度，证明 $|\mu|(X)<\infty$.

(3) 问所述复测度与广义测度有何关系？

41. 设 μ 是 σ 代数 $\mathscr{R}$ 上的复测度，$E\in\mathscr{R}$，并令 $\alpha=\sup|\mu A|$，这里 A 是 $\mathscr{R}$ 中含于 E 的任意元，试证 $\alpha\leqslant|\mu|(E)\leqslant 4\alpha$.

42. 设在可测空间 $(X,\mathscr{R})$ 上给定两个测度 μ_1,μ_2，令 $\mu=a_1\mu_1+a_2\mu_2$，这里 a_1，a_2 是实数. 试证：存在 X 的分解 $X=A\cup B$，$A\cap B=\varnothing$，使 A 为 μ 的非负集，B 为 μ 的非正集.

第三章 可测函数

本章引进一个重要的函数类——可测函数类并讨论它的性质，为下一章勒贝格积分作准备.我们将看到，在可测函数类中进行运算如代数运算、取极限运算等是相当方便的，所得结果仍是可测函数.本章还要研究可测函数列的几种收敛性以及可测函数的构造，使我们对这种函数有较深刻的理解.

§1 可测函数的基本性质

设 $X=\mathbf{R}$ 是基本集，E 是它的一个可测子集（有界或无界），$f(x)$ 是定义在 E 上的实函数，它的值允许取无穷大.设 α 是任一实数，用 $E(f>\alpha)$ 表示值域上区间 $(\alpha,\infty]$ 关于映射 f 的原像 $f^{-1}((\alpha,\infty])$，即

$$E(f>\alpha)=\{x: x\in E, f(x)\in(\alpha,\infty]\}.$$

要注意，这是函数定义域的一个子集（图 9）.下面用到的记号如 $E(f\geqslant\alpha)$，$E(\alpha<f<\beta)$ 等均照此理解.

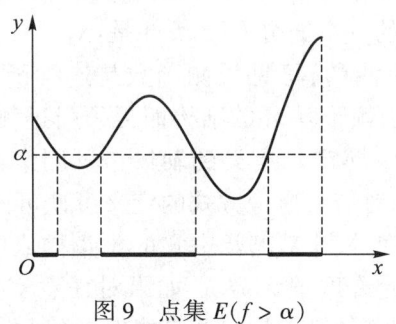

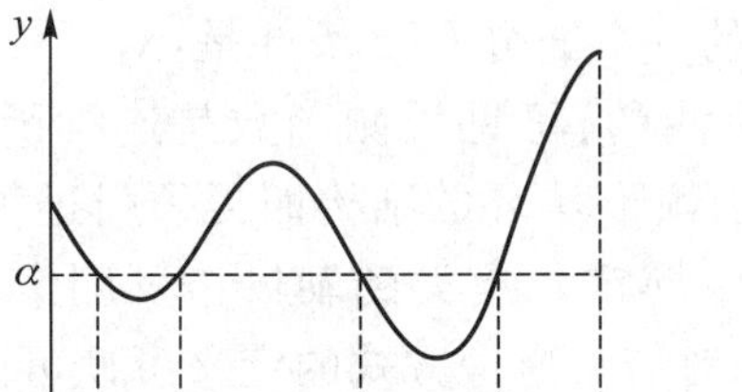

图 9 点集 $E(f>\alpha)$

定义 1.1 设 f 是定义在可测集 E 上的实函数.如果对每个实数 α，集 $E(f>\alpha)$ 恒可测（勒贝格可测），则称 f 是 **E 上（勒贝格）可测函数**.

这定义有几种等价形式.设 f 可测，由等式

$$E(f \geqslant \alpha) = \bigcap_{n=1}^{\infty} E\left(f > \alpha - \frac{1}{n}\right)$$

推知 $E(f\geqslant\alpha)$ 可测,从而由等式

$$E(\alpha < f < \beta) = E(f > \alpha) \setminus E(f \geqslant \beta)$$

知 $E(\alpha < f < \beta)$ 也可测.反之,如果给定可测集 E 上实函数 f,使 $E(f = \infty)$ 与 $E(\alpha < f < \beta)$ 恒可测,则据等式

$$E(f > \alpha) = \bigcup_{n=n_0}^{\infty} E(\alpha < f < n) \cup E(f = \infty),$$

其中 $n_0>\alpha$,可知 $E(f>\alpha)$ 可测.因此可测函数的定义也可叙述为"设 $f(x)$ 是定义在可测集 E 上的实函数,若 $E(f=\infty)$ 可测且对任何实数 $\alpha,\beta(\alpha<\beta)$,集 $E(\alpha<f<\beta)$ 恒可测,则称 f 为 E 上可测函数".

类似地可以验明,在定义 1.1 中把条件"$E(f>\alpha)$ 恒可测"用下列三条件中任一个来代替,所得定义是彼此等价的:

(i) $E(f\geqslant\alpha)$ 恒可测;(ii) $E(f<\alpha)$ 恒可测;(iii) $E(f\leqslant\alpha)$ 恒可测.

今后将根据需要采用可测函数的适当一种定义.在讨论可测函数的性质之前,再对它的定义方式作一点说明.由于 $\mathbf{R}$ 中开集 G 可以表示成互不相交区间的并,$G=\bigcup\limits_{k=1}^{\infty}(\alpha_k,\beta_k)$,而

$$f^{-1}\left(\bigcup_{k=1}^{\infty}(\alpha_k,\beta_k)\right) = \bigcup_{k=1}^{\infty} f^{-1}((\alpha_k,\beta_k)),$$

我们看出,$\mathbf{R}$ 上可测函数的定义可改述为:对于任何开集 $G\subset\mathbf{R}$,原像 $f^{-1}(G)$ 是可测集(记住,当然要求 $f^{-1}(\infty)$ 的可测性).读者在第一章§3 例 3 中已经看到,函数 $f(x)$ 为连续的一个充分必要条件是:对于任何一维开集 G,$f^{-1}(G)$ 是开集.由于开集总是可测的,可见可测函数是连续函数的一种推广.还要指出,集的可测性本来只依赖于 σ 环的结构而无须引进测度.函数 f 的可测性就表现为逆映射 f^{-1} 是 $\mathbf{R}$ 中博雷尔集类到勒贝格可测集类之间的一种对应(在两个不同的 σ 环之间的对应).这种方式的定义可使可测函数概念有更多的推广.例如,设给出一般的基本集 X 以及由它的子集构成的 σ 代数 $\mathscr{A}$,并设 f 是定义在 X 上的实函数,允许取值无穷大.如果对任意实数 α,集 $E(f>\alpha)\in\mathscr{A}$,则称 f 为 $\mathscr{A}$ **可测的**.当 $\mathscr{A}$ 是勒贝格可测集类时,得到的是勒贝格可测函数;当 $\mathscr{A}$ 是博雷尔集类时,得到的是博雷尔可测函数,等等.本章限于讨论勒贝格可测函数或简称可测函数.

从定义 1.1 看,对于可测函数 $f(x)$,逐点定义并不显得特别重要.例如,任意

改变函数在 E 中一个确定的零测度集上的值，对函数的可测性不发生影响. 今后当有需要时，我们就这样做.

例 1 设 f 是定义在可测集 E 上的可测函数，则 $E(f=\infty)$ 与 $E(f=-\infty)$ 均是可测集.

证 易见

$$E(f=\infty)=\bigcap_{n=1}^{\infty} E(f>n),$$

$$E(f=-\infty)=E\setminus \bigcup_{n=1}^{\infty} E(f>-n),$$

而每个集 $E(f>-n)$，$E(f>n)$ 均是可测的，故集 $E(f=\infty)$，$E(f=-\infty)$ 均是可测集. ∎

例 2 设 $f(x)=x(3-x^2)$，$E=\mathbf{R}$，求 $E(f>0)$，$E(f\geqslant 2)$ 与 $E(f<-2)$.

解 曲线 $y=f(x)$ 对称于原点，$f(1)=2$ 为极大值，$f(-1)=-2$ 为极小值，$x=0$ 为反曲点，在 $(-\infty,-1)$ 上函数单调递减，在 $(-1,1)$ 上单调递增，而在 $(1,\infty)$ 上为单调递减. 易见 f 的零点为 $x=\pm\sqrt{3}$，0 且 $f(\pm 2)=\mp 2$. 读者可作图观察一下. 于是求出

$$E(f>0)=(-\infty,-\sqrt{3})\cup(0,\sqrt{3}),$$

$$E(f\geqslant 2)=(-\infty,-2]\cup\{1\},$$

$$E(f<-2)=(2,\infty).$$

例 3 设 $E=[0,1]$，E 上狄利克雷（G. Dirichlet）函数的定义如下：

$$\psi(x)=\begin{cases}1, & \text{当 } x \text{ 为 } E \text{ 中有理点},\\ 0, & \text{当 } x \text{ 为 } E \text{ 中无理点}.\end{cases}$$

由于对任意实数 α，集 $E(\psi>\alpha)$ 总是下述三个集之一：E（当 $\alpha<0$），E 中有理点集（当 $0\leqslant\alpha<1$）与空集（当 $\alpha\geqslant 1$）. 它们都是可测集. 因而，ψ 是 E 上可测函数.

例 4 简单函数.

设 E 是可测集，$f(x)$ 在 E 上只取有限多个实数值 $c_1,c_2,\cdots,c_n$，且 $E(f=c_1)$，$E(f=c_2)$，$\cdots$，$E(f=c_n)$ 均可测. 这样的函数 f 称为 E 上的**简单函数**. 据此定义，例 3 中的 ψ 是 $[0,1]$ 上的简单函数. 容易证明，简单函数是可测的. 特别，可测集 E 上取常数的这种函数是可测的.

其实，不妨假定 $c_1<c_2<\cdots<c_n$ 来证明结论.这时，对任一实数 α 有

$$E(f>\alpha)=\begin{cases}\varnothing, & 若\ \alpha\geqslant c_n,\\ E(f=c_n), & 若\ c_{n-1}\leqslant\alpha<c_n,\\ \cdots\cdots & \\ E(f=c_n)\cup E(f=c_{n-1})\cup\cdots\cup E(f=c_2), & \\ & 若\ c_1\leqslant\alpha<c_2,\\ E, & 若\ \alpha<c_1.\end{cases}$$

因此，不论实数 α 如何，$E(f>\alpha)$ 均为可测集，因而 f 是可测函数.

简单函数在本书中用得相当多，占有特殊地位.它们可用来逼近一般可测函数，构造积分以及逼近某些函数空间中的元等.利用**集 E 的特征函数** $\chi_E(x)$（参看第一章 §2），易见所述简单函数可写成下列形式：

$$f(x)=\sum_{k=1}^{n}c_k\chi_{e_k}(x),$$

其中假定了 $E=\bigcup_{k=1}^{n}e_k$，而 $e_k=E(f=c_k)$ 等互不相交.

定义 1.2 设 $f(x)$ 为定义在集 E 上的可测函数，$x\in E$.如果对任何点列 $x_n\to x(x_n\in E)$ 有 $f(x_n)\to f(x)(n\to\infty)$，则称 $f(x)$ **在点 x 连续**.这里对于 E 的孤立点，总约定 $f(x)$ 在该点连续.如果 $f(x)$ 在 E 的每一点连续，则称 $f(x)$ **在 E 上连续**.

例 5 定义在可测集 E 上的连续函数 $f(x)$ 是可测的.

证 先证当 E 为闭集时 $f(x)$ 是可测的.为此注意到闭集是可测的，去证对任一实数 α，集 $A=E(f\geqslant\alpha)$ 是闭集即可.设 A 的导集 A' 非空，任取 $x_0\in A'$.由于 $A'\subset E'\subset E$，故 $x_0\in E$.据聚点定义，有点列 $\{x_n\}\subset A$ 使 $x_n\to x_0$，$x_n\neq x_0$.由于 f 在闭集 E 上连续，据 x_n 所满足的关系式 $f(x_n)\geqslant\alpha$ 取极限（$n\to\infty$）即得 $f(x_0)\geqslant\alpha$.这表明 $x_0\in A$.故 $A'\subset A$，即 A 是闭集.

其次考察一般可测集的情形.据第二章定理 3.7，存在 F_σ 集 $B=\bigcup_{n=1}^{\infty}B_n$，每个 $B_n\subset E$ 为闭集且 $mB=mE$.于是有 $E=\bigcup_{n=1}^{\infty}B_n\cup E_0$，其中 E_0 为零测度集.由等式

$$E(f\geqslant\alpha)=\bigcup_{n=1}^{\infty}B_n(f\geqslant\alpha)\cup E_0(f\geqslant\alpha)$$

并据上面所证每个 $B_n(f\geqslant\alpha)$ 可测，$E_0(f\geqslant\alpha)$ 亦显然可测，即知 $E(f\geqslant\alpha)$ 可测.

这样，f 的可测性得证. ∎

在测度论中宜引进“几乎处处”概念.

定义 1.3 设 S 是某个命题或某个性质.如果 S 在集 E 上除了某个零测度子

集外处处成立,则说 S **在** E **上几乎处处成立**,记为 S,a.e.例如,两函数 f 与 g 在 E 上**几乎处处相等**指的是:$f(x)$ 与 $g(x)$ 不相等的点集 $E_0=E(f\neq g)$ 的测度为零,而在 $E\backslash E_0$ 上处处有 $f(x)=g(x)$,即

$$f=g,\text{a.e.}\quad 或\quad f\overset{\text{a.e.}}{=\!=\!=}g,$$

这时简称 f 与 g **对等**,记成 $f\sim g$.

例 3 中的狄利克雷函数 $\psi(x)$ 是对等于 0 的,$\psi\sim 0$.这是因为 ψ 在无理点集上为 0,而有理点集的测度为 0.

"几乎处处"是测度论中极其重要的概念,我们要经常用到几乎处处有限,几乎处处为正,几乎处处收敛等概念.很清楚,可测函数列 $\{f_n\}$ 在 E 上几乎处处收敛于函数 f,简记为

$$f_n\to f,\text{a.e.}\quad 或\quad f_n\xrightarrow{\text{a.e.}}f,$$

它的意义就是指在 E 上等式 $\lim\limits_n f_n(x)=f(x)$ 几乎处处成立.

例 6 在开正方形 $E=\{(x,y):0<x,y<1\}$ 上定义函数列:

$$f_n(x,y)=\begin{cases}(x-y)^{-2n}, & 若\ x\neq y,\\ 0, & 若\ x=y,\end{cases}\qquad n\in\mathbf{N}.$$

不难看出,除了对角线 $x=y(0<x<1)$ 之外,在 E 的其他点总有 $0<|x-y|<1$,因此对于后面这种点,当 $n\to\infty$ 时 $(x-y)^{-2n}\to\infty$.由于对角线上一切点所成之集的二维测度为 0,故在 E 上几乎处处成立 $\lim\limits_n f_n(x,y)=\infty$.

定理 1.1 设 $\{f_n(x)\}_{n\in\mathbf{N}}$ 是可测集 E 上定义的可测函数列,则 $\sup\limits_n f_n(x)$ 与 $\inf\limits_n f_n(x)$ 都是可测的.

证 任取实数 α,我们要证明 $E(\sup f_n>\alpha)$,$E(\inf f_n<\alpha)$ 是可测集,从而知 $\sup\limits_n f_n$ 与 $\inf\limits_n f_n$ 都可测.先证明等式

$$E(\sup f_n>\alpha)=\bigcup_n E(f_n>\alpha)\tag{1}$$

成立.如果 $x_0\in E(\sup f_n>\alpha)$,则 $\sup f_n(x_0)>\alpha$.于是有 $n_0\in\mathbf{N}$ 使 $f_{n_0}(x_0)>\alpha$,这表明 $x_0\in\bigcup\limits_n E(f_n>\alpha)$.故得

$$E(\sup f_n>\alpha)\subset\bigcup_n E(f_n>\alpha).$$

反之,如果 $x_1\in\bigcup\limits_n E(f_n>\alpha)$,则有 $n_1\in\mathbf{N}$ 使 $x_1\in E(f_{n_1}>\alpha)$,即 $f_{n_1}(x_1)>\alpha$,从而 $\sup f_n(x_1)>\alpha$,这表明 $x_1\in E(\sup f_n>\alpha)$.所以有 $\bigcup\limits_n E(f_n>\alpha)\subset E(\sup f_n>\alpha)$.于是上面等式(1)得证.因为每个集 $E(f_n>\alpha)$,$n\in\mathbf{N}$ 都可测,它们的并也是可测的.从而 $E(\sup f_n>\alpha)$ 可测.

同样,由等式

$$E(\inf f_n < \alpha) = \bigcup_n E(f_n < \alpha) \tag{2}$$

推知 $E(\inf f_n<\alpha)$ 的可测性. ∎

显然,定理中的序列改为有限函数组 (f,g) 时,结论仍然成立(图 10,图 11).

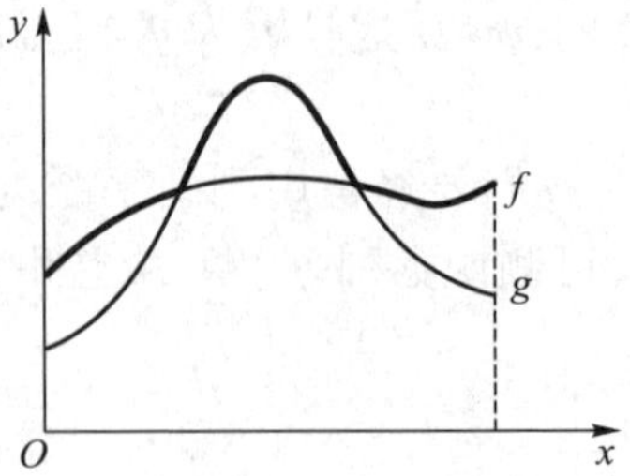

图 10　$\sup(f,g)$

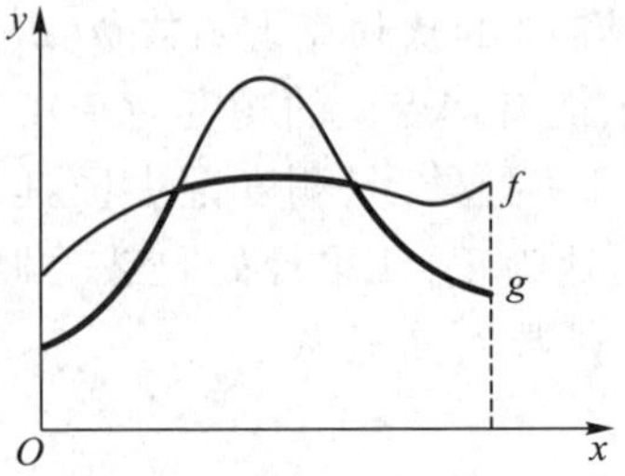

图 11　$\inf(f,g)$

下面我们给出定理的两个推论.

设用 f_+,f_- 表示 $f(x)$ 的**正部与负部**,即

$$f_+(x) = \begin{cases} f(x), & 若 f(x) \geqslant 0, \\ 0, & 若 f(x) < 0; \end{cases}$$

而 f_- 为 $-f$ 的正部.则有

推论 1　设 $f(x)$ 是可测集 E 上的可测函数,则 $f_+(x)$,$f_-(x)$ 与 $|f(x)|$ 均可测.

证　首先,由 $f(x)$ 的可测性知 $-f(x)$ 可测.这是因为,对任意实数 α,总有 $E(-f>\alpha)=E(f<-\alpha)$,因而恒为可测集.其次,应用定理 1.1,由

$$f_+(x)=\sup\{f(x),0\},\ f_-(x)=\sup\{-f(x),0\},$$

$$|f(x)|=\sup\{f(x),-f(x)\}$$

以及注意到 $-f$ 的可测性,可知推论成立. ∎

推论 2　设 $\{f_n(x)\}_{n\in\mathbf{N}}$ 是可测集 E 上的可测函数列,则 $\overline{\lim\limits_n} f_n(x)$ 与 $\underline{\lim\limits_n} f_n(x)$ 都是可测的.

其实,据上、下极限的定义:

$$\overline{\lim_n} f_n(x) = \inf_k \sup_{n\geqslant k} f_n(x),\ \underline{\lim_n} f_n(x) = \sup_k \inf_{n\geqslant k} f_n(x),$$

两次应用定理 1.1 即明.例如,对于上极限情形,首先,每一个 $g_k(x)=\sup\limits_{n\geqslant k} f_n(x)$,$k\in\mathbf{N}$ 为可测,其次,$\inf\limits_k g_k(x)$ 可测;下极限情形类似.

当所述上、下极限一致,即极限函数存在时,由推论立即可知序列的极限函数 $\lim\limits_n f_n(x)$ 可测. 由于函数的可测性不受一个零测度集上的值的影响,即使 $\lim\limits_n f_n(x)$ 几乎处处存在,它也可测,这样便得

定理 1.2 设 $\{f_n(x)\}_{n\in\mathbf{N}}$ 是可测集 E 上的可测函数列,则当 $\lim\limits_n f_n(x)$ 几乎处处存在时,它是 E 上的可测函数.

因为定理中只假定极限几乎处处存在,为确定起见,通常把序列 $\{f_n\}$ 的极限函数看成

$$f(x)=\begin{cases}\lim\limits_n f_n(x), & \text{若极限存在(包括 } \pm\infty\text{)},\\ 0, & \text{若极限不存在.}\end{cases}$$

注 我们指出定理 1.2 的一个重要特例,当每个 $f_n(x)$ 是 E 上的简单函数而 $\lim\limits_n f_n(x)$ 几乎处处存在时,此极限函数是 E 上可测函数.

可测函数可以用简单函数来逼近.

定理 1.3 设 $f(x)$ 是可测集 E 上非负可测函数,则存在一个非负递增的简单函数列 $\{\varphi_n(x)\}$:

$$0\leqslant\varphi_1(x)\leqslant\varphi_2(x)\leqslant\cdots,$$

使等式 $\lim\limits_n\varphi_n(x)=f(x)$ 在 E 上处处成立. 因而一般可测函数可表示成简单函数列的极限.

证 设 $f(x)$ 在 E 上是非负的. 所述函数列 $\{\varphi_n(x)\}_{n\in\mathbf{N}}$ 可以构造如下. 对每个 $n\in\mathbf{N}$,令

$$\varphi_n(x)=\begin{cases}\dfrac{r-1}{2^n}, & \text{当 } \dfrac{r-1}{2^n}\leqslant f(x)<\dfrac{r}{2^n},\quad r=1,2,\cdots,n2^n,\\ n, & \text{当 } f(x)\geqslant n.\end{cases}$$

则对每个 $n\in\mathbf{N}$, $\varphi_n(x)\geqslant 0$ 且 $\varphi_n(x)\leqslant\varphi_{n+1}(x)$,我们来证明

$$\lim_n\varphi_n(x)=f(x).$$

如果 $f(x_0)<\infty$,则有自然数 n_0 存在,使 $f(x_0)<n_0$,故此时

$$0\leqslant f(x_0)-\varphi_n(x_0)<1/2^n,\quad \text{当 } n\geqslant n_0,$$

因而 $\lim\limits_n\varphi_n(x_0)=f(x_0)$. 如果 $f(x_1)=\infty$,则对每个 n, $\varphi_n(x_1)=n$,因而 $\lim\limits_n\varphi_n(x_1)=\infty$.

由于一般可测函数可表示成它的正部与负部之差:

$$f(x)=f_+(x)-f_-(x),$$

故对 f_+, f_- 分别应用已证结果,即知 f 可表示成简单函数列的极限. ∎

着重指出,据定理 1.3 可得可测函数的另一定义: $f(x)$ 为可测集 E 上可测

函数的充分必要条件是它可表为一个简单函数列的极限.

定理 1.3 的作用还在于,它给出了可测函数的一种逼近,即对一般可测函数,可通过简单函数列的极限来理解它.这是用已知探求未知,用简单了解复杂的一个很好说明.在研究函数的可测性时,不一定每次都从原定义出发,而要充分利用可测函数的重要特性.以可测函数的代数运算为例,利用定理 1.3 来讨论就显得方便一些.为此先建立一个引理.

引理 1.1 设 $f_1(x)$,$f_2(x)$ 为可测集 E 上简单函数,则它们的和、差、积与商(自然假定分母几乎处处不为零)仍是简单函数.

证 我们以和 $f_1(x)+f_2(x)$ 为例来证明引理,其余情形的证明是类似的.于是设

$$f_1(x)=\sum_{k=1}^{p}c_k^{(1)}\chi_{e_k^{(1)}}(x),$$

$$f_2(x)=\sum_{j=1}^{q}c_j^{(2)}\chi_{e_j^{(2)}}(x),$$

其中 $E=\bigcup\limits_{l}e_l^{(i)}$,$e_l^{(i)}$ 等互不相交且均可测,$i=1,2$,则

$$f_1(x)+f_2(x)=\sum_{k,j}(c_k^{(1)}+c_j^{(2)})\chi_{e_k^{(1)}\cap e_j^{(2)}}(x),$$

其中求和号是对一切 $k=1,2,\cdots,p$,$j=1,2,\cdots,q$ 而取的.就是说,和 f_1+f_2 是一个在可测集 $e_k^{(1)}\cap e_j^{(2)}$ 上取常数值 $c_k^{(1)}+c_j^{(2)}$(共 pq 个)的简单函数. ∎

定理 1.4 在可测集 E 上定义的两个可测函数的和、差、积与商(假定运算几乎处处有定义)都是可测的.

证 设 $f(x)$,$g(x)$ 是 E 上可测函数.据定理 1.3,存在两个简单函数列 $\{f_n(x)\}_{n\in\mathbf{N}}$,$\{g_n(x)\}_{n\in\mathbf{N}}$,适合

$$\lim_n f_n(x)=f(x),\quad \lim_n g_n(x)=g(x).$$

因而在定理的条件下,几乎处处有

$$\lim_n[f_n(x)\pm g_n(x)]=f(x)\pm g(x),$$

$$\lim_n f_n(x)g_n(x)=f(x)g(x).$$

在考察商的可测性时,需假设 $g(x)$ 几乎处处不等于 0,这时可以假定收敛于 $g(x)$ 的函数列 $\{g_n(x)\neq 0\}$.事实上,只要把 $g_n(x)$ 换成

$$g_n(x)+\frac{1}{n}\left(\operatorname{sgn} g_n(x)+\frac{1}{2}\right)$$

而记号不变,那么这种 $g_n(x)$ 仍是简单函数,且处处不为 0.于是有

$$\lim_n f_n(x)/g_n(x)=f(x)/g(x).$$

据引理 1.1，$f_n(x)$ 与 $g_n(x)$ 的代数运算均是简单函数，$n\in\mathbf{N}$. 应用定理 1.3 便知两可测函数 $f(x)$ 与 $g(x)$ 的和、差、积与商均是可测的. ∎

§2 可测函数列的收敛性

设$\{f_n(x)\}_{n\in\mathbf{N}}$为可测集 E 上的可测函数列，每个 $f_n(x)$ 均在 E 上几乎处处有限. 在 §1 中已经讲到序列的几乎处处收敛概念，本节将进一步讨论这种收敛的等价性等深入性质. 为了下面的需要，先引进上限集与下限集的概念.

定义 2.1 设给定一个集列$\{A_n\}_{n\in\mathbf{N}}$，它的**上限集**、**下限集**分别定义为

$$\overline{\lim}\, A_n=\bigcap_{k=1}^{\infty}\bigcup_{n=k}^{\infty}A_n,\quad \underline{\lim}\, A_n=\bigcup_{k=1}^{\infty}\bigcap_{n=k}^{\infty}A_n.$$

不难证明，一点 x 属于$\overline{\lim}\, A_n$ 等价于 x 属于无限多个集 A_n 之中，而 $x\in\underline{\lim}\, A_n$ 等价于 x 属于从某个 k 开始（k 可随 x 而异）以后的一切 A_n 之中. 事实上，设 $x\in\overline{\lim}\, A_n$，令 $B_k=\bigcup\limits_{n=k}^{\infty}A_n$，则 x 属于一切集 B_k 之中，$k\in\mathbf{N}$. 由 $x\in B_1$ 可知有集 A_{k_1} 含有 x，由 $x\in B_{k_1+1}$ 可知有集 A_{k_2}（$k_2>k_1$）含有 x，如此继续下去，可知存在一列 A_{k_i}（$i\in\mathbf{N}$），其中每个均含有 x. 反之，若存在子集列$\{A_{k_i}\}_{i\in\mathbf{N}}$，其中每个 A_{k_i} 均含有 x，则对一切 k，有 $x\in\bigcup\limits_{n=k}^{\infty}A_n$，从而 $x\in\bigcap\limits_{k=1}^{\infty}\bigcup\limits_{n=k}^{\infty}A_n$. 再看下限集情形. $x\in\underline{\lim}\, A_n$ 表示存在某个 $k=k(x)$，使 $x\in\bigcap\limits_{n=k}^{\infty}A_n$，而此等价于 $x\in A_n$，$n\geqslant k$. 因此知前述论断正确.

由上述等价性立即推知，$\underline{\lim}\, A_n\subset\overline{\lim}\, A_n$. 当$\underline{\lim}\, A_n=\overline{\lim}\, A_n$ 时，我们称集列$\{A_n\}$**收敛**，它的极限定义为 $\lim A_n=\overline{\lim}\, A_n$. 读者要注意，不可把它同数列的极限混淆起来，但它同函数的极限确实有密切关系，参看本章习题 23.

不难证明，对于渐张序列$\{A_n\}_{n\in\mathbf{N}}$，其极限存在且等于$\bigcup\limits_{n=1}^{\infty}A_n$；而对于渐缩序列$\{A_n\}_{n\in\mathbf{N}}$，其极限也存在且等于$\bigcap\limits_{n=1}^{\infty}A_n$. 以前者为例加以证明. 这时由于 $A_1\subset A_2\subset A_3\subset\cdots$，有

$$\bigcup_{n=1}^{\infty}A_n=\bigcup_{n=2}^{\infty}A_n=\cdots=\bigcup_{n=k}^{\infty}A_n=\cdots,\quad \bigcap_{n=k}^{\infty}A_n=A_k,$$

从而

$$\overline{\lim}\, A_n=\left(\bigcup_{n=1}^{\infty}A_n\right)\cap\left(\bigcup_{n=2}^{\infty}A_n\right)\cap\cdots=\bigcup_{n=1}^{\infty}A_n,$$

$$\underline{\lim} A_n = \bigcup_{k=1}^{\infty} \bigcap_{n=k}^{\infty} A_n = \bigcup_{k=1}^{\infty} A_k,$$

这样，

$$\overline{\lim} A_n = \underline{\lim} A_n = \bigcup_{k=1}^{\infty} A_k.$$

同理可考虑渐缩序列的情形.结果是 $\overline{\lim} A_n = \underline{\lim} A_n = \bigcap_{k=1}^{\infty} A_k$.

当点集 $A_n(n \in \mathbf{N})$ 是可测集时，据第二章定理 3.4 知 $\overline{\lim} A_n$ 与 $\underline{\lim} A_n$ 均可测.特别当$\{A_n\}_{n \in \mathbf{N}}$是有限区间$(a,b)$中渐张列或渐缩列的可测集列时，$\lim A_n$ 也可测，且它的测度 $m(\lim A_n) = \lim mA_n$，参看第二章定理 3.6.

上限集、下限集与函数列的收敛性有密切关系，我们用下例来说明.在这里先说一下定义在集 E 上的有限函数与有界函数概念.称 f 在 E 上为有限函数是指对每个 $x \in E$，有 $|f(x)| < \infty$；而有界函数 f 则指存在常数 M，使 $|f(x)| < M$ 对一切 $x \in E$ 成立.

例 1 设 $f(x)$，$f_n(x)(n \in \mathbf{N})$是定义在可测集 E 上的有限可测函数.对任意的 $\varepsilon > 0$，令

$$E_n = E_n(\varepsilon) = E(|f_n - f| \geqslant \varepsilon),$$

则可证明 $\overline{\lim} E_n$ 中的每一点 x_0，必使$\{f_n(x_0)\}$不收敛于 $f(x_0)$.其实，据上面所述，x_0 含于无穷多个 E_n 之中，即有自然数子列$\{n_k\}$，使 $x_0 \in E_{n_k}$，$k \in \mathbf{N}$.因此

$$|f_{n_k}(x_0) - f(x_0)| \geqslant \varepsilon, \quad k \in \mathbf{N}.$$

这说明$\{f_n(x)\}$在 x_0 处不收敛于 $f(x_0)$.

取趋于零的正数列$\{\varepsilon_k\}_{k \in \mathbf{N}}$，则易知集 $\bigcup_{k=1}^{\infty} (\overline{\lim} E_n(\varepsilon_k))$ 表示$\{f_n(x)\}$在 E 上不收敛于 $f(x)$ 的点的全体.

现在叙述并证明重要的叶果洛夫(D. F. Egorov)定理.

定理 2.1 设 E 是可测集，$mE < \infty$，$f_n(x)(n \in \mathbf{N})$与 $f(x)$ 是 E 上几乎处处有限的可测函数，且$\{f_n(x)\}$在 E 上几乎处处收敛于 $f(x)$.那么，对任意 $\delta > 0$，存在集 $E_\delta \subset E$，使序列$\{f_n(x)\}$在 E_δ 上一致收敛于 $f(x)$ 而 $m(E - E_\delta) < \delta$.

证 首先令 $E^* = E(|f| = \infty) \cup \bigcup_{n=1}^{\infty} E(|f_n| = \infty)$，则 E^* 是零测度集.当有必要时可用 $E \backslash E^*$ 代替 E，故在证明中不妨假定每个 $f_n(x)(n \in \mathbf{N})$ 与 $f(x)$ 均在 E 上处处有限.以下分两步进行.

第一步 设 $\varepsilon > 0$，令 $E_n = E_n(\varepsilon) = E(|f_n - f| \geqslant \varepsilon)$，考虑 E_n 的上限集 $\overline{\lim} E_n = \bigcap_{k=1}^{\infty} \bigcup_{n=k}^{\infty} E_n$. 上面例 1 指出，$\{f_n(x)\}$在 $\overline{\lim} E_n$ 的点上不收敛于 $f(x)$.但因已经假设

$f_n(x)\xrightarrow{\text{a.e.}}f(x)$，故 $m(\overline{\lim}\,E_n)=0$.同时，由于$\{\bigcup\limits_{n=k}^{\infty}E_n\}_{k\in\mathbf{N}}$为渐缩列，且 $m(\bigcup\limits_{n=1}^{\infty}E_n)\leqslant mE<\infty$，故据第二章定理 3.6 的(ii)，有

$$\lim_{k\to\infty}m\left(\bigcup_{n=k}^{\infty}E_n\right)=m(\overline{\lim}\,E_n)=0.$$

令 $R_k(\varepsilon)=\bigcup\limits_{n=k}^{\infty}E_n(\varepsilon)$.那么，对任意正数 η，有 $k\in\mathbf{N}$ 使 $mR_k(\varepsilon)<\eta$.特别地，对任意 $\delta>0$ 以及自然数 r(取 $\varepsilon=1/2^r,\eta=\delta/2^r$)，必有 k_r 使

$$mR_{k_r}(1/2^r)<\delta/2^r,\quad r\in\mathbf{N}.$$

从而

$$m\left(\bigcup_{r=1}^{\infty}R_{k_r}(1/2^r)\right)\leqslant\sum_{r=1}^{\infty}mR_{k_r}(1/2^r)<\sum_{r=1}^{\infty}\delta/2^r=\delta.$$

第二步　令 $S=\bigcup\limits_{r=1}^{\infty}R_{k_r}(1/2^r)$，$E_\delta=E\setminus S$，则 $m(E\setminus E_\delta)=mS<\delta$.而在点集 E_δ 上，可以证明$\{f_n(x)\}$一致收敛于$f(x)$.其实，当 $x\in E_\delta$ 时，$x\notin S$，因此 $x\notin R_{k_r}(1/2^r)$，$r\in\mathbf{N}$.于是当 $n\geqslant k_r$ 时，$x\notin E(|f_n-f|\geqslant1/2^r)$或

$$|f_n(x)-f(x)|<1/2^r,\quad n\geqslant k_r,x\in E_\delta.$$

由于当 $r\to\infty$ 时 $1/2^r\to0$ 且 k_r 仅与 r,δ 有关，上面不等式表明，在 E_δ 上$\{f_n(x)\}$一致收敛于 $f(x)$. ∎

注意，定理中的条件 $mE<\infty$ 是不可少的，见下列例题.

例 2　考虑 $\mathbf{R}$ 上的函数列

$$f_n(x)=\chi_{(n-1,n)}(x),\quad n\in\mathbf{N}.$$

每个 $f_n(n\in\mathbf{N})$是 $\mathbf{R}$ 上的可测函数，且易见函数列$\{f_n(x)\}$在 $\mathbf{R}$ 上处处收敛于零($n\to\infty$).但是对 $\varepsilon=1/2$，有

$$m\mathbf{R}\left(|f_n-0|>\frac{1}{2}\right)=m\mathbf{R}\left(f_n>\frac{1}{2}\right)=1,\quad n\in\mathbf{N},$$

因此定理中所述的 E_δ 对于 $\delta=1$ 不存在.

由所证定理可以引进下述概念.

定义 2.2　设$f,f_n(n\in\mathbf{N})$是可测集 E 上几乎处处有限的可测函数.如果对于任意的 $\delta>0$，恒存在 E 的可测子集 E_δ，使得$m(E\setminus E_\delta)<\delta$，而在 E_δ 上序列$\{f_n(x)\}$一致收敛于$f(x)$，则称序列$\{f_n(x)\}$**在 E 上近一致收敛于** $f(x)$.

不难证明，叶果洛夫定理的逆也成立：

定理 2.2　设可测集 E 上可测函数列$\{f_n(x)\}$近一致收敛于 $f(x)$，则序列$\{f_n(x)\}$几乎处处收敛于$f(x)$.

证 根据定理假设,对于每个 $k\in\mathbf{N}$,有可测集 $E_k\subset E$,使得 $m(E\setminus E_k)<1/k$,而序列 $\{f_n(x)\}$ 在 E_k 上一致收敛于 $f(x)$.令 $E^*=\bigcup\limits_{k=1}^{\infty}E_k$,则 $\{f_n(x)\}$ 在 E^* 上处处收敛于 $f(x)$.其实,当 $x\in E^*$ 时,x 属于某个 E_k.既然 $\{f_n(t)\}$ 在 E_k 上一致收敛于 $f(t)$,自然在 $t=x$ 处也收敛于 $f(x)$.同时,我们断定 $m(E\setminus E^*)=0$.这是因为,对每个自然数 k,

$$m(E\setminus E^*)=m\bigcap_{k=1}^{\infty}(E\setminus E_k)\leqslant m(E\setminus E_k)<1/k,$$

因而 $m(E\setminus E^*)=0$ 得证. ■

定理 2.1 与定理 2.2 一起表明,当 $mE<\infty$ 时,序列的几乎处处收敛实质上与近一致收敛等价.但两者与一致收敛却有质的差别,参看下例.

例 3 试考察函数列 $\{f_n(x)=x^n(0\leqslant x\leqslant 1)\}_{n\in\mathbf{N}}$,它处处收敛(自然几乎处处收敛)于函数

$$f(x)=\begin{cases}0, & 0\leqslant x<1,\\ 1, & x=1.\end{cases}$$

易见 $\{f_n(x)\}$ 在闭区间 $[0,1]$ 上不一致收敛于 $f(x)$,这只要注意每个 $f_n(x)$ $(n\in\mathbf{N})$ 连续而极限函数不连续这个事实就知道了.然而无论 $\delta>0$ 如何小,只要一经确定,在区间 $E_\delta[0,1-\delta]$ 上,恒有 $\{f_n(x)\}$ 一致趋于零.这是因为,在 $[0,1-\delta]$ 上,

$$|f_n(x)-f(x)|=x^n\leqslant(1-\delta)^n,$$

而上式右边为与 x 无关的无穷小 $(n\to\infty)$,同时 $E\setminus E_\delta=(1-\delta,1]$ 的测度等于 δ.

下面再引进一种较几乎处处收敛为弱的收敛概念.

定义 2.3 设 $\{f_n(x)\}$ 是可测集 E 上的可测函数列,$f(x)$ 是 E 上可测函数.如果对每个 $\varepsilon>0$,有

$$\lim_{n\to\infty}mE(|f_n-f|\geqslant\varepsilon)=0,$$

则称序列 $\{f_n\}$ **测度收敛于** f.

根据叶果洛夫定理知道,假定 $mE<\infty$,则由 $f_n\xrightarrow{\text{a.e.}}f$ 推出 $\{f_n\}$ 近一致收敛于 f.因此,当 $mE<\infty$ 时,由 $f_n\xrightarrow{\text{a.e.}}f$ 可得,对于任意 $\varepsilon>0,\delta>0$,存在可测集 E_δ 与自然数 N,使 $m(E\setminus E_\delta)<\delta$,而在 E_δ 上有

$$|f_n(x)-f(x)|<\varepsilon,\quad 当\ n>N.$$

从而当 $x\in E(|f_n-f|\geqslant\varepsilon)$ 时,$x\in E_\delta$.这表明有 $E(|f_n-f|\geqslant\varepsilon)\subset E\setminus E_\delta$,因此,

$$mE(|f_n-f|\geqslant\varepsilon)\leqslant m(E\setminus E_\delta)<\delta,当\ n>N.$$

即$\{f_n\}$测度收敛于f.这证明了下列定理：

定理 2.3 设$mE<\infty$，则序列$\{f_n\}$几乎处处收敛于f蕴含$\{f_n\}$测度收敛于f.

然而，测度收敛不蕴含几乎处处收敛，可看下例.

例 4 设基本集为$E=[0,1)$.令$I_r^{(n)}=[r2^{-n},(r+1)2^{-n})$，$r=0,1,\cdots,2^n-1$，$n=0,1,2,\cdots$，$\chi_r^{(n)}$为$I_r^{(n)}$的特征函数.将这些特征函数依次排列为

$$\chi_0^{(0)},\ \chi_0^{(1)},\ \chi_1^{(1)},\cdots,\ \chi_0^{(n)},\ \chi_1^{(n)},\cdots,\ \chi_{2^n-1}^{(n)},\cdots.$$

那么，此函数列测度收敛于0，但处处不收敛于0.其实，易见

$$mE(\chi_r^{(n)}>0)=2^{-n},\quad r=0,1,\cdots,2^n-1,$$

当$n\to\infty$时它趋于0，故所述序列测度收敛于0.但对于任意的$x_0\in[0,1)$，恒有无穷多个形如$I_r^{(n)}$的区间，每个都含有x_0，从而序列$\{\chi_r^{(n)}(x_0)\}$中含有子列$\{1,1,\cdots,1,\cdots\}$，显然不收敛于0.

下列定理称为里斯(F. Riesz)定理，它表明了测度收敛与几乎处处收敛的联系.

定理 2.4 设$mE<\infty$，则可测函数列$\{f_n(x)\}$在E上测度收敛于$f(x)$的充分必要条件是：对序列$\{f_n(x)\}$的任何子列$\{f_{n_k}(x)\}$，都存在子列$\{f_{n_{k_i}}(x)\}$几乎处处收敛于$f(x)$.

证 必要性.设$\{f_n(x)\}$测度收敛于$f(x)$，则它的任何子列也测度收敛于$f(x)$.因此只需证明序列$\{f_n(x)\}$本身有几乎处处收敛的子列.对任意的$\varepsilon>0$，据假设$\lim\limits_{n\to\infty}mE(|f_n-f|\geqslant\varepsilon)=0$.对每个$k\in\mathbf{N}$，存在自然数$n_k$使

$$mE(|f_{n_k}-f|\geqslant 1/2^k)<1/2^k,$$

并且可以假定$n_1<n_2<\cdots$.

令$E_k=E(|f_{n_k}-f|\geqslant 1/2^k)$，$R_n=\bigcup\limits_{k=n}^{\infty}E_k$，则

$$mR_n<\sum_{k=n}^{\infty}1/2^k=1/2^{n-1},$$

因此

$$m(\overline{\lim}\,E_n)=\lim mR_n=0.$$

但在$E\backslash\overline{\lim}\,E_n$上，我们有$\{f_{n_k}(x)\}$处处收敛于$f(x)$.事实上，$x\in E\backslash\overline{\lim}\,E_n$表明，存在某个$n_0$使得$x\in R_{n_0}$.因而当$k\geqslant n_0$时，$x\in E(|f_{n_k}-f|\geqslant 1/2^k)$，即当$k\geqslant n_0$时，$|f_{n_k}(x)-f(x)|<1/2^k$.这就表明$\{f_{n_k}(x)\}$在$E\backslash\overline{\lim}\,E_n$上收敛于$f(x)$.

充分性.假定条件成立，而$\{f_n(x)\}$不测度收敛于$f(x)$.那么存在某个$\varepsilon>0$，使$mE(|f_n-f|\geqslant\varepsilon)$不收敛于0(当$n\to\infty$).因此有自然数集的子列$\{n_k\}_{k\in\mathbf{N}}$，使极限

$\lim\limits_{k\to\infty} mE(|f_{n_k}-f|\geqslant\varepsilon)$存在且不等于 0.这论断表明,子列$\{f_{n_k}\}$的任何子列$\{f_{n_{k_i}}\}$均不可能几乎处处收敛于$f$.因为,如果不然,据叶果洛夫定理,$\{f_{n_{k_i}}\}$将要近一致收敛于$f$,而此与上面所得论断矛盾. ∎

当 $mE=\infty$ 时,定理 2.4 不再成立,试看下例.

例 5 设$E=\mathbf{R}, f_n(x)=\mathrm{e}^{-(x-n)^2}, n\in\mathbf{N}$.那么当$n\to\infty$时,$f_n\xrightarrow{\text{a.e.}}0$;但$\{f_n\}$不测度收敛于 0,$\{f_n\}$的任何子序列也不测度收敛于 0.

其实,易见对任意$x\in\mathbf{R}, f_n(x)\to 0(n\to\infty)$,因此更有$f_n\xrightarrow{\text{a.e.}}0$.但对任一正数$\varepsilon<1$,可求出

$$\begin{aligned}E(|f_n-f|\geqslant\varepsilon)&=\{x\in\mathbf{R}:\mathrm{e}^{-(x-n)^2}\geqslant\varepsilon\}\\&=\left\{x\in\mathbf{R}:n-\left(\ln\frac{1}{\varepsilon}\right)^{1/2}\leqslant x\leqslant n+\left(\ln\frac{1}{\varepsilon}\right)^{1/2}\right\},\end{aligned}$$

故

$$mE(|f_n-f|\geqslant\varepsilon)=2\left(\ln\frac{1}{\varepsilon}\right)^{1/2},$$

右边为仅与ε有关而与n无关的常数(自然不趋于 0).就是说,序列$\{f_n\}$不测度收敛于 0.此讨论对$\{f_n\}$的任何子序列同样适用.可见$\{f_n\}$的任何子序列也不测度收敛于 0.

像实数的基本列一样,可以引进可测函数依测度基本列概念,并且这种基本列也有测度收敛意义上的极限.

定义 2.4 设$\{f_n(x)\}_{n\in\mathbf{N}}$是可测集$E$上几乎处处有限的可测函数列.若对每个$\varepsilon>0$有

$$\lim_{m,n\to\infty} mE(|f_n-f_m|\geqslant\varepsilon)=0,$$

则称序列$\{f_n\}$为可测集E上**依测度基本列**.

易见,若$\{f_n\}$测度收敛于f时,$\{f_n\}$为依测度基本列.这是因为,对任意$\varepsilon>0$,据包含式

$$E(|f_n-f_m|\geqslant\varepsilon)\subset E(|f_n-f|\geqslant\varepsilon/2)\cup E(|f_m-f|\geqslant\varepsilon/2)$$

有

$$mE(|f_n-f_m|\geqslant\varepsilon)\leqslant mE(|f_n-f|\geqslant\varepsilon/2)+mE(|f_m-f|\geqslant\varepsilon/2).$$

当$m,n\to\infty$时,右边两项均趋于 0,因而左边亦然,即$\{f_n\}$为依测度基本列.反之,依测度基本列也有测度收敛意义上的极限.

定理 2.5 设$mE<\infty$,$\{f_n(x)\}$为可测集E上依测度基本列,则存在E上可

测函数 $f(x)$，使 $\{f_n\}$ 测度收敛于 f.

证 据依测度基本列定义，对每个 $k\in\mathbf{N}$，存在自然数 n_k 使

$$mE\left(|f_n-f_m|\geqslant\frac{1}{2^k}\right)<\frac{1}{2^k},\quad n,m\geqslant n_k,$$

并且不妨假设 $n_1<n_2<\cdots$. 于是有

$$mE\left(|f_{n_k}-f_{n_{k+1}}|\geqslant\frac{1}{2^k}\right)<\frac{1}{2^k},\quad k\in\mathbf{N}.$$

令 $E_k=E\left(|f_{n_k}-f_{n_{k+1}}|\geqslant\dfrac{1}{2^k}\right)$，则对上限集 $\overline{\lim}\,E_k$，有 $m(\overline{\lim}\,E_k)=0$. 其实，$\left\{\bigcup\limits_{i=n}^{\infty}E_i\right\}$ 为渐缩列，且

$$m\left(\bigcup_{i=n}^{\infty}E_i\right)\leqslant\sum_{i=n}^{\infty}mE_i<\sum_{i=n}^{\infty}\frac{1}{2^i}=\frac{1}{2^{n-1}},$$

可见 $m(\overline{\lim}\,E_k)=\lim\limits_{n\to\infty}m\left(\bigcup\limits_{i=n}^{\infty}E_i\right)=0$.

我们断定，在 $\overline{\lim}E_k$ 的补集上，$\{f_{n_k}\}$ 处处收敛. 其实，注意到

$$\mathscr{C}(\overline{\lim}\,E_k)=\underline{\lim}(\mathscr{C}E_k),$$

当 $x\in\mathscr{C}(\overline{\lim}E_k)$ 时，存在自然数 $N=N(x)$，使对一切 $k\geqslant N$，$x\in\mathscr{C}E_k$，即

$$|f_{n_k}(x)-f_{n_{k+1}}(x)|<1/2^k,\quad k\geqslant N.$$

由此可知 $\{f_{n_k}(x)\}$，$x\in\mathscr{C}(\overline{\lim}\,E_k)$ 为基本列. 这是因为，对任何自然数 $k,l(l>k)$，有

$$\begin{aligned}|f_{n_k}(x)-f_{n_l}(x)|&\leqslant\sum_{i=k}^{l-1}|f_{n_i}(x)-f_{n_{i+1}}(x)|\\&\leqslant\sum_{i=k}^{l-1}\frac{1}{2^i}<\frac{1}{2^{k-1}},\quad x\in\mathscr{C}(\overline{\lim}\,E_k),\end{aligned}$$

右边是无穷小. 于是据柯西(A. Cauchy)收敛原理，序列 $\{f_{n_k}(x)\}$ 存在有限极限 $f(x)$：

$$f(x)=\lim_{k\to\infty}f_{n_k}(x),\quad x\in\mathscr{C}(\overline{\lim}\,E_k).$$

上面已经证明，$m(\overline{\lim}\,E_k)=0$，故序列 $\{f_{n_k}(x)\}$ 在 E 上几乎处处收敛于 $f(x)$.

剩下的只需证明原序列 $\{f_n\}$ 测度收敛于 f. 由于 $\{f_{n_k}\}$ 几乎处处收敛于 f，它亦测度收敛于 f. 于是对任意的 $\varepsilon>0$，据包含式

$$E(|f_n - f| \geqslant \varepsilon) \subset E(|f_n - f_{n_k}| \geqslant \varepsilon/2) \cup E(|f_{n_k} - f| \geqslant \varepsilon/2),$$

令 $n\to\infty$ ($n_k\to\infty$) 便知 $\lim\limits_{n\to\infty} E(|f_n-f| \geqslant \varepsilon)=0$. 即 $\{f_n\}$ 测度收敛于 f. ■

注 定理 2.5 在第 2 册第六章中将要用到.

定理 2.6 设序列 $\{f_n(x)\}$ 在可测集 E 上测度收敛于 $f(x)$, 序列 $\{g_n(x)\}$ 在 E 上测度收敛于 $g(x)$, $n\to\infty$, 则当 $n\to\infty$ 时有

(i) 序列 $\{af_n+bg_n\}$ 测度收敛于 $af+bg$, 这里 a,b 为实数;

(ii) 序列 $\{|f_n|\}$ 测度收敛于 $|f|$;

(iii) 序列 $\{\sup(f_n,g_n)\}$ 测度收敛于 $\sup(f,g)$, 序列 $\{\inf(f_n,g_n)\}$ 测度收敛于 $\inf(f,g)$.

证 (i) 对任意的 $\varepsilon>0$, 我们有

$$\begin{aligned} &E(|af_n + bg_n - af - bg| \geqslant \varepsilon) \\ &\subset E(|a||f_n - f| \geqslant \varepsilon/2) \cup E(|b||g_n - g| \geqslant \varepsilon/2), \end{aligned}$$

且 a,b 中有一个为 0 时, 右边相应的集可以略去. 不妨设 $ab\neq 0$. 那么有

$$\begin{aligned} &mE(|af_n + bg_n - af - bg| \geqslant \varepsilon) \\ &\leqslant mE\left(|f_n - f| \geqslant \frac{\varepsilon}{2|a|}\right) + mE\left(|g_n - g| \geqslant \frac{\varepsilon}{2|b|}\right). \end{aligned}$$

由于当 $n\to\infty$ 时, $\{f_n\}$, $\{g_n\}$ 分别测度收敛于 f,g, 上式右边两项当 $n\to\infty$ 时均趋于 0, 因而左边亦然. (i) 得证.

(ii) 可由包含式

$$E(||f_n| - |f|| \geqslant \varepsilon) \subset E(|f_n - f| \geqslant \varepsilon)$$

得到.

(iii) 应用公式

$$\sup(f,g) = \frac{1}{2}(f + g + |f - g|),$$

$$\inf(f,g) = \frac{1}{2}(f + g - |f - g|),$$

并据 (i) 与 (ii) 得出. ■

容易看出, 设 $f_n \xrightarrow{\text{a.e.}} f$, 则略去一个零测度集不计以外, 极限 f 是唯一的. 关于测度收敛情形是否有同样结论? 答案是肯定的. 就是说, 如果 $\{f_n\}$ 在 E 上测度收敛于 f, 又测度收敛于 g, 则必有 $f\sim g$. 这可以从定理 2.4 推出, 或直接根据包含式

$$E(|f-g| \geqslant \varepsilon) \subset E(|f_n - f| \geqslant \varepsilon/2) \cup E(|f_n - g| \geqslant \varepsilon/2)$$

看出来.实际上,由此式令 $n \to \infty$ 立刻知道,对任何 $\varepsilon>0$, $mE(|f-g| \geqslant \varepsilon)=0$.但

$$E(f \neq g) = \bigcup_{n=1}^{\infty} E(|f-g| \geqslant 1/n),$$

故

$$mE(f \neq g) \leqslant \sum_{n=1}^{\infty} mE(|f-g| \geqslant 1/n) = 0.$$

§3 可测函数的构造

对于某些复杂的函数,常常希望用较简单的函数来了解它,由此获得足够的认识.例如用多项式来逼近连续函数或用幂级数表示解析函数,等等.本节我们研究如何由连续函数来了解可测函数,并得到关于可测函数的构造定理.

已经知道,利用特征函数可以将 E 上简单函数表成

$$\varphi(x) = \sum_{k=1}^{n} c_k \chi_{e_k}(x),$$

其中 $e_k(k=1,2,\cdots,n)$ 等互不相交, $E=\bigcup_{k=1}^{n} e_k$, 而 $\chi_{e_k}(x)$ 是 e_k 的特征函数.显然,当 $x \in e_k$ 时, $\varphi(x)=c_k, k=1,2,\cdots,n$.

在 §2 中已经提到可测函数能够用简单函数来逼近.由于可测集能用闭集来接近,因此我们期望,可测函数能用连续函数来逼近.这里我们只讨论可测函数的构造定理,并给出两种形式.回顾一下定义 1.2,我们已有了函数 $f(x)$ 在任一点集 E 上为连续的概念.有时,函数 $f(x)$ 在 E 上不一定连续,但看成只定义在 E 的子集 E_0 上时是连续的,就说 $f(x)$ **限制在 E_0 上是连续的**.

例如,定义在区间 $[0,1]$ 上的狄利克雷函数 $\psi(x)$,当限制在 $[0,1]$ 中无理数集 I 上是连续的.因为此时在 I 上 $\psi(x)$ 恒等于零.

定理 3.1 设 $f(x)$ 是有界可测集 E 上几乎处处有限的可测函数,则对任意的 $\varepsilon>0$,存在闭集 $F \subset E$, $m(E \setminus F)<\varepsilon$,而 $f(x)$ 限制在 F 上是连续的.

证 第一步 先对简单函数证明定理.设 $f(x)$ 为 E 上简单函数

$$f(x) = \sum_{k=1}^{n} c_k \chi_{e_k}(x),$$

其中 e_k 等互不相交,且 $E=\bigcup_{k=1}^{n} e_k$, c_k 为常数.那么对任意 $\varepsilon>0$ 与每个 $k=1,2,\cdots,n$,存在闭集 $A_k \subset e_k$ 使

$$m(e_k \setminus A_k) < \varepsilon/n, \quad k=1,2,\cdots,n.$$

令 $A=\bigcup_{k=1}^{n} A_k$，则 A 为闭集，且

$$m(E\setminus A)=\sum_{k=1}^{n} m(e_k\setminus A_k)<\varepsilon.$$

显然，$f(x)$ 限制在 A 上是连续的. 这是因为，e_k 等互不相交，从而闭集 A_k 等亦然；并且在每个 A_k 上 $f(x)$ 为常数，因而我们的论断成立（参看第一章 §4 例 3）.

第二步　讨论一般可测函数情形. 由于 $f(x)$ 有分解：$f(x)=f_+(x)-f_-(x)$，只需对非负函数证明即可. 于是设 $f(x)\geqslant 0$. 据定理 1.3，存在简单函数列 $\{f_n(x)\}$，使

$$f(x)=\lim_{n\to\infty} f_n(x), \quad x\in E.$$

任取 $\varepsilon>0$. 对每个 $f_n(x)$ 应用第一步结果，知存在闭集 $F_n\subset E$，$m(E\setminus F_n)<\varepsilon/2^{n+1}$，$n\in\mathbf{N}$，而 $\{f_n(x)\}$ 限制在 F_n 上是连续的. 令 $F_0=\bigcap_{n=1}^{\infty} F_n$，则 F_0 为闭集，且

$$m(E\setminus F_0)=m\bigcup_{n=1}^{\infty}(E\setminus F_n)\leqslant \sum_{n=1}^{\infty} m(E\setminus F_n)$$

$$<\sum_{n=1}^{\infty}\varepsilon/2^{n+1}=\varepsilon/2.$$

另一方面，既然 $\{f_n\}$ 在 F_0 上处处收敛于 f，据定理 2.1 与第二章定理 3.1，存在闭集 $F\subset F_0$ 使 $m(F_0\setminus F)<\varepsilon/2$，而在 F 上 $\{f_n(x)\}$ 一致收敛于 $f(x)$. 这样，$f(x)$ 限制在 F 上是连续的（证明方法与数学分析中一样，只是把区间换成闭集而已），同时，由于

$$E\setminus F=(E\setminus F_0)\cup(F_0\setminus F),$$

有

$$m(E\setminus F)=m(E\setminus F_0)+m(F_0\setminus F)<\varepsilon. \qquad \blacksquare$$

注　定理 3.1 中的条件 E 为有界可以去掉. 这时对每个 $k\in\mathbf{Z}$，令 $E_k=E\cap(k,k+1)$，则 E_k 等为有界可测集且互不相交. 对每个 E_k 应用已证明结果，便得闭集 $F_k\subset E_k$，$m(E_k\setminus F_k)<\varepsilon/2^{|k|+2}$，而 $f(x)$ 限制在 F_k 上是连续的. 令 $F=\bigcup_{k\in\mathbf{Z}} F_k$，则容易证明，$F$ 是 E 的闭子集，$m(E\setminus F)<\varepsilon$ 且 $f(x)$ 限制在 F 上是连续的.

所证定理称为鲁津（N. N. Lusin）定理，它给出可测函数的一种构造. 由于闭集上连续函数是可测的，不难证明，定理中所述结论还是使函数为可测的一个充分条件. 这样，这个条件可作为可测函数的定义，建立了可测函数的另一种观点.

例 1　试以定理 3.1 中条件作为可测函数的定义，证明在可测集 E 上的两

个可测函数 $f(x)$ 与 $g(x)$ 的和是可测的.

设 $\varepsilon>0$.因为 f 与 g 是可测的,存在 E 的闭子集 F_1 与 F_2 使

$$m(E\setminus F_1)<\varepsilon/2, m(E\setminus F_2)<\varepsilon/2,$$

而 $f(x)$,$g(x)$ 分别限制在 F_1,F_2 上是连续的.显然,和函数 $f(x)+g(x)$ 限制在闭集 $F_1\cap F_2$ 上是连续的,而

$$m(E\setminus(F_1\cap F_2))=m((E\setminus F_1)\cup(E\setminus F_2))<\varepsilon/2+\varepsilon/2=\varepsilon.$$

据所述可测函数的新定义,$f+g$ 是 E 上的可测函数.

我们指出,在鲁津定理中,函数限制在闭集上连续这一条件有时应用起来不太方便,需要改成在整个实直线上连续.为此我们给出鲁津定理的另一形式:

定理 3.2 设 $f(x)$ 是有界可测集 E 上几乎处处有限的可测函数,则对任意的 $\varepsilon>0$,存在实直线上的连续函数 $g(x)$,满足

$$mE(f\neq g)<\varepsilon.$$

证 据定理 3.1,对 $\varepsilon>0$,存在 E 的闭子集 F,使 $m(E\setminus F)<\varepsilon$ 而 f 限制在 F 上是连续的.

令 $G=\mathscr{C}F$,则 G 为开集,假定它有结构表示 $G=\bigcup_{k=1}^{\infty}(\alpha_k,\beta_k)$,这里 (α_k,β_k) 等是互不相交的开区间,可能是有限区间或无限区间.现在定义 $g(x)$ 如下.当 $x\in F$ 时令 $g(x)=f(x)$,当 $x\notin F$ 时,我们定义 $g(x)$ 在 G 的每个构成区间上为线性函数并保持端点处的连续性.详细地说,当 x 属于任一有限构成区间 (α_k,β_k) 时,令

$$g(x)=f(\alpha_k)(\beta_k-x)(\beta_k-\alpha_k)^{-1}+f(\beta_k)(x-\alpha_k)(\beta_k-\alpha_k)^{-1};$$

当 x 所属的构成区间是无限区间,例如 $x\in(\alpha,\infty)$ 时,则令 $g(x)=f(\alpha)$;而对 $x\in(-\infty,\beta)$,则令 $g(x)=f(\beta)$(参看图 12).

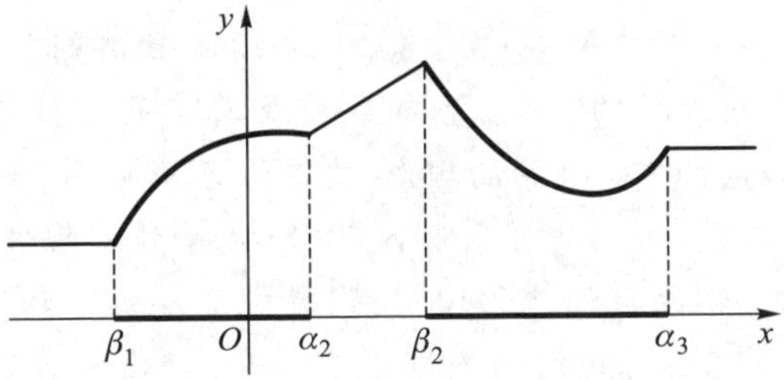

图 12　$F=[\beta_1,\alpha_2]\cup[\beta_2,\alpha_3]$

这样，$g(x)$在实直线上有定义，并且容易看出

$$mE(f\neq g)\leqslant m(E\backslash F)<\varepsilon.$$

因此如能证明$g(x)$在实直线上处处连续，则定理得证.

当$x\in G$时，由上述作法易见$g(x)$连续.设$x_0\in F$，则对任意$\varepsilon>0$，有$\delta>0$，使当$x\in F\cap(x_0-\delta,x_0+\delta)$时$|f(x)-f(x_0)|<\varepsilon$.分别考虑$g(x)$在$x_0$的左与右连续性.如果$(x_0-\delta,x_0)\cap F=\varnothing$，由于$x_0\in F$，它是$G$的某个构成区间的右端点.注意到$g(x)$在$G$的每个构成区间上为线性的，就有$\alpha'<x_0$使当$x\in(\alpha',x_0)$时$|g(x)-g(x_0)|<\varepsilon$；如果$(x_0-\delta,x_0)\cap F\neq\varnothing$，设$\alpha''\in(x_0-\delta,x_0)\cap F$，则当$x\in[\alpha'',x_0)\cap F$时，有$g(x)=f(x)$，$g(x_0)=f(x_0)$，故$|g(x)-g(x_0)|<\varepsilon$，而当$x\in(\alpha'',x_0)\cap G$，例如$x\in(\alpha_k,\beta_k)$（$G$的某个适当的构成区间）时，则由

$$|g(\alpha_k)-g(x_0)|<\varepsilon\text{ 与 }|g(\beta_k)-g(x_0)|<\varepsilon$$

以及g在(α_k,β_k)上的线性可得

$$|g(x)-g(x_0)|\leqslant\max\{|g(\beta_k)-g(x_0)|,|g(\alpha_k)-g(x_0)|\}<\varepsilon.$$

总之，不论哪一种情况，都可求出x_0的左邻域$(\alpha,x_0]$（α为上面的α'或α''）使当$x\in(\alpha,x_0]$时有$|g(x)-g(x_0)|<\varepsilon$.这表明$g$在$x_0$左连续.同理可证$g$在$x_0$右连续.于是$g$在$x_0$的连续性得证. ∎

在第五章讨论函数空间的可分性时，我们将要应用当E为有限区间情形的定理3.2.并且由定理的证明看出，如果$f(x)$是有界可测函数，$|f(x)|\leqslant M$时，定理中的函数$g(x)$可以要求满足同样的界，$|g(x)|\leqslant M$.

小结与延伸

可测函数类是实分析中研究的对象，而连续函数类则是数学分析中的研究对象.读者须掌握可测函数的定义、基本性质及其证明方法.可用函数的图像加强对分布集$E(f>\alpha)$，$E(f\geqslant\alpha)$等的理解.要深入理解叶果洛夫定理、里斯定理、鲁津定理的含意及应用，并从中了解测度收敛、几乎处处收敛与近一致收敛的相互关系以及加强对可测函数构造的理解，同时学会反例的构造法.所述几条定理是实分析的一些精华所在，它们的论证很有特色，读者可通过反复学习、应用与做题来熟悉.强调一下，要学好实变函数，不做一定量的习题是不行的.或许读者的分析能力的增长，就是从做题开始.

关于可测函数的构造与叶果洛夫定理,可参看[4,22,23,30].[9]中有测度的更多课题讨论,还列出测度与概率相应概念的对比.关于测度收敛可参看[3,29,31].

第三章习题

§1

1. 设$f(x)$,$g(x)$为E上可测函数,试证$E(f>g)$是可测集.

2. 证明$f(x)$为E上可测函数的充分必要条件是:对于任一有理数r,集$E(f>r)$恒可测.如果假设对任一有理数r,集$E(f=r)$恒可测,问$f(x)$是否可测?

3. 设f是可测集E上定义的函数,证明f在E上可测的充分必要条件是$f\chi_E$在$\mathbf{R}$上可测.

4. 设$f(x)$是E上的可测函数,G,F分别为$\mathbf{R}$中的开集与闭集.试问$E(f\in G)$,$E(f\in F)$是否可测,这里记号$E(f\in A)=E(x:f(x)\in A)$.

5. 设$f(x)$是E上可测函数,证明$f(x^n)$与$(f(x))^n(n\in\mathbf{N})$也是E上可测函数,这里约定$x^n\in E$.

6. 设E是$[0,1]$中的一个不可测集,令

$$f(x)=\begin{cases}x, & x\in E,\\ -x, & x\overline{\in} E.\end{cases}$$

问$f(x)$在$[0,1]$上是否可测? $|f(x)|$是否可测?

7. 设$f(x)$是$(-\infty,\infty)$上的连续函数,$g(x)$是$[a,b]$上的有限可测函数,证明$f(g(x))$是可测函数.

8. 设$f(x)$是E上可测函数,B是$\mathbf{R}$中的博雷尔集.试证$f^{-1}(B)$是可测集.又当B是任意可测集时,$f^{-1}(B)$是否仍可测?

9. 试在$\mathbf{R}$上定义一个实函数,使它在每个区间上的限制均不可测.

10. 设$x\in[0,1)$的三进表示为$x=0.x_1x_2\cdots x_n\cdots$,$x_n\in\{0,1,2\}$,并约定全用无限表示.用$P_i$表示$x$的三进表示中不出现数字$i$的点集,$i=0,1,2$.令

$$f(x)=\begin{cases}x+i,\ 对\ x\in P_i, i=0,1,2,\\ x+3,\ 对\ x\in[0,1)\setminus\bigcup_{i=0}^{2}P_i,\end{cases}$$

并规定$f(0)=3$,$f(1/2)=7/2$.问f是否可测,是否连续?

提示：参看康托尔三分集的构造并注意在这里小数的三进表示的约定.

11. 设$f(x,y)$为定义是$\mathbf{R}^2$上的几乎处处有限的函数，它对每个固定的x关于y连续，且对每个固定的y关于x也连续.试证f是$\mathbf{R}^2$上的可测函数.

*12. 设f,g均是$\mathbf{R}$上一元可测函数，试证

$$f(x)g(y-x)\text{ 与 }f(y+x)g(y-x)$$

均为$\mathbf{R}^2$上的二元可测函数.

§2

13. 试给出关于可测函数列当极限函数为无穷大情形的相应叶果洛夫定理的陈述并加以证明.

提示：参看定理2.1及其证明步骤或直接考察函数列$1/f_n(x)$.

14. 设$x\in[0,1)$，其二进表示为$x=\sum\limits_{i=1}^{\infty}x_i2^{-i}$，$x_i\in\{0,1\}$，并约定用有尽表示.定义函数$\varphi(x)=\sum\limits_{i=1}^{\infty}(2x_i)3^{-i}$，再取$[0,1]$的一不可测子集$E$，并在$\mathbf{R}$上定义函数$\psi(x)=1$，对$x\in\varphi(E)$；$\psi(x)=0$，其余情形.试证$\varphi,\psi$均可测但$\psi\circ\varphi$不可测.

提示：注意φ的值域为康托尔三分集.

*15. 设$\{E_n\}$为可测集列，$E=\bigcup\limits_{n=1}^{\infty}E_n$.试证$f$在$E$上可测的充分必要条件是$f$限制在每个$E_n$上均可测，$n\in\mathbf{N}$.

16. 设函数列$\{f_n(x)\}$在有界集E上近一致收敛于$f(x)$，试证$\{f_n(x)\}$几乎处处收敛于$f(x)$ $(n\to\infty)$.

17. 设函数列$\{f_n(x)\}$在E上测度收敛于$f(x)$，且在E上几乎处处有$f_n(x)\leqslant g(x)$，$n\in\mathbf{N}$.试证在E上几乎处处有$f(x)\leqslant g(x)$.

18. 设函数列$\{f_n(x)\}$在E上测度收敛于$f(x)$，且几乎处处有$f_n(x)\leqslant f_{n+1}(x)$，$n\in\mathbf{N}$，证明$\{f_n(x)\}$几乎处处收敛于$f(x)$ $(n\to\infty)$.

*19. 设函数列$\{f_n(x)\}$在E上测度收敛于$f(x)$，而$f_n\sim g_n$，$n\in\mathbf{N}$，证明$g_n(x)$也测度收敛于$f(x)$ $(n\to\infty)$.

20. 设$mE<\infty$，在E上几乎处处有限的可测函数列$\{f_n(x)\}$与$\{g_n(x)\}$分别测度收敛于$f(x)$与$g(x)$.试证$\{f_n(x)g_n(x)\}$测度收敛于$f(x)g(x)$ $(n\to\infty)$.

提示：利用公式$ab=\dfrac{1}{4}[(a+b)^2-(a-b)^2]$.

21. 试构造$[0,1]$上的连续函数列$\{f_n(x)\}_{n\in\mathbf{N}}$，使满足(i) $\{f_n(x)\}$在$[0,1]$上几乎处处收敛于0，但(ii) $\{f_n(x)\}$在任何子区间上不一致收敛于0.

22. 设$f(x)$，$f_n(x)$ $(n\in\mathbf{N})$是定义在区间$E=[a,b]$上的实函数，r为自然数，

用记号 $E(|f_n-f|<1/r)$ 表示 E 中满足 $|f_n(x)-f(x)|<1/r$ 的点所成的集.试证集 $\bigcap_{r=1}^{\infty}\varliminf_{n} E(|f_n-f|<1/r)$ 是 E 中使 $\{f_n(x)\}$ 收敛于 $f(x)$（当 $n\to\infty$）的点集.

23. 用 $\chi_E(x)$ 表示集 E 的特征函数,试证对于任一集列 $\{E_n\}$,有

$$\chi_{\varlimsup E_n}(x)=\varlimsup \chi_{E_n}(x),\ \chi_{\varliminf E_n}(x)=\varliminf \chi_{E_n}(x).$$

从而集列 $\{E_n\}$ 的极限存在等价于函数列 $\{\chi_{E_n}(x)\}$ 的极限存在（$n\to\infty$）.

24. 设 $\{f_n\}$ 是 E 上可测函数列.试证它的收敛点集与发散点集都是可测的.

提示:利用第 22 题.

25. 设 $mE>0$,$\{f_n(x)\}$ 是 E 上几乎处处有限的可测函数列,且当 $n\to\infty$ 时 $\{f_n(x)\}$ 在 E 上几乎处处收敛,证明存在常数 c 与正测度集 $E_0\subset E$,使在 E_0 上对一切 n 有 $|f_n(x)|\leqslant c$.

26. 设函数列 $\{f_n(x)\}$ 在 $\mathbf{R}$ 上几乎处处收敛于有限函数 $f(x)$.试证存在可测集列 $\{E_k\}_{k\in\mathbf{N}}$,使在每个 E_k 上 f_n 一致收敛于 f（$n\to\infty$）而 $\mathscr{C}\left(\bigcup_k E_k\right)$ 为零测度集.

27. 试作 $E=[0,\infty)$ 上的可测函数列 $\{f_n(x)\}_{n\in\mathbf{N}}$,使它处处收敛于某个几乎处处非零的函数 $f(x)$,但序列 $\{1/f_n(x)\}_{n\in\mathbf{N}}$ 不测度收敛于 $1/f(x)$.又当 $E=[0,1]$ 时如何?

28. 设 $f(x)$,$f_n(x)$（$n\in\mathbf{N}$）均是可测集 E 上的几乎处处有限的可测函数,并且 $mE(f_n\neq f)<1/2^n$（$n\in\mathbf{N}$）,试证 $f_n\xrightarrow{\text{a.e.}}f$（$n\to\infty$）.

29. 对 $n\in\mathbf{N}$,令

$$\alpha_n=1+\frac{1}{2}+\cdots+\frac{1}{n}-\left[1+\frac{1}{2}+\cdots+\frac{1}{n}\right],$$

其中 $[\alpha]$ 表示数 α 的整部.定义区间列

$$I_n=\begin{cases}[\alpha_n,\alpha_{n+1}), & \text{若 } \alpha_n<\alpha_{n+1},\\ [\alpha_n,1)\cup[0,\alpha_{n+1}), & \text{若 } \alpha_n>\alpha_{n+1}.\end{cases}$$

再定义 $[0,1)$ 上的函数列 $\{f_n(x)=\chi_{I_n}(x)\}$.试证 $\{f_n\}$ 测度收敛于 0 而不几乎处处收敛于 0;试选出子序列 f_{n_k} 使它处处收敛于 0.

提示:利用 $mI_n=1/(n+1)$,$n\in\mathbf{N}$.

30. 试作 $E=[0,1]$ 上的可测函数 $f(x)$,使对 E 上任何连续函数 $g(x)$ 有 $mE(f\neq g)\neq 0$.此结果与鲁津定理有无矛盾?

31. 设$f, f_n(n \in \mathbf{N})$均是E上几乎处处有限的可测函数，并且$mE(f_n \neq f) < 1/2^n(n \in \mathbf{N})$，试证$f_n \xrightarrow{\text{a.e.}} f(n \to \infty)$.

32. 试证对$[0,1]$上带连续参数的可测函数族$\{f_t(x)\}_{t\in[0,1]}$，叶果洛夫定理不成立.即，存在$I=[0,1]$上可测函数族$\{f_t\}_{t\in[0,1]}$，当$t\to 0$时有$f_t(x)\to 0$ a.e.，但对某个ε，$m^* I(f_t>\varepsilon)$不趋于$0(t\to 0)$.

提示：依第二章§4取I中的不可测集E，并视I为基本集，将那里的E_i等均用模1的方法化为I的子集.对$2^{-i-1}\leqslant t<2^{-i}(t>0, i\in\mathbf{N})$令

$$f_t(x)=\chi_{E_i}(x),\quad x=2^{i+1}t-1,$$

则存在$\delta>0$使$m^* I\left(f_t>\frac{1}{2}\right)>\delta$.

第四章 勒贝格积分

本章在前面所讲的测度论基础上讨论勒贝格积分，它是本书的重点内容.我们由简单函数的积分讲起，然后讲一般可测函数的积分；并讨论积分的性质，特别是勒维(B. Levi)定理，法杜(P. Fatou)定理与勒贝格定理，即平常所谓积分中的三大定理.所有的讨论基本上适用于多维情形.本章还讲了重积分交换次序的傅比尼(G. Fubini)定理，就一维情形比较黎曼积分与勒贝格积分，以及微分与积分的联系，*LS* 积分大意等.

§1 勒贝格积分的引入

勒贝格积分是20世纪初(1902年)法国数学家勒贝格提出来的，它的发展比数学分析中所讲的黎曼积分(1854年)要迟半个世纪.我们知道，黎曼积分在求积、物体质心、矩量等问题中起着重要作用，但这些都限于古典范围.近代物理与概率论的发展，要求更为精密的数学工具.而且可以说，黎曼可积函数主要是连续函数或者不连续点不太多的函数，这对量子力学中的物理量与一般随机量的数学期望值来说显然是不够用的.就从数学分析中的一些重要结果如积分与极限交换次序，重积分交换次序，牛顿-莱布尼茨公式等来看，在黎曼积分情形所加条件，没有勒贝格积分情形那样方便.用勒贝格积分处理这一类问题是相当灵活深刻与自然的.在数学史上，正是由于这一类问题的提出，才促使勒贝格积分的产生.事实上，如果不用勒贝格测度概念，数学分析中的一些道理很难讲清楚(还可以举出单调函数可微性，傅里叶(J. B. Fourier)级数中帕塞瓦尔(M. A. Parseval)公式，黎曼可积函数的充分必要条件等问题).但同时还应指出，平常遇到的一些问题，要求像数学分析那样处理也就够了.

勒贝格积分在下面将简称为积分，它的处理方法很多.这里采用的方法，是以测度为基础，先讲简单函数的积分，再讲一般可测函数的积分.对于正值函数情形，积分实际上相当于某一特殊类型集(较函数的定义集的维数多一)的测度.

这里所用的方法与第二章处理测度的方法相近.

现在先引进简单函数的积分.以下总假定 E 为有界可测集,但并不限定是一维的.

定义 1.1 设 E 上简单函数 $\varphi(x)$ 有表示

$$\varphi(x)=\sum_{k=1}^{n} y_k \chi_{e_k}(x),$$

其中 $e_k=E(\varphi=y_k)$ 等为互不相交的可测集,y_k 等互异,$\chi_{e_k}(x)$ 表示 e_k 的特征函数. 称和 $\sum\limits_{k=1}^{n} y_k me_k$(注意,这是有限项和)为**简单函数 $\varphi(x)$ 在 E 上的积分**,并记为

$$\int_E \varphi(x)\,\mathrm{d}m=\sum_{k=1}^{n} y_k me_k. \tag{1}$$

这里积分记号下的 $\mathrm{d}m$,我们不采用 $\mathrm{d}x$,以示积分运算依赖于所考虑的测度 m. (1) 中积分有时也简写成 $\int_E \varphi\mathrm{d}m$.

容易证明,在定义中可以不要求 y_k 等两两互异. 其实,设 φ 又可表示为 $\varphi(x)=\sum\limits_j c_j\chi_{E_j}(x)$,其中 $E=\bigcup\limits_j E_j$,E_j等互不相交而 c_j等可以有相同的,则据测度的有限可加性,有

$$\begin{aligned}\sum_j c_j mE_j &= \sum_k \Big(\sum_{c_j=y_k} c_j mE_j\Big)=\sum_k y_k \sum_{c_j=y_k} mE_j\\ &=\sum_k y_k m\Big(\bigcup_{c_j=y_k} E_j\Big)=\sum_k y_k me_k,\end{aligned}$$

因此

$$\int_E \varphi(x)\,\mathrm{d}m=\sum_k y_k me_k=\sum_j c_j mE_j.$$

这就说明,简单函数的积分同函数的表示式无关,积分值是唯一确定的(只是右边的和另外分组而已).应当注意,在特殊情形,当 $\varphi(x)=c\chi_E(x)$, 即当简单函数在整个集 E 上取一个常数时,有 $\int_E \varphi(x)\mathrm{d}m = cmE$.而当 $c=1$ 时,就可以得到 $\int_E 1\mathrm{d}\,m=mE$,或简写为$\int_E \mathrm{d}m=mE$.就是说,常数 1 在 E 上的积分成为 E 的测度.

从而易知,如果简单函数 $\varphi(x)$ 的正部与负部分别为 $\varphi_+(x)$ 与 $\varphi_-(x)$,则有

$$\int_E \varphi(x)\,\mathrm{d}m=\int_E \varphi_+(x)\,\mathrm{d}m-\int_E \varphi_-(x)\,\mathrm{d}m. \tag{2}$$

引理 1.1 简单函数的积分具有线性与可加性:

(i) 设 φ_1,φ_2是 E 上简单函数,a_1,a_2是常数,则有

$$\int_E (a_1\varphi_1(x) + a_2\varphi_2(x))\,\mathrm{d}m = a_1\int_E \varphi_1(x)\,\mathrm{d}m + a_2\int_E \varphi_2(x)\,\mathrm{d}m.$$

(ii) 设 φ 是 E 上简单函数，$E = E_1 \cup E_2$，E_1，E_2 为互不相交的可测集，则

$$\int_E \varphi(x)\,\mathrm{d}m = \int_{E_1} \varphi(x)\,\mathrm{d}m + \int_{E_2} \varphi(x)\,\mathrm{d}m.$$

证 先证可加性(ii).当 φ 限制在可测子集 E_1 或 E_2 上时，它仍是简单函数，因而 $\int_{E_1}\varphi\,\mathrm{d}m$，$\int_{E_2}\varphi\,\mathrm{d}m$ 均有定义.设 φ 有表示

$$\varphi(x) = \sum_{k=1}^{n} y_k \chi_{e_k}(x) \quad (x \in E),$$

那么

$$\begin{aligned}\int_E \varphi\,\mathrm{d}m &= \sum_k y_k m e_k = \sum_k y_k m((E_1 \cap e_k) \cup (E_2 \cap e_k)) \\ &= \sum_k y_k m(E_1 \cap e_k) + \sum_k y_k m(E_2 \cap e_k) \\ &= \int_{E_1} \varphi\,\mathrm{d}m + \int_{E_2} \varphi\,\mathrm{d}m.\end{aligned}$$

再证线性(i).设

$$\varphi_1(x) = \sum_{k=1}^{n_1} y_k^{(1)} \chi_{e_k^{(1)}}(x),\ \varphi_2(x) = \sum_{j=1}^{n_2} y_j^{(2)} \chi_{e_j^{(2)}}(x),$$

则 $a_1\varphi_1 + a_2\varphi_2$ 也是简单函数，因而它有积分.容易看出，对每一对 k，j 有

$$\begin{aligned}\int_{e_k^{(1)} \cap e_j^{(2)}} (a_1\varphi_1(x) + a_2\varphi_2(x))\,\mathrm{d}m &= (a_1 y_k^{(1)} + a_2 y_j^{(2)})\, m(e_k^{(1)} \cap e_j^{(2)}) \\ &= a_1\int_{e_k^{(1)} \cap e_j^{(2)}} \varphi_1(x)\mathrm{d}m + a_2\int_{e_k^{(1)} \cap e_j^{(2)}} \varphi_2(x)\mathrm{d}m.\end{aligned}$$

将上式对 k，j 求和，注意到 $E = \bigcup\limits_{k,j}(e_k^{(1)} \cap e_j^{(2)})$ 并利用已证的可加性，即得

$$\int_E (a_1\varphi_1(x) + a_2\varphi_2(x))\,\mathrm{d}m = a_1\int_E \varphi_1(x)\,\mathrm{d}m + a_2\int_E \varphi_2(x)\,\mathrm{d}m. \qquad ∎$$

对一般可测函数的积分，定义如下：

定义 1.2 设 $f(x)$ 是有界可测集 E 上的可测函数.对于 $f(x) \geqslant 0$ 的情形，取简单函数 $\varphi(x)$ 满足 $0 \leqslant \varphi(x) \leqslant f(x)$ $(x \in E)$，令 φ 变动，定义 $f(x)$ **在 E 上的积分**为

$$\int_E f(x)\,\mathrm{d}m = \sup_{0 \leqslant \varphi \leqslant f} \int_E \varphi(x)\,\mathrm{d}m. \tag{3}$$

此式右边为非负数或 ∞.如果此量为有限，则称 $f(x)$ **在 E 上可积**，否则只说 $f(x)$

在 E 上的积分为 ∞（这时 f 在 E 上有积分但不可积）.对于一般可测函数 $f(x)$，当 $\int_E f_+ \mathrm{d}m$ 与 $\int_E f_- \mathrm{d}m$ 不同时为 ∞ 时，**定义** $f(x)$ **在** E **上的积分**为

$$\int_E f(x)\,\mathrm{d}m = \int_E f_+(x)\,\mathrm{d}m - \int_E f_-(x)\,\mathrm{d}m. \tag{4}$$

当此式右边两项均有限时，也只有在这时，$f(x)$ 的积分是有限的，我们称 f **在** E **上可积**.记为 $f\in L_E$ 或简记为 $f\in L$.在其余情形，只说 $f(x)$ 在 E 上有积分（∞ 或 $-\infty$；分别对应于 $\infty - c$ 或 $c-\infty$，c 为实数）.当然，出现 $\infty-\infty$ 时，积分是没有意义的.

注意，当 $f(x)$ 是 E 上简单函数时，$f(x)$ 的积分定义(3)，(4)分别与上面定义(1)，(2)相一致.

由积分定义可推出积分的一些简单性质.

定理 1.1 设 f 是可测集 E 上可测函数，则 f 与 $|f|$ 的可积性相同.在可积情形有

$$\int_E f(x)\,\mathrm{d}m = \int_E f_+(x)\,\mathrm{d}m - \int_E f_-(x)\,\mathrm{d}m, \tag{5}$$

$$\int_E |f(x)|\,\mathrm{d}m = \int_E f_+(x)\,\mathrm{d}m + \int_E f_-(x)\,\mathrm{d}m. \tag{6}$$

证 设 $|f|$ 可积.考察简单函数类 $\{\varphi: 0\leqslant\varphi\leqslant f_+\}$，由于 $f_+\leqslant|f|$，它含于简单函数类 $\{\psi: 0\leqslant\psi\leqslant|f|\}$ 中，因此

$$\sup_{0\leqslant\varphi\leqslant f_+}\int_E\varphi\mathrm{d}m \leqslant \sup_{0\leqslant\varphi\leqslant|f|}\int_E\varphi\mathrm{d}m.$$

这表明 $\int_E f_+\,\mathrm{d}m\leqslant\int_E|f|\mathrm{d}m<\infty$. 同理 $\int_E f_-\,\mathrm{d}m\leqslant\int_E|f|\mathrm{d}m<\infty$. 从而知 f 可积且(5)成立.

另一方面，设 f 可积，则 $\int_E f_+\,\mathrm{d}m$，$\int_E f_-\,\mathrm{d}m$ 均有限. 令 $E_+=E(f\geqslant 0)$，$E_-=E(f<0)$. 设 φ_+，φ_- 为满足 $0\leqslant\varphi_+\leqslant f_+$，$0\leqslant\varphi_-\leqslant f_-$ 的简单函数，则由 φ_+，φ_- 合成的简单函数 $\varphi=\varphi_++\varphi_-$ 满足 $0\leqslant\varphi\leqslant|f|$ 且反之亦然. 由此据简单函数积分的可加性并注意到简单函数在不相交的集 E_+，E_- 上可各自独立变动得

$$\begin{aligned}\sup_{0\leqslant\varphi\leqslant|f|}\int_E\varphi\mathrm{d}m &= \sup_{0\leqslant\varphi\leqslant|f|}\left\{\int_{E_+}\varphi\mathrm{d}m+\int_{E_-}\varphi\mathrm{d}m\right\}\\ &= \sup_{0\leqslant\varphi\leqslant|f|}\int_{E_+}\varphi\mathrm{d}m+\sup_{0\leqslant\varphi\leqslant|f|}\int_{E_-}\varphi\mathrm{d}m\\ &= \sup_{0\leqslant\varphi_+\leqslant f_+}\int_E\varphi_+\,\mathrm{d}m+\sup_{0\leqslant\varphi_-\leqslant f_-}\int_E\varphi_-\,\mathrm{d}m\\ &= \int_E f_+\,\mathrm{d}m+\int_E f_-\,\mathrm{d}m.\end{aligned}$$

即 $|f|$ 可积且(6)成立. ■

定理 1.2 设 f 是 E 上可测函数,如果存在 E 上可积函数 g,几乎处处成立 $|f(x)| \leqslant g(x)$,则 f 在 E 上可积且 f 的积分不超过 g 的积分.特别当 $mE < \infty$ 时,若 f 有界:$|f(x)| \leqslant M$ 几乎处处成立,则 f 在 E 上可积且 $\left|\int_E f\mathrm{d}m\right| \leqslant MmE.$

证 易见简单函数类 $\{\varphi: 0 \leqslant \varphi \leqslant |f|\}$ 含于简单函数类 $\{\psi: 0 \leqslant \psi \leqslant g\}$ 中,因此

$$\int_E |f|\mathrm{d}m = \sup_{0\leqslant\varphi\leqslant|f|}\int_E \varphi\mathrm{d}m \leqslant \sup_{0\leqslant\psi\leqslant g}\int_E \psi\mathrm{d}m = \int_E g\mathrm{d}m < \infty.$$

故 $|f|$ 在 E 上可积.据定理 1.1,f 在 E 上也可积,且易见

$$\left|\int_E f\mathrm{d}m\right| \leqslant \int_E |f|\mathrm{d}m \leqslant \int_E g\mathrm{d}m.$$

又当 $mE < \infty$ 时,则因常数(函数) M 在 E 上可积,据已证结果立知 f 在 E 上可积且 f 的积分的绝对值不超过 MmE. ■

定理 1.3 在 E 上可积函数 f 必几乎处处有限.

证 为证可积函数是几乎处处有限的,我们用反证法.令

$$E_1 = E(f = \infty), \quad E_2 = E(f = -\infty),$$

并假定两集 E_1 与 E_2 中至少有一个集的测度为正数,不妨设 $mE_1 > 0$.那么对任何 $n \in \mathbf{N}$,有 $f_+(x) \geqslant n\chi_{E_1}(x), x \in E$.据积分定义可得

$$\int_E f_+(x)\mathrm{d}m \geqslant n \cdot mE_1, \quad n \in \mathbf{N}.$$

因此 $\int_E f_+\mathrm{d}m = \infty$,(5)右边不可能为有限数,这同 f 的可积性假设相矛盾. ■

由上面初步讨论,我们已看到了积分的一些特点,它较黎曼积分有不少便利之处.

如果要考虑无界集上的积分,一种方法是先将简单函数作一点推广.例如在 $\mathbf{R}$ 情形,称 φ 为 $(-\infty,\infty)$ 上的简单函数,如果存在闭区间 $[-N,N]$,φ 在此区间之外为 0,而在其上 φ 有定义 1.1 中的有限表示(把那里的 E 看成 $[-N,N]$).然后再依前面的方法去讨论积分.另一种方法是采用处理无界集测度的方法.这里稍为多说几句.

设 $f(x)$ 是定义在整个空间 $\mathbf{R}^n$ 上的可测函数.取一渐张的方体列(当空间维数 $n>1$ 时,考虑半闭方体列) $\Delta_k: \Delta_1 \subset \Delta_2 \subset \cdots$,且 $\mathbf{R}^n = \bigcup_k \Delta_k$.若极限

$$\lim_{k\to\infty}\int_{\Delta_k} |f(x)|\mathrm{d}m$$

存在且有限(此极限必不依赖于 $\{\Delta_k\}$ 的选择),就称 $f(x)$ **在空间 $\mathbf{R}^n$ 上可积**.积分记为

$$\int_{\mathbf{R}^n} f(x)\,\mathrm{d}x = \lim_{k\to\infty}\int_{\Delta_k} f(x)\,\mathrm{d}x,$$

这时极限显然存在,并且绝对收敛性蕴含条件收敛性.如果所考虑的函数$f(x)$只在$\mathbf{R}^n$的一个子集E上有定义,那么$f(x)$在E上的积分可在形式改写成在整个空间$\mathbf{R}^n$上的积分来讨论.这是因为,引进集E的特征函数$\chi_E(x)$时,可以认为函数$f(x)\chi_E(x)$在整个空间上有定义(在$\mathscr{C}E$上它等于0),而且有

$$\int_E f(x)\,\mathrm{d}m = \int_{\mathbf{R}^n} f(x)\chi_E(x)\,\mathrm{d}m,$$

于是$f(x)$在E上的可积性就化为$f(x)\chi_E(x)$在$\mathbf{R}^n$上的可积性.

最后,我们简单地指出积分的几何意义(参看图 13).考察一维点集E上的可积函数$f(x)$,用$E(f_+)$,$E(f_-)$分别表示二维点集

$$E(f_+) = \{(x,y): x\in E, 0\leqslant y\leqslant f_+(x)\},$$
$$E(f_-) = \{(x,y): x\in E, 0\leqslant y\leqslant f_-(x)\},$$

则积分$\int_E f(x)\,\mathrm{d}m$的几何意义是二维点集$E(f_+)$的“面积”(测度)减去二维点集$E(f_-)$的“面积”,即

$$\int_E f(x)\,\mathrm{d}m = mE(f_+) - mE(f_-).$$

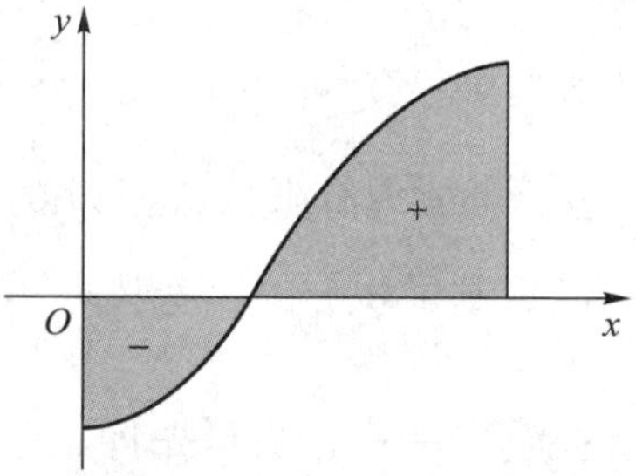

图 13　积分的几何意义

这与黎曼积分情形很相似,我们不准备详细论述了.只是指出,在n维情形非负函数f_+的积分表现为$n+1$维测度$mE(f_+)$.同时,n维点集的测度就表现为E的特征函数在E上的积分:$mE = \int_E 1\mathrm{d}m$.

§2　积分的性质

本节讨论积分的基本性质.

定理 2.1(有限可加性)　设$f(x)$是有界可测集E上的可积函数,$E = \bigcup_{k=1}^{n} E_k$,

E_k等均可测且两两不相交，则有

$$\int_E f(x)\,\mathrm{d}m=\int_{E_1}f(x)\,\mathrm{d}m+\int_{E_2}f(x)\,\mathrm{d}m+\cdots+\int_{E_n}f(x)\,\mathrm{d}m.$$

证 据积分的定义，不妨假定$f\geqslant 0$. 下面就$n=2$情形证明，一般情形可用归纳法完成. 设$E=E_1\cup E_2, E_1\cap E_2=\varnothing, E_1, E_2$均可测. 于是有

$$\int_E f\mathrm{d}m=\sup_{0\leqslant\varphi\leqslant f}\int_E\varphi\mathrm{d}m=\sup_{0\leqslant\varphi\leqslant f}\left\{\int_{E_1}\varphi\mathrm{d}m+\int_{E_2}\varphi\mathrm{d}m\right\}.$$

由于满足$0\leqslant\varphi(x)\leqslant f(x)\ (x\in E)$的简单函数$\varphi(x)$可以一分为二，即分为$\varphi_1$与$\varphi_2$，它们分别是限制在不相交集$E_1, E_2$上满足$0\leqslant\varphi_1(x)\leqslant f(x)\ (x\in E_1)$，$0\leqslant\varphi_2(x)\leqslant f(x)\ (x\in E_2)$的两个简单函数；反之，这样两个简单函数可以合成一个简单函数φ，满足$0\leqslant\varphi(x)\leqslant f(x)\ (x\in E)$. 因此

$$\begin{aligned}\sup_{0\leqslant\varphi\leqslant f}\left\{\int_{E_1}\varphi\mathrm{d}m+\int_{E_2}\varphi\mathrm{d}m\right\}&=\sup_{\substack{0\leqslant\varphi_1\leqslant f\\0\leqslant\varphi_2\leqslant f}}\left\{\int_{E_1}\varphi_1\mathrm{d}m+\int_{E_2}\varphi_2\mathrm{d}m\right\}\\&=\sup_{0\leqslant\varphi_1\leqslant f}\int_{E_1}\varphi_1\mathrm{d}m+\sup_{0\leqslant\varphi_2\leqslant f}\int_{E_2}\varphi_2\mathrm{d}m\\&=\int_{E_1}f\mathrm{d}m+\int_{E_2}f\mathrm{d}m.\end{aligned}$$

故有限可加性成立. ■

定理 2.2（绝对连续性） 设$f(x)$在有界可测集E上可积，则对任一正数ε，有正数δ，使当$me<\delta\ (e\subset E)$时就有

$$\left|\int_e f(x)\,\mathrm{d}m\right|<\varepsilon.$$

证 不妨就$f\geqslant 0$来证. 据积分定义，有简单函数$\varphi_0(x)$，$0\leqslant\varphi_0(x)\leqslant f(x)\ (x\in E)$使

$$\int_E\varphi_0(x)\,\mathrm{d}m>\int_E f(x)\,\mathrm{d}m-\varepsilon/2.$$

不妨设$\varphi_0\neq 0$. 令$\delta=\varepsilon/(2\max\varphi_0(x))$，那么对$E$的任意子集$e$，当$me<\delta$时，有

$$\int_e\varphi_0(x)\,\mathrm{d}m\leqslant\max\varphi_0(x)\cdot me<\varepsilon/2.$$

又由$\varphi_0(x)\leqslant f(x)\ (x\in E)$得到$\int_{E\setminus e}f\mathrm{d}m\geqslant\int_{E\setminus e}\varphi_0\mathrm{d}m$，故据定理 2.1 得到

$$\int_e f\mathrm{d}m=\int_E f\mathrm{d}m-\int_{E\setminus e}f\mathrm{d}m<\int_E\varphi_0\mathrm{d}m+\frac{\varepsilon}{2}-\int_{E\setminus e}\varphi_0\mathrm{d}m$$

$$= \int_e \varphi_0 \mathrm{d}m + \frac{\varepsilon}{2} < \varepsilon.$$

由此知定理结论对非负可积函数成立.

对一般的可积函数$f(x)$,可分别考虑它的正部与负部,借用不等式

$$\left| \int_e f \mathrm{d}m \right| \leqslant \int_e f_+ \mathrm{d}m + \int_e f_- \mathrm{d}m,$$

并利用已证结果来讨论,即知定理结论成立. ∎

我们指出,定理中的不等式可以加强为

$$\int_e |f| \mathrm{d}m < \varepsilon \quad (me < \delta).$$

定理 2.2 描述的性质称为**积分的绝对连续性**,它在应用上是很重要的.不难证明,在无界集情形定理仍然成立.

积分的基本特征性质是σ可加性与线性,下面我们将分别来讨论.σ可加性又称完全可加性,以便与有限可加性相区别.

定理 2.3(σ 可加性) 设$f(x)$是有界可测集E上的可积函数,$E=\bigcup\limits_{k=1}^{\infty} E_k$,$E_k$等均可测且两两不相交,则

$$\int_E f \mathrm{d}m = \int_{E_1} f \mathrm{d}m + \int_{E_2} f \mathrm{d}m + \cdots + \int_{E_k} f \mathrm{d}m + \cdots.$$

证 令$R_n = E \setminus \bigcup\limits_{k=1}^{n} E_k$,则由假设知$mR_n \to 0 (n\to\infty)$.据积分的有限可加性,有

$$\int_E f \mathrm{d}m - \left\{ \int_{E_1} f \mathrm{d}m + \int_{E_2} f \mathrm{d}m + \cdots + \int_{E_n} f \mathrm{d}m \right\} = \int_{R_n} f \mathrm{d}m.$$

由于$mR_n \to 0\ (n\to\infty)$,故据积分的绝对连续性,可得

$$\lim_{n\to\infty} \int_{R_n} f \mathrm{d}m = 0.$$

这就表明积分的σ可加性成立. ∎

我们指出,当$f(x)\geqslant 0$时,积分的σ可加性与测度的σ可加性很类似.如果把积分看成高一维的测度,前者是后者的特例;如果把测度看成集的特征函数的积分时,则明显地前者又蕴含后者.

为了讨论积分的线性,我们引进下列基本引理.

基本引理 设$f(x)$是有界可测集E上的非负可积函数,$\{f_n(x)\}_{n\in\mathbf{N}}$是满足条件

$$0 \leqslant f_1(x) \leqslant f_2(x) \leqslant \cdots; \quad \lim_{n\to\infty} f_n(x) = f(x) \ (x \in E)$$

的简单函数列,则

$$\int_E f(x)\,\mathrm{d}m = \lim_{n\to\infty}\int_E f_n(x)\,\mathrm{d}m.$$

证 第一步 在数学分析中已经知道,单调数列恒有极限(指实数或无穷大).因而对每个 $x\in E$,极限 $\lim\limits_n f_n(x)$ 存在.对于任意的自然数 n 与 p,有 $f_n(x)\leqslant f_{n+p}(x)$.令 $p\to\infty$ 得 $f_n(x)\leqslant f(x)$.故

$$\int_E f(x)\,\mathrm{d}m \geqslant \int_E f_n(x)\,\mathrm{d}m,$$

从而

$$\int_E f(x)\,\mathrm{d}m \geqslant \lim_{n\to\infty}\int_E f_n(x)\,\mathrm{d}m;$$

右边极限存在是由于数列 $\left\{\int_E f_n\mathrm{d}m\right\}_{n\in\mathbf{N}}$ 的单调性. 下面建立相反的不等式.

第二步 任取 $\varepsilon>0$,令 $E_n(\varepsilon)=E(f-f_n\geqslant\varepsilon)$,则

$$\lim_{n\to\infty} mE_n(\varepsilon)=0.$$

其实,由于 $\bigcap\limits_{n=1}^{\infty} E_n(\varepsilon)$ 对每个 $\varepsilon>0$ 都是零测度集 $E(f_n\not\to f)\cup E(f=\infty)$ 的子集,它的测度为 0(或应用第三章定理 2.3 推知).又因 $\{f_n\}$ 是单调递增序列,$E_n(\varepsilon)$ 是渐缩序列,据第二章定理 3.6 有

$$\lim_{n\to\infty} mE_n(\varepsilon)=m\left(\bigcap_{n=1}^{\infty} E_n(\varepsilon)\right)=0.$$

于是据定理 2.2 得

$$\lim_{n\to\infty}\int_{E_n(\varepsilon)} f(x)\,\mathrm{d}m=0.$$

又因为

$$\begin{aligned}\int_{E(f-f_n<\varepsilon)} f(x)\,\mathrm{d}m &\leqslant \int_{E(f-f_n<\varepsilon)} (f_n(x)+\varepsilon)\,\mathrm{d}m\\ &\leqslant \int_E f_n(x)\,\mathrm{d}m+\varepsilon mE,\end{aligned}$$

从而据积分的可加性得

$$\begin{aligned}\int_E f(x)\,\mathrm{d}m &= \int_{E_n(\varepsilon)} f(x)\,\mathrm{d}m+\int_{E(f-f_n<\varepsilon)} f(x)\,\mathrm{d}m\\ &\leqslant \int_{E_n(\varepsilon)} f(x)\,\mathrm{d}m+\int_E f_n(x)\,\mathrm{d}m+\varepsilon mE.\end{aligned}$$

令 $n\to\infty$ 得到

$$\int_E f(x)\,\mathrm{d}m \leqslant \lim_{n\to\infty}\int_E f_n(x)\,\mathrm{d}m + \varepsilon mE.$$

由 ε 的任意性,有

$$\int_E f(x)\,\mathrm{d}m \leqslant \lim_{n\to\infty}\int_E f_n(x)\,\mathrm{d}m.$$

合并所得两步结果,便证明了基本引理. ∎

注 在基本引理中,若不要求函数 $f(x)$ 在 E 上可积而只要求它有积分,结论仍然正确:设简单函数列 $\{f_n(x)\}$ 与非负可测函数 $f(x)$ 满足条件

$$0 \leqslant f_1(x) \leqslant f_2(x) \leqslant \cdots, \quad \lim_{n\to\infty} f_n(x) = f(x) \quad (x \in E),$$

则

$$\int_E f(x)\,\mathrm{d}m = \lim_{n\to\infty}\int_E f_n(x)\,\mathrm{d}m.$$

这个结论当 $f(x)$ 在 E 上不可积时,成为

$$\lim_{n\to\infty}\int_E f_n(x)\,\mathrm{d}m = \infty.$$

证明如下:因 $f(x)$ 的积分为 ∞,对任何正数 N,有一个简单函数 $\varphi(x)$ 适合 $0 \leqslant \varphi(x) \leqslant f(x)$ 而

$$\int_E \varphi(x)\,\mathrm{d}m > N.$$

由于 $f_n(x) \to f(x)$ $(n\to\infty)$,令 $g_n(x) = \inf(f_n(x), \varphi(x))$, $n \in \mathbf{N}$,则有 $\lim\limits_{n\to\infty} g_n(x) = \varphi(x)$,且显然有

$$0 \leqslant g_1(x) \leqslant g_2(x) \leqslant \cdots.$$

序列 $\{g_n\}$ 与它的极限 φ 均为简单函数,符合基本引理中的条件,因此对它们应用此引理,即得

$$\int_E \varphi(x)\,\mathrm{d}m = \lim_{n\to\infty}\int_E g_n(x)\,\mathrm{d}m.$$

但 $g_n(x) \leqslant f_n(x)$,故 $\int_E g_n(x)\,\mathrm{d}m \leqslant \int_E f_n(x)\,\mathrm{d}m$.从而

$$\lim_{n\to\infty}\int_E f_n(x)\,\mathrm{d}m \geqslant \lim_{n\to\infty}\int_E g_n(x)\,\mathrm{d}m = \int_E \varphi(x)\,\mathrm{d}m > N,$$

这就证明了

$$\lim_{n\to\infty}\int_E f_n(x)\,\mathrm{d}m = \infty.$$

此外,当 E 为无界可测集时,基本引理同样成立.这是因为,对一渐张的半闭

方体列 Δ_k，满足 $\mathbf{R}^n=\bigcup\limits_{k=1}^{\infty}\Delta_k$，首先应用已证结论，有

$$\int_{\Delta_k\cap E}f(x)\,\mathrm{d}m=\lim_{r\to\infty}\int_{\Delta_k\cap E}f_r(x)\,\mathrm{d}m,\quad k\in\mathbf{N}.$$

从而

$$\int_{\Delta_k\cap E}f(x)\,\mathrm{d}m\leqslant\lim_{r\to\infty}\int_E f_r(x)\,\mathrm{d}m,\quad k\in\mathbf{N}.$$

令 $k\to\infty$ 得

$$\int_E f(x)\,\mathrm{d}m\leqslant\lim_{r\to\infty}\int_E f_r(x)\,\mathrm{d}m.$$

至于相反的不等式，基本引理证明中第一步的证法对无界集显然适用.因而基本引理在无界集情形成立. ∎

注意，基本引理的结论可以写成

$$\int_E\lim_{n\to\infty}f_n(x)\,\mathrm{d}m=\lim_{n\to\infty}\int_E f_n(x)\,\mathrm{d}m,$$

即所述的是关于函数列的极限与积分交换次序问题.引理表明，勒贝格积分的极限与积分换序条件较为简单.

回忆第三章定理 1.3，知非负可测函数 $f(x)$ 给定时，满足基本引理中条件的简单函数列 $\{f_n(x)\}$ 可以具体构造出来.假如先定义了简单函数的积分，借用这个引理就可引进积分的定义.当研究积分的性质时，不一定非拘泥于原始定义不可.我们应根据具体情况灵活选择方法.例如下面的定理 2.4 与定理 2.5，用基本引理来讨论就显得方便些.它的主要想法是将有关上确界的运算化为极限的运算.当然，这些定理也可以用积分的原始定义来论证.以下我们将突出基本引理的作用，并经常使用它.

定理 2.4 设 $f(x)$ 在 E 上可积，则对任何实数 c，$cf(x)$ 也可积，且

$$\int_E cf(x)\,\mathrm{d}m=c\int_E f(x)\,\mathrm{d}m.$$

证 设 $c\geqslant 0$，这时可对 f 的正部、负部分别应用基本引理.取非负递增的简单函数列 $\varphi_n(x)$ 满足（根据第三章定理 1.3）

$$0\leqslant\varphi_1(x)\leqslant\varphi_2(x)\leqslant\cdots,\quad\lim_{n\to\infty}\varphi_n(x)=f_+(x),$$

并用记号 $(cf)_+$ 表示函数 cf 的正部，则有

$$\int_E(cf)_+\,\mathrm{d}m=\lim_{n\to\infty}\int_E(c\varphi_n)\,\mathrm{d}m=c\lim_{n\to\infty}\int_E\varphi_n\,\mathrm{d}m=c\int_E f_+\,\mathrm{d}m.$$

同理

$$\int_E(cf)_-\,\mathrm{d}m=c\int_E f_-\,\mathrm{d}m.$$

故

$$\int_E (cf)\,\mathrm{d}m = \int_E (cf)_+\,\mathrm{d}m - \int_E (cf)_-\,\mathrm{d}m$$

$$= c\int_E f_+\,\mathrm{d}m - c\int_E f_-\,\mathrm{d}m = c\int_E f\,\mathrm{d}m.$$

再设 $c<0$，则由 $-f=f_- - f_+$，据积分的定义有

$$\int_E (-f)\,\mathrm{d}m = \int_E f_-\,\mathrm{d}m - \int_E f_+\,\mathrm{d}m$$

$$= -\left\{\int_E f_+\,\mathrm{d}m - \int_E f_-\,\mathrm{d}m\right\} = -\int_E f\,\mathrm{d}m,$$

从而

$$\int_E (cf)\,\mathrm{d}m = -\int_E (-cf)\,\mathrm{d}m = -(-c)\int_E f\,\mathrm{d}m = c\int_E f\,\mathrm{d}m.$$

定理全部得证. ■

在上面叙述中，(cf) 表示函数：$(cf)(x)=cf(x)$. 类似地，记号 $f+g$ 表示函数 $(f+g)(x)=f(x)+g(x)$，等等，这些都与平常习惯一致.

定理 2.5 设 f,g 在 E 上均可积，则 $f+g$ 也可积，且

$$\int_E (f+g)\,\mathrm{d}m = \int_E f\,\mathrm{d}m + \int_E g\,\mathrm{d}m.$$

证 设 $f\geqslant 0, g\geqslant 0$，取两个非负递增的简单函数列 $\{f_n\}$ 与 $\{g_n\}$，

$$\lim_{n\to\infty} f_n(x) = f(x), \quad \lim_{n\to\infty} g_n(x) = g(x).$$

据基本引理，

$$\int_E (f+g)\,\mathrm{d}m = \lim_{n\to\infty}\int_E (f_n+g_n)\,\mathrm{d}m$$

$$= \lim_{n\to\infty}\left\{\int_E f_n\,\mathrm{d}m + \int_E g_n\,\mathrm{d}m\right\} = \int_E f\,\mathrm{d}m + \int_E g\,\mathrm{d}m.$$

于是对 $f\geqslant 0, g\geqslant 0$ 的情形定理成立.

对于一般情形，由于

$$(f+g)_+ \leqslant f_+ + g_+,$$

因此，令 $f_+ + g_+ = (f+g)_+ + h$，则由于

$$f+g = f_+ + g_+ - f_- - g_- = (f+g)_+ - (f+g)_-,$$

可知 $f_- + g_- = (f+g)_- + h$，其中 h 是非负可测函数，且满足

$$0 \leqslant h \leqslant f_+ + g_+.$$

注意到当 f,g 可积时，f_+, g_+ 均可积，因而 h 也可积. 于是根据上面的讨论，有

$$\int_E f_+ \mathrm{d}m + \int_E g_+ \mathrm{d}m = \int_E (f_+ + g_+)\mathrm{d}m = \int_E [(f+g)_+ + h]\mathrm{d}m$$
$$= \int_E (f+g)_+ \mathrm{d}m + \int_E h\mathrm{d}m;$$

同理有

$$\int_E f_- \mathrm{d}m + \int_E g_- \mathrm{d}m = \int_E (f+g)_- \mathrm{d}m + \int_E h\mathrm{d}m.$$

将所得两等式相减,便得

$$\int_E f\mathrm{d}m + \int_E g\mathrm{d}m = \int_E (f+g)\mathrm{d}m. \qquad \blacksquare$$

定理 2.4 与定理 2.5 一起表明积分的线性.

定理 2.6 设 f,g 在 E 上均可积,且 $f(x) \leqslant g(x)$,则

$$\int_E f\mathrm{d}m \leqslant \int_E g\mathrm{d}m.$$

证 由定理 2.4 与定理 2.5,知 $g(x)-f(x)$ 为非负可积函数,且

$$\int_E (g-f)\mathrm{d}m = \int_E g\mathrm{d}m - \int_E f\mathrm{d}m.$$

据积分定义立刻知道上式右边是非负的,故得所需不等式. $\blacksquare$

我们指出,作为定理的推论,有:设 $A \leqslant f(x) \leqslant B$,其中 A,B 是实数, 则

$$A \cdot mE \leqslant \int_E f\mathrm{d}m \leqslant B \cdot mE.$$

定理 2.7(唯一性定理) 设 f 在 E 上可积,则 $\int_E |f|\,\mathrm{d}m=0$ 的充分必要条件是 $f\sim 0$.

证 充分性.设 f 对等于 0,则据积分的有限可加性,

$$\int_E |f(x)|\,\mathrm{d}m = \int_{E(f=0)} |f(x)|\,\mathrm{d}m + \int_{E(f\neq 0)} |f(x)|\,\mathrm{d}m$$
$$= \sup_{0\leqslant\varphi\leqslant|f|} \int_{E(f\neq 0)} \varphi(x)\mathrm{d}m.$$

由于 $mE(f\neq 0)=0$,易见任意的简单函数在 $E(f\neq 0)$ 上的积分为 0,故

$$\int_E |f(x)|\,\mathrm{d}m = 0.$$

必要性.设 n 为自然数.我们有

$$\int_E |f(x)|\,\mathrm{d}m \geqslant \int_{E\left(|f|\geqslant\frac{1}{n}\right)} |f(x)|\,\mathrm{d}m \geqslant \frac{1}{n} mE\left(|f| \geqslant \frac{1}{n}\right).$$

从而据 $\int_E |f(x)|\,\mathrm{d}m = 0$ 知对每个自然数 n, $mE\left(|f| \geqslant \frac{1}{n}\right) = 0$. 由于集 $E(f \neq 0)$ 可以表示成

$$E(f \neq 0) = \bigcup_{n=1}^{\infty} E\left(|f| \geqslant \frac{1}{n}\right),$$

故得

$$mE(f \neq 0) \leqslant \sum_{n=1}^{\infty} mE\left(|f| \geqslant \frac{1}{n}\right) = 0,$$

这便证明了 $f \sim 0$. ∎

推论 若可测函数 $f(x)$ 与 $g(x)$ 对等, 则由 $f(x)$ 的可积性可推出 $g(x)$ 的可积性, 且积分值相同.

注 1 以上的一些定理, 例如定理 2.3—定理 2.6, 在适当的改述下, 对不可积函数但有积分, 也可得到相应的命题. 读者试参考基本引理后的注加以考虑.

注 2 由定理 2.7 的推论可知, 某些定理例如定理 2.6 与基本引理等, 有关条件并不要求处处成立而只需几乎处处成立, 结论仍然正确. 这个注对后面的讨论也适用.

注 3 上面定理 2.1—定理 2.7, 均可以转到无界集情形. 方法是据无界集上函数积分的定义, 先用有界集上积分来逼近, 然后再对有界集情形利用已证结果. 由于这种方法是例行的, 为避免叙述上的重复, 我们都从略, 只在下面给出一个代表性的例子.

例 1 设 $f(x)$ 在 $(-\infty, \infty)$ 上可积, 试证 $f(x)$ 的积分具有绝对连续性.

证 取 $\Delta_n = (-n, n)$, $n \in \mathbf{N}$. 当 f 可积时, 极限 $\lim\limits_{n\to\infty}\int_{\Delta_n} |f|\,\mathrm{d}m$ 存在为有限. 故对任意的 $\varepsilon > 0$, 存在自然数 N, 使

$$\int_{(-\infty, -N)} |f|\,\mathrm{d}m < \varepsilon/3, \quad \int_{(N, \infty)} |f|\,\mathrm{d}m < \varepsilon/3.$$

因为 f 在 $(-\infty, \infty)$ 上可积, f 在有限区间 $(-N, N)$ 上也可积. 据定理 2.2, 存在 $\delta > 0$, 使当 $e' \subset (-N, N)$, $me' < \delta$ 时有

$$\left|\int_{e'} f\,\mathrm{d}m\right| < \varepsilon/3.$$

现设 e 是 $(-\infty, \infty)$ 中满足 $me < \delta$ 的任一集. 那么, 由等式

$$\int_e f\,\mathrm{d}m = \int_{e\cap(-N,N)} f\,\mathrm{d}m + \int_{e\cap(-\infty,N)} f\,\mathrm{d}m + \int_{e\cap(N,\infty)} f\,\mathrm{d}m$$

可以看出,右边每一项的绝对值都小于 $\varepsilon/3$,因而 $\left|\int_e f\mathrm{d}m\right| < \varepsilon.$ ∎

读者试考虑一下,在上面的证明中用到无界集上积分的那些性质,为使逻辑上不发生矛盾,应怎样安排它们的次序?

在本节最后,我们来考虑可积函数用连续函数的一种平均逼近.

引理 2.1 设 $f(x)$ 是可测集 E 上的可积函数.那么对任意的正数 ε,存在 E 上的简单函数 $\varphi(x)$,使

$$\int_E |f(x) - \varphi(x)| \mathrm{d}m < \varepsilon.$$

证 据积分定义,对 f 的正部 f_+,有简单函数 $\varphi_1: 0 \leqslant \varphi_1 \leqslant f_+$,使

$$\int_E f_+ \mathrm{d}m < \int_E \varphi_1 \mathrm{d}m + \frac{\varepsilon}{2}.$$

同样,有简单函数 $\varphi_2: 0 \leqslant \varphi_2 \leqslant f_-$,使

$$\int_E f_- \mathrm{d}m < \int_E \varphi_2 \mathrm{d}m + \frac{\varepsilon}{2}.$$

令 $\varphi = \varphi_1 - \varphi_2$,则 φ 是 E 上的简单函数,并且

$$\begin{aligned}\int_E |f - \varphi| \mathrm{d}m &\leqslant \int_E |f_+ - \varphi_1| \mathrm{d}m + \int_E |f_- - \varphi_2| \mathrm{d}m \\ &= \int_E [f_+ - \varphi_1] \mathrm{d}m + \int_E [f_- - \varphi_2] \mathrm{d}m < \varepsilon.\end{aligned}$$ ∎

注 由引理的证明可见,如果 f 有界,$|f(x)| \leqslant M\ (x \in E)$,则引理中所取的 φ 也满足 $|\varphi(x)| \leqslant M\ (x \in E)$.

引理 2.2 设 E 是闭区间 $[a,b]$ 中的可测集,则对任何 $\varepsilon > 0$,有 $[a,b]$ 上的连续函数 $g(x)$,使

$$\int_{[a,b]} |\chi_E(x) - g(x)| \mathrm{d}m < \varepsilon.$$

证 由于 $\chi_E(x)$ 是闭区间 $I = [a,b]$ 上的有界可测函数,且 $|\chi_E(x)| \leqslant 1$,据第三章定理3.2,存在实直线上的连续函数 $g(x)$,使 $mI(\chi_E \neq g) < \dfrac{\varepsilon}{2}$ 且可满足 $|g(x)| \leqslant 1$.显然,g 在 $[a,b]$ 上连续,并满足引理要求:

$$\begin{aligned}\int_{[a,b]} |\chi_E(x) - g(x)| \mathrm{d}m &= \int_{I(\chi_E \neq g)} |\chi_E(x) - g(x)| \mathrm{d}m \\ &< 2 \cdot \frac{\varepsilon}{2} = \varepsilon.\end{aligned}$$ ∎

定理 2.8 设$f(x)$是$[a,b]$上的可积函数,则对任何正数ε,有$[a,b]$上的连续函数$g(x)$,使

$$\int_{[a,b]}|f(x)-g(x)|\,\mathrm{d}m<\varepsilon.$$

证 据引理 2.1,取简单函数$\varphi(x)=\sum\limits_{k=1}^{n}c_k\chi_{E_k}(x)$,使

$$\int_{[a,b]}|f(x)-\varphi(x)|\,\mathrm{d}m<\frac{\varepsilon}{2}.$$

再据引理 2.2,对每个$k=1,2,\cdots,n$,取$[a,b]$上的连续函数$g_k(x)$,使

$$\int_{[a,b]}|\chi_{E_k}(x)-g_k(x)|\,\mathrm{d}m<\frac{\varepsilon}{2M},$$

其中$M=1+|c_1|+\cdots+|c_n|$.令$g(x)=\sum\limits_{k=1}^{n}c_kg_k(x)$.那么,$g$是连续的且

$$\begin{aligned}&\int_{[a,b]}|f(x)-g(x)|\,\mathrm{d}m\\ \leqslant&\int_{[a,b]}|f(x)-\varphi(x)|\,\mathrm{d}m+\int_{[a,b]}|\varphi(x)-g(x)|\,\mathrm{d}m\\ <&\frac{\varepsilon}{2}+\sum_{k=1}^{n}|c_k|\int_{[a,b]}|\chi_{E_k}(x)-g_k(x)|\,\mathrm{d}m\\ <&\frac{\varepsilon}{2}+\sum_{k=1}^{n}|c_k|\cdot\varepsilon/(2M)<\varepsilon.\end{aligned}$$ ■

着重指出,如用第三章定理 3.2,则当$\sup\limits_{x\in E}|f(x)|=M<\infty$时,定理结论中的$g(x)$也可这样选择,使$\sup\limits_{x\in E}|g(x)|\leqslant M$满足.

所证定理表明,可积函数可用连续函数来平均逼近.

§3 积分序列的极限

本节论述的几个定理在积分论中占有中心地位,它们在应用上是很广泛的,我们先由一条基本命题出发.

定理 3.1 设$f(x),u_n(x)$ $(n\in\mathbf{N})$均为可测集E上的非负可测函数,且$f(x)=\sum\limits_{n=1}^{\infty}u_n(x)$,则

$$\int_E f(x)\,\mathrm{d}m=\sum_{n=1}^{\infty}\int_E u_n(x)\,\mathrm{d}m.$$

证 对每个自然数 n,取简单函数列 $\{\varphi_{n,k}\}_{k\in\mathbf{N}}$,满足

$$0\leqslant\varphi_{n,1}(x)\leqslant\varphi_{n,2}(x)\leqslant\cdots;\quad \lim_{k\to\infty}\varphi_{n,k}(x)=u_n(x).$$

令 $\varphi_k(x)=\sum\limits_{n=1}^{k}\varphi_{n,k}(x)$,则 $\{\varphi_k(x)\}$ 是非负递增的简单函数列,且

$$\lim_{k\to\infty}\varphi_k(x)=f(x).$$

其实,函数列 $\{\varphi_k(x)\}$ 的非负递增性是明显的.由它的递增性知极限 $\lim\limits_{k\to\infty}\varphi_k(x)$ 存在.对每个 $n\in\mathbf{N}$,$\varphi_{n,k}(x)\leqslant u_n(x)$,故对 $n=1,2,\cdots,k$ 求和得

$$\varphi_k(x)\leqslant u_1(x)+u_2(x)+\cdots+u_k(x)\leqslant f(x),$$

从而 $\lim\limits_{k\to\infty}\varphi_k(x)\leqslant f(x)$;另一方面,对每个自然数 r,当 $k\geqslant r$ 时,$\varphi_k(x)\geqslant\sum\limits_{n=1}^{r}\varphi_{n,k}(x)$.先固定 r,令 $k\to\infty$ 得 $\lim\limits_{k\to\infty}\varphi_k(x)\geqslant\sum\limits_{n=1}^{r}u_n(x)$.再令 $r\to\infty$ 便得 $\lim\limits_{k\to\infty}\varphi_k(x)\geqslant f(x)$.因而等式 $\lim\limits_{k\to\infty}\varphi_k(x)=f(x)$ 成立.

于是,据§2 基本引理(并参看它的注)得

$$\int_E f(x)\,\mathrm{d}m=\lim_{k\to\infty}\int_E\varphi_k(x)\,\mathrm{d}m=\lim_{k\to\infty}\left\{\sum_{n=1}^{k}\int_E\varphi_{n,k}(x)\,\mathrm{d}m\right\}$$

$$\leqslant\sum_{n=1}^{\infty}\int_E u_n(x)\,\mathrm{d}m.$$

另一方面,由定理 2.5 与定理 2.6,对每个 $k\in\mathbf{N}$,

$$\sum_{n=1}^{k}\int_E u_n(x)\,\mathrm{d}m=\int_E(u_1(x)+u_2(x)+\cdots+u_k(x))\,\mathrm{d}m$$

$$\leqslant\int_E f(x)\,\mathrm{d}m.$$

从而

$$\sum_{n=1}^{\infty}\int_E u_n(x)\,\mathrm{d}m\leqslant\int_E f(x)\,\mathrm{d}m.$$

联合所得两不等式便证明了定理的结论. ■

我们着重指出,定理中并没有假定 $f(x)$ 的可积性.如果级数 $\sum\limits_{n=1}^{\infty}\int_E u_n\,\mathrm{d}m$ 收敛,就可以断定 $f(x)$ 可积,因而和函数 $\sum\limits_{n=1}^{\infty}u_n(x)$ 几乎处处有限.此外,这里的讨论并不限制 E 为有界集.

作为练习,读者试验证,由定理 3.1 可得出积分的 σ 可加性.

例 1 定理 3.1 中函数列非负性条件是不可少的.例如,考察(0,1)上的函数

列 $\{u_n(x)\}=\{nx^{n-1}-(n+1)x^n\}$，则有 $\int_{(0,1)} u_n \mathrm{d}m=0$, 从而 $\sum_{n=1}^{\infty}\int_{(0,1)} u_n \mathrm{d}m=0$. 但 $f(x)=1(x\in(0,1))$，故 $\int_{(0,1)} f\mathrm{d}m=1$，而等式 $\int_{(0,1)} f\mathrm{d}m=\sum_{n=1}^{\infty}\int_{(0,1)} u_n \mathrm{d}m$ 不成立.

定理 2.3 后的基本引理的一般化是下列勒维定理,它是定理 3.1 的变形.

定理 3.2 设可测集 E 上可测函数列 $\{f_n(x)\}$ 满足下面的条件:

$$0\leqslant f_1(x)\leqslant f_2(x)\leqslant\cdots,\quad \lim_{n\to\infty} f_n(x)=f(x),$$

则 $\{f_n(x)\}$ 的积分序列收敛于 $f(x)$ 的积分:

$$\int_E f(x)\mathrm{d}m=\lim_{n\to\infty}\int_E f_n(x)\mathrm{d}m.$$

证 证明的想法是把序列化为级数的情形.令

$$u_n(x)=f_n(x)-f_{n-1}(x),n\in\mathbf{N},\quad f_0(x)=0,$$

则 $u_n(x)\geqslant 0,n\in\mathbf{N}$,且 $f(x)=\sum_{n=1}^{\infty}u_n(x)$.故应用定理 3.1 有

$$\begin{aligned}\int_E f(x)\mathrm{d}m&=\sum_{n=1}^{\infty}\int_E(f_n(x)-f_{n-1}(x))\mathrm{d}m\\&=\lim_{r\to\infty}\sum_{n=1}^{r}\int_E(f_n(x)-f_{n-1}(x))\mathrm{d}m\\&=\lim_{r\to\infty}\int_E\sum_{n=1}^{r}(f_n(x)-f_{n-1}(x))\mathrm{d}m\\&=\lim_{r\to\infty}\int_E f_r(x)\mathrm{d}m.\end{aligned}$$

在这里我们利用了积分的线性,并需要假设一切 $f_r(x)$ 均可积.但当出现了某个 f_r 不可积时,可以直接看出,所要证的等式两边都成为 ∞. ∎

注 1 在上面定理 3.2 中并未假定 $f(x)$ 的可积性.但当极限 $\lim_{n\to\infty}\int_E f_n\mathrm{d}m$ 存在为有限时,可以断定 f 可积(因若 f 不可积,据定理 3.2 将有 $\lim_{n\to\infty}\int_E f_n\mathrm{d}m=\infty$).

注 2 如果把积分看成高一维的测度,读者试将勒维定理同第二章定理 3.6 的(i)相比较.

利用勒维定理易证下列法杜定理.

定理 3.3 设 $f_n(x)$ 是可测集 E 上的非负可测函数列,则

$$\int_E \varliminf_{n\to\infty} f_n(x)\,\mathrm{d}m \leqslant \varliminf_{n\to\infty} \int_E f_n(x)\,\mathrm{d}m.$$

证 令 $u_n(x)=\inf\{f_n(x),f_{n+1}(x),\cdots\}$，则对任何 $n\in\mathbf{N}, u_n(x)\leqslant f_n(x)$，且

$$0\leqslant u_1(x)\leqslant u_2(x)\leqslant\cdots,\quad \lim_{n\to\infty}u_n(x)=\varliminf_{n\to\infty}f_n(x).$$

于是对积分列 $\left\{\int_E u_n\mathrm{d}m\right\}_{n\in\mathbf{N}}$ 可以应用定理 3.2，我们得到

$$\int_E \lim_{n\to\infty}u_n(x)\,\mathrm{d}m=\lim_{n\to\infty}\int_E u_n(x)\,\mathrm{d}m,$$

或

$$\int_E \varliminf_{n\to\infty} f_n(x)\,\mathrm{d}m=\lim_{n\to\infty}\int_E u_n(x)\,\mathrm{d}m.$$

但因 $u_n(x)\leqslant f_n(x)$，故$\int_E u_n\mathrm{d}m\leqslant\int_E f_n\mathrm{d}m, n\in\mathbf{N}$，从而

$$\lim_{n\to\infty}\int_E u_n(x)\,\mathrm{d}m\leqslant\varliminf_{n\to\infty}\int_E f_n(x)\,\mathrm{d}m.$$

故得

$$\int_E \varliminf_{n\to\infty} f_n(x)\,\mathrm{d}m \leqslant \varliminf_{n\to\infty} \int_E f_n(x)\,\mathrm{d}m. \qquad \blacksquare$$

我们看到，法杜定理中对函数列所加的条件比较简单，主要的就是非负列这一条件.当然，这时函数列的极限与积分列的极限都不一定存在.假如两个极限都存在，定理中的下极限自然应改为极限.此外，定理结论中严格不等式可能成立.试看下例.

例 2 考虑区间$[0,1]$上的函数列 $\{f_n(x)\}$：

$$f_n(x)=\begin{cases}n, & x\in(0,1/n),\\ 0, & x\,\overline{\in}\,(0,1/n),\end{cases}\qquad n\in\mathbf{N},$$

则有$f(x)=\lim\limits_{n\to\infty}f_n(x)=0$，因而$f$的积分等于0.但$f_n(x)$ 的积分恒为1(每个f_n均为简单函数). 我们有

$$0=\int_{[0,1]}f\,\mathrm{d}m<\lim_{n\to\infty}\int_{[0,1]}f_n\,\mathrm{d}m=1.$$

在证明法杜定理中我们应用了勒维定理.实际上两个定理是等价的，试看下面的例.

例 3 用法杜定理证明勒维定理.

证 由条件

$$0\leqslant f_1(x)\leqslant f_2(x)\leqslant\cdots,\quad \lim_{n\to\infty}f_n(x)=f(x),$$

知 $\underline{\lim\limits_{n\to\infty}} f_n(x)=f(x)$. 故应用法杜定理得

$$\int_E \underline{\lim_{n\to\infty}} f_n(x)\,\mathrm{d}m = \int_E f(x)\,\mathrm{d}m \leqslant \underline{\lim_{n\to\infty}} \int_E f_n(x)\,\mathrm{d}m.$$

因对每个 $x\in E$,序列$\{f_n(x)\}$单调递增,积分列 $\left\{\int_E f_n(x)\,\mathrm{d}m\right\}$ 也单调递增,其极限存在且与上式右边的下极限相同.故

$$\int_E f(x)\,\mathrm{d}m \leqslant \lim_{n\to\infty} \int_E f_n(x)\,\mathrm{d}m.$$

另一方面,由定理条件显然$f_n(x)\leqslant f(x)$,故上式的反向不等式成立,而上式成为等式. ∎

利用法杜定理不难证明下列勒贝格**控制收敛定理**,它在函数论、微分方程与概率论中是极为常用的工具.

定理 3.4 设可测集 E 上可测函数列 $\{f_n(x)\}$ 满足下述条件: $f_n(x)$ 的极限存在, $f(x)=\lim\limits_{n\to\infty} f_n(x)$,且有可积函数 $g(x)$ 使

$$|f_n(x)| \leqslant g(x) \quad (x\in E;n\in\mathbf{N}), \tag{1}$$

那么,f 可积且有

$$\int_E f(x)\,\mathrm{d}m = \lim_{n\to\infty}\int_E f_n(x)\,\mathrm{d}m. \tag{2}$$

证 由定理条件(1)易知,每个f_n 可积且有 $|f(x)|\leqslant g(x)\ (x\in E)$,而据假设 g 可积,故f可积.仍然由条件(1)得出

$$g(x)+f_n(x)\geqslant 0,$$

对序列 $\{g(x)+f_n(x)\}$ 应用定理 3.3

$$\begin{aligned}\underline{\lim_{n\to\infty}}\int_E (g(x)+f_n(x))\,\mathrm{d}m &\geqslant \int_E \underline{\lim_{n\to\infty}}(g(x)+f_n(x))\,\mathrm{d}m\\ &=\int_E (g(x)+f(x))\,\mathrm{d}m,\end{aligned}$$

从而据积分的线性,即有

$$\underline{\lim_{n\to\infty}}\int_E f_n(x)\,\mathrm{d}m \geqslant \int_E f(x)\,\mathrm{d}m. \tag{3}$$

同理,由条件(1)得出 $g(x)-f_n(x)\geqslant 0$, 应用定理 3.3 可得

$$\overline{\lim_{n\to\infty}}\int_E f_n(x)\,\mathrm{d}m \leqslant \int_E f(x)\,\mathrm{d}m. \tag{4}$$

于是由(3),(4)看出,极限$\lim\limits_{n\to\infty}\int_E f_n\,\mathrm{d}m$ 存在且(2)成立. ∎

推论 设 $mE<\infty$,E 上可测函数列 $\{f_n(x)\}$ 满足 $|f_n(x)|\leqslant M\ (x\in E,n\in\mathbf{N})$,$M$ 为常数,$f(x)=\lim\limits_{n\to\infty}f_n(x)$,则 $f(x)$ 可积,且有(2)成立.

这是定理 3.4 的一个重要特例,称为**有界收敛定理**.

注 1 定理 3.4 的条件可以作明显的减弱,如只需不等式

$$|f_n(x)|\leqslant g(x)\quad(n\in\mathbf{N})$$

在 E 上几乎处处成立,g 可积这一条件不变,极限 $\lim\limits_{n\to\infty}f_n(x)$ 也只需几乎处处存在,则定理的所有结论都仍然成立.此注对定理 3.1—定理 3.3 也适用,那里的假设条件只需几乎处处成立.

注 2 定理 3.4 还可以推广到含有连续参数 $\alpha\in I$ 的情形.即设 $I\subset\mathbf{R}$ 为具有势 $\aleph$ 的指标集,α_0 是它的一个聚点,可测函数族 $\{f_\alpha(x)\}_{\alpha\in I}$ 满足 $|f_\alpha(x)|\leqslant g(x)$ $(x\in E,\alpha\in I)$ 而且 g 可积,$\lim\limits_{\alpha\to\alpha_0}f_\alpha(x)=f(x)$,则 f 可积且有(2)成立.证明只需借用子序列的方法.

同时,定理 3.4 中的 E 也不限定为有界集,但对有界收敛定理例外.定理的这种推广在积分号下求导数,积分变换中是很有用的.

应当注意,定理中序列受可积函数控制这一条件不可少.否则结论未必成立,参看下例,也见例 1.

例 4 考察 $[-1,1]$ 上的连续函数列

$$f_n(x)=\begin{cases}n-n^2|x|, & 0<|x|<\dfrac{1}{n},\\[2ex] 0, & \dfrac{1}{n}<|x|\leqslant 1 \text{ 或 } x=0,\end{cases}\qquad n\in\mathbf{N}.$$

易见 $\lim\limits_{n\to\infty}f_n(x)=0,\ x\in[-1,1]\setminus\{0\}$. 但是 $\int_{(-1,1)}f_n\mathrm{d}m=1$, $\int_{(-1,1)}f\mathrm{d}m=0$, $\lim\limits_{n\to\infty}\int_{(-1,1)}f_n\mathrm{d}m\neq\int_{(-1,1)}f\mathrm{d}m$.

下例给出勒贝格控制收敛定理的一个应用.

例 5 试证 $\lim\limits_{n\to\infty}\int_{(0,\infty)}\left(1+\dfrac{x}{n}\right)^n\mathrm{e}^{-2x}\mathrm{d}m=1$.

证 应用定理 3.4.令 $f_n(x)=\left(1+\dfrac{x}{n}\right)^n\cdot\mathrm{e}^{-2x}$.由于 $\left(1+\dfrac{1}{t}\right)^t\leqslant\mathrm{e},t>0$,知 $\left(1+\dfrac{x}{n}\right)^n\leqslant\mathrm{e}^x(x>0)$.故 $|f_n(x)|\leqslant\mathrm{e}^x\cdot\mathrm{e}^{-2x}=\mathrm{e}^{-x}$,$f_n$ 有可积的控制函数 e^{-x},$0<x<\infty$.

易见 $\lim\limits_{n\to\infty}f_n(x)=\mathrm{e}^{-x}$,定理 3.4 可以应用.故 $\lim\limits_{n\to\infty}\int_{(0,\infty)}f_n(x)\mathrm{d}m=\int_0^\infty\mathrm{e}^{-x}\mathrm{d}x=1$. ∎

勒贝格积分也可以像黎曼积分那样用积分和的极限表示出来,不过这时划

分是对函数的值域而作的.

例 6 设$f(x)$是有界可测集 E 上的非负可积函数.任给$[0,\infty)$的一划分

$$0 \leqslant y_0^{(n)} < y_1^{(n)} < y_2^{(n)} < \cdots < y_{k_n}^{(n)} < \infty, y_{k_n}^{(n)} \to \infty, \quad n \to \infty.$$

令

$$\lambda_n = \max_i (y_i^{(n)} - y_{i-1}^{(n)}) \to 0, \quad n \to \infty,$$

$$E_i^{(n)} = E(y_{i-1}^{(n)} \leqslant f < y_i^{(n)}),$$

$$\xi_i^{(n)} \in E_i^{(n)}, i = 1,2,\cdots,k_n, \quad n \in \mathbf{N},$$

则

$$\int_E f(x)\,\mathrm{d}m = \lim_{n\to\infty} \sum_{i=1}^{k_n} f(\xi_i^{(n)})\, mE_i^{(n)}.$$

证 令

$$\varphi_n(x) = \sum_{i=1}^{k_n} f(\xi_i^{(n)})\, \chi_{E_i^{(n)}}(x),$$

则 $\varphi_n(x)$为非负简单函数且满足

$$\lim_{n\to\infty} \varphi_n(x) = f(x).$$

由于$\lambda_n \to 0$,不妨设一切$\lambda_n \leqslant 1$,易见对每个$n \in \mathbf{N}$,$\varphi_n(x) \leqslant f(x) + \lambda_n \leqslant f(x) + 1$,且函数$f(x)+1$在 E 上可积,便可应用勒贝格控制收敛定理, 从而得

$$\int_E f(x)\,\mathrm{d}m = \lim_{n\to\infty} \int_E \varphi_n(x)\,\mathrm{d}m.$$

右边式中积分即是$\sum_{i=1}^{k_n} f(\xi_i^{(n)})\, mE_i^{(n)}$.因此欲证等式成立. ∎

顺便指出,当非负函数$f(x)$不可积时, $\int_E f\,\mathrm{d}m = \infty$,则可证极限$\lim_{n\to\infty} \int_E \varphi_n\,\mathrm{d}m$为$\infty$.

例 7 设$f(x,t)$对每个$t \in [\alpha,\beta]$是有限区间$[a,b]$上关于x的可积函数,对每个$x \in [a,b]$关于t处处可微,且有常数C使

$$\left| \frac{\partial}{\partial t} f(x,t) \right| \leqslant C, a \leqslant x \leqslant b, \alpha \leqslant t \leqslant \beta,$$

则有公式

$$\frac{\mathrm{d}}{\mathrm{d}t} \int_{[a,b]} f(x,t)\,\mathrm{d}x = \int_{[a,b]} \frac{\partial}{\partial t} f(x,t)\,\mathrm{d}x, \quad \alpha < t < \beta.$$

其中我们用 $\mathrm{d}x$ 代替 $\mathrm{d}m$,以明确对变量 x 积分.其实,据微分学中值定理,

$$\frac{d}{dt}\int_{[a,b]} f(x,t)\,dx = \lim_{h\to 0}\int_{[a,b]} h^{-1}[f(x,t+h)-f(x,t)]\,dx$$

$$= \lim_{h\to 0}\int_{[a,b]} \frac{\partial}{\partial t}f(x,t+\theta h)\,dx,\quad 0\leqslant\theta\leqslant 1.$$

据条件 $\left|\frac{\partial}{\partial t}f(x,t)\right|\leqslant C$,应用有界收敛定理得

$$\frac{d}{dt}\int_{[a,b]} f(x,t)\,dx = \int_{[a,b]} \lim_{h\to 0} h^{-1}[f(x,t+h)-f(x,t)]\,dx$$

$$= \int_{[a,b]} \frac{\partial}{\partial t}f(x,t)\,dx.$$

本节最后我们来建立关于积分列的更深刻的收敛定理.

定义 3.1 设 E 可测, $mE<\infty$ 且 $\{f_\alpha:\alpha\in I\}$ 为 E 上可测函数族.若对任意的 $\varepsilon>0$,存在 $\delta>0$,使当 $me<\delta(e\subset E)$ 时不等式

$$\left|\int_e f_\alpha dm\right|<\varepsilon$$

关于 α 一致成立,则称函数族 $\{f_\alpha:\alpha\in I\}$ 有**等度的绝对连续积分**.

注 在定理 2.2 中我们证明了在有界可测集上的可积函数的积分有绝对连续性.对函数族而言,未必有等度或一致的绝对连续性.在无界集情形有同样的概念.此外,定义中条件也可改为不等式 $\int_e |f_\alpha|\,dm<\varepsilon$ 关于 α 一致成立. 此概念之所以重要,一个原因是它能刻画积分序列收敛定理.先建立一个引理.

引理 3.1 设 $mE<\infty$,序列 $\{f_n\}$ 测度收敛于 f 且每个 f_n 均可积.则当 $\{f_n\}$ 在 E 上有等度的绝对连续积分时, f 在 E 上可积.

证 首先对任意的 $\varepsilon>0$,据 $\{f_n\}$ 有等度的绝对连续积分, 存在 $\delta>0$ 使当 $me<\delta(e\subset E)$ 时有

$$\int_e |f_n|\,dm<\varepsilon,\quad n\in\mathbf{N}. \tag{5}$$

其次,据第三章定理 2.3,由 $\{f_n\}$ 测度收敛于 f 知存在子列 $\{f_{n_i}\}$,几乎处处收敛于 f. 子列 $\{f_{n_i}\}$ 自然仍测度收敛于 f. 于是当 $i\to\infty$ 时,

$$\lim mE(|f_{n_i}-f|\geqslant\varepsilon/2)=0.$$

从而据

$$E(|f_{n_i}-f_{n_j}|\geqslant\varepsilon)\subset E(|f_{n_i}-f|\geqslant\varepsilon/2)\cup E(|f_{n_j}-f|\geqslant\varepsilon/2)$$

知

$$\lim_{i,j\to\infty} mE(\,|f_{n_i}-f_{n_j}|\geqslant\varepsilon)=0.$$

因此对上述的 ε,δ,存在自然数 N,使当 $i,j>N$ 时有

$$mE(\,|f_{n_i}-f_{n_j}|\geqslant\varepsilon)\ <\delta. \tag{6}$$

考虑积分序列 $\int_E |f_{n_i}-f_{n_j}|\,\mathrm{d}m$. 我们有

$$\int_E |f_{n_i}-f_{n_j}|\,\mathrm{d}m=\int_{E(|f_{n_i}-f_{n_j}|\geqslant\varepsilon)} |f_{n_i}-f_{n_j}|\,\mathrm{d}m+\int_{E(|f_{n_i}-f_{n_j}|<\varepsilon)} |f_{n_i}-f_{n_j}|\,\mathrm{d}m.$$

上式右边第二项不超过 εmE,而据(5),(6),当 $i,j>N$ 时第一项不超过

$$\int_{E(|f_{n_i}-f_{n_j}|\geqslant\varepsilon)} |f_{n_i}|\,\mathrm{d}m+\int_{E(|f_{n_i}-f_{n_j}|\geqslant\varepsilon)} |f_{n_j}|\,\mathrm{d}m\ <\ 2\varepsilon.$$

因此

$$\int_E |f_{n_i}-f_{n_j}|\,\mathrm{d}m\ <\ (2+mE)\varepsilon,\quad i,j>N.$$

由此推知

$$\left|\int_E |f_{n_i}|\,\mathrm{d}m-\int_E |f_{n_j}|\,\mathrm{d}m\right|\ <\ (2+mE)\varepsilon,\quad i,j>N.$$

这样,$\left\{\int_E |f_{n_i}|\,\mathrm{d}m\right\}_{i\in\mathbf{N}}$ 为柯西数列,从而它有界.最后据定理 3.3($\{|f_{n_i}(x)|\}$ 显然几乎处处收敛于 $|f(x)|$),

$$\int_E |f(x)|\,\mathrm{d}m\leqslant\varliminf_{i\to\infty}\int_E |f_{n_i}(x)|\,\mathrm{d}m\ <\ \infty.$$

这表明 f 在 E 上可积. ∎

定理 3.5 设 $mE<\infty$, 序列$\{f_n\}$ 测度收敛于 f,并设每个 f_n 可积,则关系式

$$\lim_{n\to\infty}\int_E |f_n-f|\,\mathrm{d}m=0 \tag{7}$$

成立的充分必要条件是序列$\{f_n\}$在 E 上有等度的绝对连续积分.

证 必要性 首先注意,(7)表明 f 在 E 上的可积性.因此对任意的 $\varepsilon>0$,存在 $\delta_0>0$ 使当 $me<\delta_0(e\subset E)$ 时有

$$\int_e |f|\,\mathrm{d}m\ <\ \varepsilon/2. \tag{8}$$

据(7)知存在 $N=N(\varepsilon)$,使当 $n>N$ 时有

$$\int_E |f_n-f|\,\mathrm{d}m\ <\ \varepsilon/2.$$

从而当 $me<\delta_0$ 时有

$$\int_e |f_n|\,\mathrm{d}m \leqslant \int_e |f_n - f|\,\mathrm{d}m + \int_e |f|\,\mathrm{d}m$$

$$< \int_E |f_n - f|\,\mathrm{d}m + \varepsilon/2 < \varepsilon,\quad n > N. \tag{9}$$

当 N 取定时,由于 N 个函数 $f_1, f_2, \cdots, f_N$ 均可积,它们均有绝对连续积分,因此对所给 $\varepsilon > 0$,存在 $\delta_i > 0$,使当 $me_i < \delta_i$ 时

$$\int_{e_i} |f_i|\,\mathrm{d}m < \varepsilon,\quad i = 1,2,\cdots,N. \tag{10}$$

令 $\delta=\min(\delta_0,\delta_1,\cdots,\delta_N)$,据(9)与(10)便知当 $me<\delta(e\subset E)$ 时关于 n 一致有

$$\int_e |f_n|\,\mathrm{d}m < \varepsilon.$$

这就证明了序列$\{f_n\}$有等度的绝对连续积分.

顺便指出,由证明可见,这一部分不要求 $mE<\infty$.

充分性　设$\{f_n\}$有等度的绝对连续积分,则据定理条件可应用引理 3.1,因而推知f可积.对任意的 $\varepsilon>0$,把 $|f_n-f|$ 在 E 上的积分写成

$$\int_E |f_n - f|\,\mathrm{d}m = \int_{E(|f_n-f|\geqslant\varepsilon)} |f_n - f|\,\mathrm{d}m + \int_{E(|f_n-f|<\varepsilon)} |f_n - f|\,\mathrm{d}m. \tag{11}$$

右边第二项不超过 εmE,而第一项不超过

$$\int_{E(|f_n-f|\geqslant\varepsilon)} |f_n|\,\mathrm{d}m + \int_{E(|f_n-f|\geqslant\varepsilon)} |f|\,\mathrm{d}m. \tag{12}$$

据 f 的积分的绝对连续性与$\{f_n\}$的积分的等度绝对连续性并且注意到

$$\lim_{n\to\infty} mE(|f_n - f| \geqslant \varepsilon) = 0$$

便推出,当 $n\to\infty$ 时(12)中两项均趋于 0,从而由(11)可见

$$\lim_{n\to\infty}\int_E |f_n - f|\,\mathrm{d}m = 0.$$ ■

本定理常被称为勒贝格-维它利(G. Vitali)定理,它有下列应用很广的推论——勒贝格控制收敛定理:

定理 3.6　设$\{f_n\}$为 E 上可测函数列,满足条件:存在可积函数 g,使几乎处处成立

$$|f_n(x)| \leqslant g(x)\quad (x \in E, n \in \mathbf{N}).$$

又设 f_n 测度收敛于f,那么f可积且有

$$\int_E f\,\mathrm{d}m = \lim_{n\to\infty}\int_E f_n\,\mathrm{d}m. \tag{13}$$

证 第一步 设 $mE<\infty$，我们应用定理 3.5.为此只需验明序列$\{f_n\}$有等度的连续积分.至于f_n的可积性是显然的，因为它有可积函数的控制.据同样理由，对任意可测集 $e\subset E$ 有

$$\int_e |f_n|\,\mathrm{d}m \leqslant \int_e g\,\mathrm{d}m, \quad n \in \mathbf{N}.$$

从而据 g 的积分的绝对连续性推知$\{f_n\}$有等度的绝对连续积分.于是有

$$\lim_{n\to\infty}\int_E |f_n - f|\,\mathrm{d}m = 0.$$

显然，

$$\left|\int_E f_n\mathrm{d}m - \int_E f\mathrm{d}m\right| \leqslant \int_E |f_n - f|\,\mathrm{d}m,$$

故(13)成立.

第二步 一般情形.令 $\varepsilon>0$，由于 g 可积，可取 α 充分大使 $\int_{E\setminus(-\alpha,\alpha)} g\mathrm{d}m < \varepsilon$，则

$$\begin{aligned}\int_E |f_n - f|\mathrm{d}m &= \int_{E\cap(-\alpha,\alpha)} |f_n - f|\mathrm{d}m + \int_{E\setminus(-\alpha,\alpha)} |f_n - f|\mathrm{d}m \\ &\leqslant \int_{E\cap(-\alpha,\alpha)} |f_n - f|\mathrm{d}m + \int_{E\setminus(-\alpha,\alpha)} 2g\mathrm{d}m \\ &< \int_{E\cap(-\alpha,\alpha)} |f_n - f|\mathrm{d}m + 2\varepsilon.\end{aligned}$$

据第一步所证，当 $n\to\infty$ 时上式右边第一项趋于 $0(n\to\infty)$.而 ε 可任意小，可见(13)于此情形也成立. ∎

注 推论是定理 3.4 的一推广.在这里所证的结论实际上是 $\lim_{n\to\infty}\int_E |f_n - f|\,\mathrm{d}m = 0$，它比(13)要强.此外，定理 3.5 中要求 $mE<\infty$.当 $mE=\infty$ 时定理不再成立.例如，考察序列 $f_n(x)=\chi_{(n,n+1)}(x)$，$x\in E=(0,\infty)$，$n\in\mathbf{N}$.则容易看出，$\int_E f_n\mathrm{d}m=1$，$f=0$ 而$\int_E f\mathrm{d}m=0$，(13)不成立.但不难知道$\{f_n\}$有等度的连续积分.不过，对 $mE=\infty$ 情形，对序列的积分补充适当条件，仍可使定理的结论成立.

§4 R 积分与 L 积分的比较

为了对数学分析中某些结果加深理解，这里就一维情形考虑有限区间$[a,b]$上函数$f(x)$的积分，对f的黎曼积分(简称 R 积分)与勒贝格积分(简称 L 积分)进行若干比较，并限于下列三个方面.

第一，就可积函数的范围来看，L 积分比 R 积分广泛.

首先回忆一下 R 积分的概念. 设 $f(x)$ 是定义在 $[a,b]$ 上的有界函数，区间 $[a,b]$ 的任一分划

$$x_0 = a < x_1 < x_2 < \cdots < x_n = b$$

将 $[a,b]$ 分成 n 部分，在每个小区间 $[x_i, x_{i+1}]$ 上任取一点 $\xi_i, i=0,1,\cdots,n-1$，作和

$$\sigma = \sum_{i=0}^{n-1} f(\xi_i)(x_{i+1} - x_i).$$

令 $\lambda = \max(x_{i+1}-x_i)$. 如果对区间任意的分划与 ξ_i 的任意取法，当 $\lambda \to 0$ 时，σ 趋于有限的极限 I，则称它为 f 在 $[a,b]$ 上的 R 积分，记为

$$I = (R)\int_a^b f(x)\,\mathrm{d}x.$$

注意，这里说的 R 积分是指常义 R 积分. 首先给出 R 可积函数的一个必要条件.

定理 4.1 设 f 是区间 $[a,b]$ 上的有限函数，若 f 在 $[a,b]$ 上 R 可积，则它在 $[a,b]$ 上有界.

证 用反证法，假定 f 在 $[a,b]$ 上无界，不妨设 $\sup\limits_{a \leqslant x \leqslant b} f(x) = \infty$. 任取 $n \in \mathbf{N}$，用等距分划

$$x_i = x_0 + i\frac{b-a}{n}, \quad i = 0,1,2,\cdots n,$$

其中 $x_0 = a$，并观察积分和

$$\sigma = \sum_{i=0}^{n-1} f(\xi_i) \cdot \frac{b-a}{n}.$$

这时必有某个小区间 I_{i_0}（依赖于 n）使 $\sup\limits_{x \in I_{i_0}} f(x) = \infty$. 那么在其余小区间上取定点 ξ_i 后，在 I_{i_0} 上则取这样的 ξ_{i_0} 使 $f(\xi_{i_0})$ 充分大以致

$$f(\xi_{i_0}) > \frac{n^2}{b-a} - \sum_{i \neq i_0} f(\xi_i),$$

于是

$$\sum_{i=0}^{n-1} f(\xi_i)\frac{b-a}{n} > n, \quad n \in \mathbf{N}.$$

可见对此分划与点 ξ 的取法，积分和的上确界为 ∞. 由此知 f 在 $[a,b]$ 上非 R 可积. 因此在有限区间上 R 可积函数必有界. ∎

为对 R 积分作进一步讨论，考察所谓积分大和 S 与小和 s. 用 M_i 与 m_i 分别表示 $f(x)$ 在区间 $[x_i, x_{i+1}]$ 上的上确界与下确界. 令

$$S=\sum_{i=0}^{n-1}M_i(x_{i+1}-x_i),\quad s=\sum_{i=0}^{n-1}m_i(x_{i+1}-x_i).$$

并分别称为 f 的**积分大和与小和**.我们有

定理 4.2 函数 $f(x)$ 在 $[a,b]$ 上 R 可积的充分必要条件是,当 $\lambda\to 0$ 时,大和 S 与小和 s 都趋于同一极限 I.

证 充分性 由积分大和与小和的定义,显然可见

$$s\leqslant\sum_{i=0}^{n-1}f(\xi_i)(x_{i+1}-x_i)\leqslant S,$$

因此当定理的条件满足时,对 $[a,b]$ 的任意分划与 ξ_i 的任意取法有

$$\left|\sum_{i=0}^{n-1}f(\xi_i)(x_{i+1}-x_i)-I\right|\leqslant S-s\to 0\quad(\lambda\to 0).$$

故

$$\sum_{i=0}^{n-1}f(\xi_i)(x_{i+1}-x_i)\to I\quad(\lambda\to 0),$$

即 f 在 $[a,b]$ 上 R 可积.

必要性 设 f 在 $[a,b]$ 上 R 可积,则对任意的 $\varepsilon>0$,存在 $\delta>0$,使当 $\lambda<\delta$ 时

$$\left|\sum_{i=0}^{n-1}f(\xi_i)(x_{i+1}-x_i)-I\right|<\frac{\varepsilon}{2}.$$

注意到上述不等式对 ξ_i 的任意取法都成立,我们可以在小区间 $[x_i,x_{i+1}]$ 中取这样的 ξ_i,使

$$|M_i-f(\xi_i)|<\frac{\varepsilon}{2(b-a)},\quad i=0,1,\cdots,n-1.$$

这可以做到,由于 M_i 是 f 在所述小区间上的上确界,于是

$$\begin{aligned}&\left|\sum_{i=0}^{n-1}M_i(x_{i+1}-x_i)-\sum_{i=0}^{n-1}f(\xi_i)(x_{i+1}-x_i)\right|\\ \leqslant&\sum_{i=0}^{n-1}|M_i-f(\xi_i)|(x_{i+1}-x_i)\\ \leqslant&\frac{\varepsilon}{2(b-a)}\sum_{i=0}^{n-1}(x_{i+1}-x_i)=\frac{\varepsilon}{2}.\end{aligned}$$

因而得到,当 $\lambda<\delta$ 时 $|S-I|<\varepsilon$.这表明,当 $\lambda\to 0$ 时 $S\to I$.同理可证,当 $\lambda\to 0$ 时 $s\to I$. ∎

利用定理 4.2,立即可证,$[a,b]$ 上(有界)单调函数是 R 可积的.$[a,b]$ 上的

连续函数必然 R 可积.当然也有不连续的 R 可积函数存在.此外,非 R 可积的函数的例是容易举出的.例如,在[0,1]上定义的狄利克雷函数 $\psi(x)$:

$$\psi(x)=\begin{cases}0, & 若 x 为无理数,\\1, & 若 x 为有理数,\end{cases}$$

就不是 R 可积的.事实上,对区间[0,1]的任意分划,一切积分大和等于 1,一切小和等于 0.因而 $\psi(x)$ 不可能是 R 可积的.但是,注意到 $\psi(x)\sim 0$,就知道 ψ 的 L 积分存在且等于 0.

实际上,我们有更一般的结论,即

定理 4.3 定义在有限区间上的函数若为 R 可积,则必 L 可积,且积分值相等.

证 设 $f(x)$ 在 $[a,b]$ 上 R 可积,它必有界:$|f(x)|\leqslant M$.作区间 $[a,b]$ 的一个分划序列

$$D_i: a=x_0^{(i)}<x_1^{(i)}<\cdots<x_{n_i}^{(i)}=b,$$

使 D_{i+1} 的分点包含 D_i 的分点,$i\in\mathbf{N}$(这样,序列 $\{D_i\}$ 是全序集),并使

$$\lambda_i=\max_k(x_{k+1}^{(i)}-x_k^{(i)})\to 0\quad(i\to\infty).$$

考察简单函数列

$$\underline{f}_i(x)=\begin{cases}m_k^{(i)}, & x_k^{(i)}\leqslant x<x_{k+1}^{(i)}(k=0,1,\cdots,n_i-1),\\f(b), & x=b,\end{cases}$$

其中 $m_k^{(i)}$ 表示 f 在小区间 $[x_k^{(i)},x_{k+1}^{(i)}]$ 上的下确界.显然 $\underline{f}_i$ 的 L 积分为

$$\int_{[a,b]}\underline{f}_i(x)\,\mathrm{d}m=\sum_{k=0}^{n_i-1}m_k^{(i)}m(x_k^{(i)},x_{k+1}^{(i)})=\sum_{k=0}^{n_i-1}m_k^{(i)}(x_{k+1}^{(i)}-x_k^{(i)}).$$

此式右边正是积分小和 s.因假设 f 是 R 可积的,当 $i\to\infty$ $(\lambda_i\to 0)$ 时,s 趋于 f 的 R 积分.至于上式左边的积分,由于

$$-M\leqslant\underline{f}_1(x)\leqslant\underline{f}_2(x)\leqslant\cdots\leqslant M,$$

据勒维定理(参看定理 3.2,对序列 $M+\underline{f}_i(x)$ 应用),即有

$$\lim_{i\to\infty}\int_{[a,b]}\underline{f}_i(x)\,\mathrm{d}m=\int_{[a,b]}\lim_{i\to\infty}\underline{f}_i(x)\,\mathrm{d}m=(R)\int_a^b f(x)\,\mathrm{d}x,$$

而且不难证明 $\lim\limits_{i\to\infty}\underline{f}_i(x)\leqslant f(x)$.同理,考虑函数序列 $\overline{f}_i(x)$ 时(以上确界 $M_k^{(i)}$ 代替上述 $m_k^{(i)}$,这里的记号是不言而喻的)可得

$$\lim_{i\to\infty}\int_{[a,b]}\overline{f}_i(x)\,\mathrm{d}m=\int_{[a,b]}\lim_{i\to\infty}\overline{f}_i(x)\,\mathrm{d}m=(R)\int_a^b f(x)\,\mathrm{d}x,$$

而且有$\lim\limits_{i\to\infty}\overline{f}_i(x)\geqslant f(x)$.由所得两个结果知

$$\int_{[a,b]}\left\{\lim_{i\to\infty}\overline{f}_i(x)-\lim_{i\to\infty}\underline{f}_i(x)\right\}\mathrm{d}m=0.$$

从而,注意到被积函数是非负的,据唯一性定理得

$$\lim_{i\to\infty}\overline{f}_i(x)\sim\lim_{i\to\infty}\underline{f}_i(x),\tag{1}$$

并且它们也与$f(x)$对等.这样,$f(x)$是L可积的,且

$$\int_{[a,b]}f(x)\,\mathrm{d}m=\int_{[a,b]}\lim_{i\to\infty}\underline{f}_i(x)\,\mathrm{d}m=\int_{[a,b]}\lim_{i\to\infty}\overline{f}_i(x)\,\mathrm{d}m$$

$$=(R)\int_a^b f(x)\,\mathrm{d}x.$$ ■

如果令

$$m(x)=\sup_{\delta>0}\inf_{t\in(x-\delta,x+\delta)}\{f(t)\},\quad M(x)=\inf_{\delta>0}\sup_{t\in(x-\delta,x+\delta)}\{f(t)\},$$

用极限论的知识就可以证明:

(i) $f(x)$在点x连续的充分必要条件是$m(x)=M(x)$;

(ii) $\lim\limits_{i\to\infty}\overline{f}_i(x)=M(x)$,$\lim\limits_{i\to\infty}\underline{f}_i(x)=m(x)$ $(\lambda_i\to 0)$.

因此由上面已证的,(1)式可写成$M(x)\sim m(x)$.而据(i),在区间$[a,b]$上的有界函数$f(x)$为R可积的充分必要条件是$f(x)$的不连续点集为零测度集.这样,R可积函数的基本特征单从R积分理论本身是看不清的,而必须借助于测度论.

注意,对无界函数的R积分(广义R积分),定理4.3不再成立.例如在$(0,1)$上定义的函数$f(x)=\dfrac{1}{x}\sin\dfrac{1}{x}$是依广义积分意义$R$可积的,但不是$L$可积的,这是因为$f(x)$非绝对可积.如果函数保持常号,则这时定理4.3仍然成立.对于无界区间上的广义积分,情况与此类似.

下面再举几个例子,以备思考.

例1 设$f(x)$在$[a,b]$上R可积且处处有$f(x)>0$,那么有

$$(R)\int_a^b f(x)\,\mathrm{d}x\geqslant 0.$$

问等号能否成立?

答案是否定的.因为据定理4.3知

$$\int_{[a,b]} f(x)\,\mathrm{d}m = (R)\int_a^b f(x)\,\mathrm{d}x \geqslant 0,$$

如果等号成立,则由定理 2.7 知 $f\sim 0$,与假设矛盾.

例 2 试证当 $0<\alpha<1$ 时,积分 $\int_{(0,1)} x^{-\alpha}\mathrm{d}m$ 存在,且积分值为 $(1-\alpha)^{-1}$;而当 $\alpha\geqslant 1$ 时积分为 ∞.

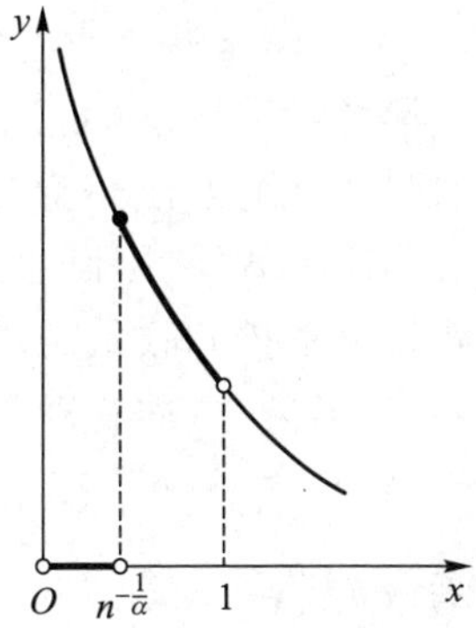

图 14

证 令

$$f_n(x)=\begin{cases} x^{-\alpha}, & x\geqslant n^{-1/\alpha},\\ 0, & x<n^{-1/\alpha},\end{cases}$$

则每个 $f_n(x)$,$n\in\mathbf{N}$ 都是非负的与有界可测的(参看图 14),它的积分存在为有限.如果令 $f(x)=x^{-\alpha}$,则容易证明

$$0\leqslant f_1(x)\leqslant f_2(x)\leqslant\cdots;\quad \lim_{n\to\infty} f_n(x)=f(x)\quad (x\in(0,1)).$$

故据定理 4.3,当 $\alpha\neq 1$ 时

$$\int_{(0,1)} f_n(x)\,\mathrm{d}m=\int_{(n^{-1/\alpha},1)} x^{-\alpha}\mathrm{d}m=(R)\int_{n^{-1/\alpha}}^1 x^{-\alpha}\mathrm{d}x=\frac{1}{1-\alpha}(1-n^{-(1-\alpha)/\alpha})$$

$$\to\begin{cases}(1-\alpha)^{-1}, & 0<\alpha<1,\\ \infty, & \alpha>1\end{cases}\quad (n\to\infty).$$

而当 $\alpha=1$ 时,

$$\int_{(0,1)} f_n(x)\,\mathrm{d}m=(R)\int_{n^{-1}}^1 x^{-1}\mathrm{d}x=\ln n\to\infty\quad (n\to\infty).$$ ∎

例 3 考察区间 $[0,1]$ 上的黎曼函数

$$f(x)=\begin{cases}1/q, & \text{当 } x \text{ 为既约有理数 } p/q;\\ 0, & \text{当 } x \text{ 为无理数或 } 0,\end{cases}$$

并约定有理数 $1=1/1$.讨论 f 的连续性与可积性.

解 当 $x_0\in(0,1)$ 为有理数时,f 不连续.因为,设 $x_0=p/q\neq 0$,任取 x_0 的 δ 邻域 $(x_0-\delta,x_0+\delta)\subset(0,1)$,其中显然有无理点 x' 使 $f(x')=0$. 于是 $|f(x')-f(x_0)|=1/q$ 为定值,故 f 在 x_0 不连续. 类似地,f 在 $x_0=1$ 不连续.

当 x_0 为无理数时 $f(x_0)=0$.对任意的 $\varepsilon>0$,取自然数 N 使 $1/N\leqslant\varepsilon$.那么有理数集 $Q_N=\{p/q: q=1,2,\cdots,N;p<q\}$ 为有限集.令 $\delta=\inf\limits_{r\in Q_N}|x_0-r|$,则当 $x\in(x_0-\delta,x_0+\delta)\subset(0,1)$ 时 $f(x)$ 或取值 0 或取值 $1/q,q>N$,从而 $|f(x)-f(x_0)|<1/N\leqslant\varepsilon$.故 f 在 x_0 连续.此讨论对 $x_0=0$ 也适用,只需代替上述邻域 $(x_0-\delta,x_0+\delta)$ 为 $(0,x_0+\delta)$.

这就证明了 f 在 $[0,1]$ 中无理点与在原点连续而在非零有理点不连续.由于有理点集的测度为 0,f 在 $[0,1]$ 上是黎曼可积的,当然它也是勒贝格可积的.

第二,从某些极限过程来看,L 积分较 R 积分优越些.

读者当记得,对 R 积分来说,关于积分列求极限的问题,经常要求函数序列一致收敛(当然,这是充分条件),极限才可以与积分号交换顺序.这从运算的角度看不仅不方便,限制也过强.然而关于 L 积分,对函数列的要求就宽得多,例如参看勒贝格控制收敛定理所揭示的条件.我们还是用狄利克雷函数 $\psi(x)$ 为例作说明.把 $[0,1]$ 中的有理点依次排列为

$$r_1, r_2, \cdots, r_n, \cdots,$$

作函数 $\psi_n(x)$:

$$\psi_n(x)=\begin{cases}1, & 若\ x\in\{r_1,r_2,\cdots,r_n\},\\ 0, & 其余情形.\end{cases}$$

则 $\{\psi_n(x)\}_{n\in\mathbf{N}}$ 处处收敛于 $\psi(x)$,$\psi_n(x)\leqslant\psi(x)$ 且 $\psi_n(x)\geqslant 0$,$n\in\mathbf{N}$. 因此在 L 积分意义下,有

$$\lim_{n\to\infty}\int_{[0,1]}\psi_n(x)\,\mathrm{d}m=\int_{[0,1]}\psi(x)\,\mathrm{d}m=0.$$

但 $\psi(x)$ 不是 R 可积的,就谈不上上述极限等式成立的可能性.尽管在 R 积分意义下,

$$(R)\int_0^1\psi_n(x)\,\mathrm{d}x=0,\quad n\in\mathbf{N}.$$

再举傅里叶级数的逐项积分问题来做进一步说明.我们知道,在数学分析中这个问题是不易讲得透彻的.现在用 L 积分观点来讨论.假定 $f(x)$ 是以 2π 为周期的 L 可积函数,那么它有傅里叶展式

$$f(x)\sim\frac{a_0}{2}+\sum_{n=1}^{\infty}(a_n\cos nx+b_n\sin nx), \tag{2}$$

其中

$$a_n=\frac{1}{\pi}\int_{-\pi}^{\pi}f(x)\cos nx\,\mathrm{d}x,\quad n=0,1,2,\cdots,$$

$$b_n=\frac{1}{\pi}\int_{-\pi}^{\pi}f(x)\sin nx\,\mathrm{d}x,\quad n=1,2,\cdots.$$

所写展式(2)并不表示级数收敛.但是,可积函数 $f(x)$ 的傅里叶展式却可以逐项积分.就是说,有等式

$$\int_{\alpha}^{\beta} f(t)\,\mathrm{d}t = \int_{\alpha}^{\beta} \frac{a_0}{2}\,\mathrm{d}t + \sum_{n=1}^{\infty} \int_{\alpha}^{\beta} (a_n \cos nt + b_n \sin nt)\,\mathrm{d}t \tag{3}$$

成立，其中$[\alpha,\beta]$是$[-\pi,\pi]$的任意子区间，所有积分均指勒贝格积分.

其实，引进区间的特征函数$\varphi(x)=\chi_{[\alpha,\beta]}(x)$来讨论，它限制在$[-\pi,\pi]$上定义，我们将它延拓到$(-\infty,\infty)$上使其有周期$2\pi$，并约定保持函数记号不变. 那么$\varphi(x)$有傅里叶展式

$$\varphi(x) \sim \frac{A_0}{2} + \sum_{n=1}^{\infty} (A_n \cos nx + B_n \sin nx), \tag{4}$$

并且除了点$\pm\pi,\alpha,\beta$以外在$[-\pi,\pi]$上处处成立等号.容易求得系数的表示为

$$A_0 = (\beta-\alpha)/\pi, A_n = (\sin n\beta - \sin n\alpha)/(n\pi),$$

$$B_n = (\cos n\alpha - \cos n\beta)/(n\pi), \quad n \in \mathbf{N}.$$

令级数(4)的部分和为$\varphi_n(x)$，则几乎处处有

$$\varphi(x) = \lim_{n\to\infty} \varphi_n(x).$$

不难验明，要证的等式(3)化为等式

$$\int_{-\pi}^{\pi} f(x)\varphi(x)\,\mathrm{d}m = \lim_{n\to\infty} \int_{-\pi}^{\pi} f(x)\varphi_n(x)\,\mathrm{d}m. \tag{5}$$

现知函数列$\{f(x)\varphi_n(x)\}_{n\in\mathbf{N}}$的极限几乎处处为$f(x)\varphi(x)$，而且可以用初等方法证明$\varphi_n(x)$是一致有界的，$|\varphi_n(x)| \leqslant C\ (n \in \mathbf{N})$.

其实，我们有

$$\varphi_n(x) = \frac{1}{2\pi} \int_{-\pi}^{\pi} \varphi(t) \frac{\sin\left(n+\frac{1}{2}\right)(t-x)}{\sin\frac{t-x}{2}}\mathrm{d}t$$

$$= \frac{1}{2\pi} \int_{\alpha}^{\beta} \frac{\sin\left(n+\frac{1}{2}\right)(t-x)}{\sin\frac{t-x}{2}}\mathrm{d}t = \frac{1}{\pi} \int_{\frac{\alpha-x}{2}}^{\frac{\beta-x}{2}} \frac{\sin(2n+1)v}{\sin v}\mathrm{d}v.$$

由于

$$\frac{\sin(2n+1)v}{\sin v} = 1 + 2\cos 2v + \cdots + 2\cos 2nv,$$

不难得到

$$\varphi_n(x) = O(1) + \frac{1}{\pi}\int_0^z \frac{\sin(2n+1)v}{\sin v}\mathrm{d}v + \frac{1}{\pi}\int_0^{z'} \frac{\sin(2n+1)v}{\sin v}\mathrm{d}v,$$

其中 z,z' 均为与 x,α,β 有关的变量但介于 0 与 $\pi/2$ 之间，而 $O(1)$ 为与 x,n 无关的有界量. 我们将证明 $\varphi_n(x)$ 为与 x,n 无关的有界量. 为此令

$$J = \frac{1}{\pi}\int_0^z \frac{\sin kv}{\sin v}\mathrm{d}v, \quad k = 2n+1, 0 \leqslant z \leqslant \pi/2.$$

由于 $\dfrac{1}{\sin v} - \dfrac{1}{v} = \dfrac{v - \sin v}{v\sin v}$ 在 $[0,\pi/2]$ 上连续，故 $\dfrac{1}{\sin v} = \dfrac{1}{v} + O(1), 0 \leqslant v \leqslant \dfrac{\pi}{2}$. 从而

$$J = \frac{1}{\pi}\int_0^z \frac{\sin kv}{v}\mathrm{d}v + O(1) = \frac{1}{\pi}\int_0^{kz} \frac{\sin t}{t}\mathrm{d}t + O(1) = \frac{1}{\pi}L + O(1).$$

若 $kz < \pi/2$，则

$$|L| \leqslant \int_0^{kz} 1\mathrm{d}t \leqslant \pi/2;$$

若 $kz \geqslant \pi/2$，则写

$$L = \int_0^{\pi/2} \frac{\sin t}{t}\mathrm{d}t + \int_{\pi/2}^{kz} \frac{\sin t}{t}\mathrm{d}t,$$

右边第一个积分不超过 $\pi/2$，而利用分部积分法，第二个积分等于

$$-\int_{\pi/2}^{kz} \frac{1}{t}\mathrm{d}\cos t = -\frac{\cos kz}{kz} - \int_{\pi/2}^{kz} \frac{\cos t}{t^2}\mathrm{d}t.$$

函数 t^{-2} 在 $(\pi/2,\infty)$ 上显然可积且因 $kz \geqslant \pi/2$，便知积分 $\displaystyle\int_{\pi/2}^{kz} \frac{\sin t}{t}\mathrm{d}t = O(1)$，此 $O(1)$ 与 k,z 无关. 至此我们证明了 $\varphi_n(x)$ 为与 x,n 无关的有界量.

这样，函数序列 $\{f(x)\varphi_n(x)\}_{n\in\mathbf{N}}$ 有可积的控制函数 $C|f(x)|$. 据定理 3.4，有 (5) 成立. 由此可见，用勒贝格积分解决傅里叶级数逐项积分问题是相当有效的.

第三，我们来看数学分析中的牛顿(I. Newton)–莱布尼茨(G. Leibniz)公式

$$f(b) - f(a) = \int_a^b f'(t)\mathrm{d}t.$$

在数学分析中通常在 $f(x)$ 有连续导数的假定下证明上述公式，或者将条件减弱些，但总要求 $f'(x)$ 为 R 可积才行. 可是对 L 积分情形，可以在 $f'(x)$ 为 L 可积的条件下进行讨论，并且由可积函数可引进一种绝对连续函数概念，后者几乎处处存在有限导数并与后面将要讲的(定义 6.4)有界变差函数相关联. 正是对于绝对连续函数，我们将证明，除相差一个常数不计外，它与它的导函数的不定积分相等. 在 §6 我们将详细地介绍这些内容.

根据以上初步比较，可知 L 积分比 R 积分要广泛些，使用起来比较灵活. 利

用它研究问题时，可以观察得深刻些.由此可见，比起 R 积分来，L 积分是向前迈进了一大步.

*§5　乘积测度与傅比尼定理

本节内容需要第二章 §5 的基础，初学时可以暂时略去；在主要内容理解清楚以后，才去阅读它们.我们的目的是建立关于重积分易序的傅比尼定理.鉴于乘积空间与乘积测度具有基本意义，我们稍许讲得详细一点.先从积集的概念讲起.

设 $\{X_\alpha:\alpha\in A\}$ 为非空集的类.考虑映射 $f:A\to\bigcup\limits_{\alpha\in A}X_\alpha$，满足条件 $f(\alpha)\in X_\alpha(\alpha\in A)$.一切这样的 f 所成的集称为类 $\{X_\alpha\}$ 中**集 $X_\alpha(\alpha\in A)$ 的积集**，记为 $\prod\limits_{\alpha\in A}X_\alpha$，积集也称为**乘积空间**，每个 X_α 称为**分支空间**.积集中的元也可以记为 $x=\{x_\alpha\}$，这里 $x_\alpha=f(\alpha)$.x_α 称为元 x 的**第 α 坐标**，它是 x 在集 X_α 上的**投影**.当 $A=\mathbf{N}$ 时，$\prod\limits_{n\in A}X_\alpha$ 可以看成序列 $(x_1,x_2,\cdots,x_n,\cdots)$ 的集，这里 $x_i\in X_i,i\in\mathbf{N}$.当 $X_1=X_2=\cdots=X_n=\mathbf{R}$ 时，$\prod\limits_{i=1}^{n}X_i$ 可以看成 $\mathbf{R}^n$（两者同构）.下面着重考虑两个集 X 与 Y 的积集的情形.这时，它们的积集记为 $X\times Y$，其中的元就是有序点偶 $(x,y):x\in X,y\in Y$ 的全体.点 (x,y) 中的 x 称为此点的 **X 坐标或第一坐标**，y 称为点 (x,y) 的 **Y 坐标或第二坐标**.

设 A,B 分别是 X,Y 的子集，那么 $A\times B$ 为 $X\times Y$ 的子集，称它为**矩形集**.容易看出，若两矩形集 $A_1\times B_1$ 与 $A_2\times B_2$ 相等，则必 $A_1=A_2,B_1=B_2$.但两个矩形集的差与并都不一定是矩形集.我们有

定理 5.1　设 $\mathscr{R},\mathscr{S}$ 分别是 X,Y 的子集所成的环，令 $\mathscr{T}$ 为形如 $A\times B(A\in\mathscr{R},B\in\mathscr{S})$ 的矩形集的一切不相交有限并组成的类，则 $\mathscr{T}$ 为环.

证　第一步　我们证明，设

$$A_i\in\mathscr{R},B_i\in\mathscr{S},E_i=A_i\times B_i\in\mathscr{T},\quad i=1,2,$$

则 $E_1\cap E_2\in\mathscr{T}$.

其实，不妨设 $E_1\cap E_2\neq\varnothing$，我们有

$$E_1\cap E_2=(A_1\cap A_2)\times(B_1\cap B_2).\tag{1}$$

这是因为，任取 $(x,y)\in E_1\cap E_2$，则 $(x,y)\in E_1,(x,y)\in E_2$，从而 $x\in A_1,x\in A_2$，故 $x\in A_1\cap A_2$.同理，$y\in B_1\cap B_2$.因此，

$$E_1\cap E_2\subset(A_1\cap A_2)\times(B_1\cap B_2).$$

另一方面，$A_1\cap A_2\subset A_1,B_1\cap B_2\subset B_1$，故 $(A_1\cap A_2)\times(B_1\cap B_2)\subset A_1\times B_1$.同

理，$(A_1 \cap A_2) \times (B_1 \cap B_2) \subset A_2 \times B_2$，故

$$(A_1 \cap A_2) \times (B_1 \cap B_2) \subset E_1 \cap E_2.$$

合并所得两结果即得(1).

由于 $\mathscr{R},\mathscr{S}$ 均为环，故 $A_1 \cap A_2 \in \mathscr{R}, B_1 \cap B_2 \in \mathscr{S}$，因而由(1)知 $E_1 \cap E_2 \in \mathscr{T}$. 于是推出，$\mathscr{T}$ 关于有限交也是封闭的.

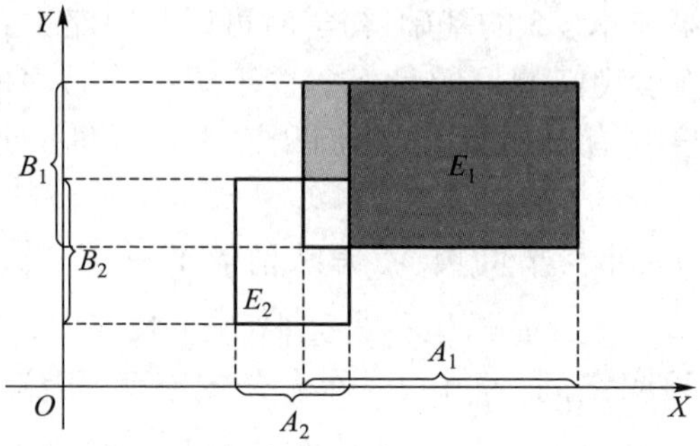

图 15　$E_1 \backslash E_2$分解(2)示意

第二步　设

$$A_i \in \mathscr{R}, B_i \in \mathscr{S}, E_i = A_i \times B_i, i = 1,2,$$

则显然有等式(参看图 15)

$$E_1 \backslash E_2 = [(A_1 \cap A_2) \times (B_1 \backslash B_2)] \cup [(A_1 \backslash A_2) \times B_1]. \tag{2}$$

因为 $\mathscr{R},\mathscr{S}$ 均为环，故 $A_1 \cap A_2 \in \mathscr{R}, B_1 \backslash B_2 \in \mathscr{S}$，从而 $(A_1 \cap A_2) \times (B_1 \backslash B_2) \in \mathscr{T}$. $(A_1 \backslash A_2) \times B_1 \in \mathscr{T}$ 也是明显的. 故(2) 右边的两项均属于 $\mathscr{T}$，且因它们不相交，故它们的并属于 $\mathscr{T}$(参看 $\mathscr{T}$ 的定义). 考虑 $\mathscr{T}$ 中任意两个元 $\bigcup\limits_{i=1}^{n} E_i$，$\bigcup\limits_{j=1}^{m} F_j$，$E_i$等互不相交，$F_i$等也互不相交. 容易验证，等式

$$\bigcup_{i=1}^{n} E_i \Big\backslash \bigcup_{j=1}^{m} F_j = \bigcup_{i=1}^{n} \bigcap_{j=1}^{m} (E_i \backslash F_j)$$

成立. 由上所证，每个 $E_i \backslash F_j \in \mathscr{T}$，故它们的交 $\bigcap\limits_{j=1}^{m} (E_i \backslash F_j) \in \mathscr{T}$(据第一步所证). 但这些集互不相交，故它们的并也属于 $\mathscr{T}$.

据第二步所证与 $\mathscr{T}$ 的定义，$\mathscr{T}$ 关于差与(不相交) 有限并是封闭的，因而它是环. ∎

设 X 是基本集，$\mathscr{R}$ 为由 X 的子集所成的 σ 环，且满足 $\bigcup\limits_{A \in \mathscr{R}} A = X$，则称$(X,\mathscr{R})$或 X 为**可测空间**. 这时并未涉及测度问题. 如果对于可测空间$(X,\mathscr{R})$，定义了 σ 环 $\mathscr{R}$ 上的一个测度μ，则称$(X,\mathscr{R},\mu)$ 或 X 为**测度空间**. 设 $\mathscr{R},\mathscr{S}$ 分别表示基本集 X 与 Y 的子集所成的 σ 环，用记号 $\mathscr{R} \times \mathscr{S}$ 表示由一切形如 $A \times B(A \in \mathscr{R}, B \in \mathscr{S})$

的集所产生的σ环.那么,当$(X,\mathscr{R})$与$(Y,\mathscr{S})$均是可测空间时,$(X\times Y,\mathscr{R}\times\mathscr{S})$也是可测空间,我们称它为可测空间$(X,\mathscr{R})$与$(Y,\mathscr{S})$的**笛卡儿**(R. Descartes)**乘积**.为了指明$(X\times Y,\mathscr{R}\times\mathscr{S})$是可测空间,鉴于$\mathscr{R}\times\mathscr{S}$是$\sigma$环,只需验证$\mathscr{R}\times\mathscr{S}$中一切元的并等于$X\times Y$即可.任取$(x,y)\in X\times Y$,则$x\in X,y\in Y$.由于$(X,\mathscr{R}),(Y,\mathscr{S})$为可测空间,有$A\in\mathscr{R},B\in\mathscr{S}$,满足$x\in A,y\in B$.从而$(x,y)\in A\times B\in\mathscr{R}\times\mathscr{S}$.这样$\bigcup\limits_{T\in\mathscr{R}\times\mathscr{S}}T=X\times Y$,即$(X\times Y,\mathscr{R}\times\mathscr{S})$是可测空间.

现在引进可测集与可测函数的截口概念.

设$(X,\mathscr{R})$与$(Y,\mathscr{S})$均为可测空间,$(X\times Y,\mathscr{R}\times\mathscr{S})$为它们的笛卡儿乘积空间.设$E$是$X\times Y$的一个子集,任取一点$x\in X$,令

$$E_x=\{y:(x,y)\in E\},$$

称它为E的x**截口**.同样,称

$$E^y=\{x:(x,y)\in E\}$$

为E的y**截口**.应注意,乘积空间的截口,当考虑它的可测性一类问题时,不能看成乘积空间的子集,而要看成相应的分支空间的子集.例如,E_x要看成分支空间Y中的子集.

对于定义在乘积空间$X\times Y$上的函数$f(x,y)$,同样可以定义它的截口.视x固定,y的函数$f_x(y)=f(x,y)$称为**f的x截口**,它是分支空间Y上的函数,f的y截口$f^y(x)=f(x,y)$(视y固定)的意义与此类似.

截口概念可以不依赖于可测概念而直接定义.读者可以从多元函数微积分的预备知识来理解.

定理 5.2 (i) 乘积空间的可测集的每个截口是可测的.(ii)可测函数的每个截口是可测的.

证 (i) 设$\mathscr{E}$表示$X\times Y$中一切这样的集E所成的类,E的每个截口(x的与y的)均可测.为方便起见,称

$$\Delta=A\times B\quad(A\in\mathscr{R},B\in\mathscr{S})$$

为**可测矩形**.由于这种可测矩形的截口为A,B或$\varnothing$中三者之一,故$\Delta\in\mathscr{E}$.容易验证$\mathscr{E}$为σ环.事实上,当$E_1,E_2\in\mathscr{E}$时,

$$(E_1\setminus E_2)_x=(E_1)_x\setminus(E_2)_x\in\mathscr{S},(E_1\setminus E_2)^y=(E_1)^y\setminus(E_2)^y\in\mathscr{R},$$

故$E_1\setminus E_2\in\mathscr{E}$;当$E_1,E_2,\cdots\in\mathscr{E}$时,

$$(\cup E_n)_x=\cup(E_n)_x,(\cup E_n)^y=\cup(E_n)^y,$$

故$\cup E_n\in\mathscr{E}$.这样,$\mathscr{E}$是包含一切可测矩形的σ环.由于$\mathscr{R}\times\mathscr{S}$是具有同一性质的最小$\sigma$环,故$\mathscr{R}\times\mathscr{S}\subset\mathscr{E}$.这表明$X\times Y$的每一可测集属于$\mathscr{E}$,从而这种可测集的截口是可测的.

(ii) 设$f(x,y)$是定义在$X\times Y$上的可测函数(即对每一实数α,$\{(x,y):f(x,y)>\alpha\}$是$X\times Y$中的可测集),任取$x\in X$,则有

$$\{y:f_x(y)>\alpha\}=\{y:f(x,y)>\alpha\}=\{(x,y):f(x,y)>\alpha\}_x,$$

由于(i),此式最后一个集是可测的,故$f(x,y)$的x截口为可测;同理,$f(x,y)$的y截口为可测. ∎

引理 5.1 设$(X,\mathscr{R},\mu)$与$(Y,\mathscr{S},\nu)$均为σ有限的测度空间(参看第二章定义 6.4),E是$X\times Y$中的可测子集.令

$$f(x)=\nu(E_x)\ (x\in X),\quad g(y)=\mu(E^y)\ (y\in Y),$$

则f,g分别是关于μ,ν的可测函数,且有

$$\int_X f(x)\,\mathrm{d}\mu=\int_Y g(y)\,\mathrm{d}\nu$$

或

$$\int_X\left\{\int_Y \chi_E(x,y)\,\mathrm{d}\nu\right\}\mathrm{d}\mu=\int_Y\left\{\int_X \chi_E(x,y)\,\mathrm{d}\mu\right\}\mathrm{d}\nu. \tag{3}$$

证 第一步 设$E=A\times B$是可测矩形,$A\in\mathscr{R},B\in\mathscr{S}$,它的截口具有有限测度,$\mu A<\infty,\nu B<\infty$.我们证明(3)对$E$成立,从而当$E$是可列个这种可测矩形的互不相交的并时(3)也成立.

当$E=A\times B$时,据定理 5.2,E_x,E^y均可测,而且有

$$f(x)=\nu(E_x)=\nu B\cdot\chi_A(x),\quad g(y)=\mu(E^y)=\mu A\cdot\chi_B(y).$$

故

$$\int_X f(x)\,\mathrm{d}\mu=\nu B\int_X\chi_A(x)\,\mathrm{d}\mu=\nu B\cdot\mu A=\int_Y g(y)\,\mathrm{d}\nu.$$

设$E=\bigcup\limits_{n=1}^{\infty}E_n$,其中$E_n$等互不相交,每个$E_n$均为具有有限测度的可测矩形.由于$E_x=\bigcup\limits_{n=1}^{\infty}(E_n)_x$,据测度的$\sigma$可加性,$\nu E_x=\sum\limits_{n=1}^{\infty}\nu(E_n)_x$,因而据§3定理3.1(推广形式)与刚才已证明的结果,若引用记号

$$f_n(x)=\nu((E_n)_x),g_n(y)=\mu((E_n)^y),$$

则有

$$\int_X f(x)\,\mathrm{d}\mu=\sum_{n=1}^{\infty}\int_X f_n(x)\,\mathrm{d}\mu=\sum_{n=1}^{\infty}\int_Y g_n(y)\,\mathrm{d}\nu=\int_Y g(y)\,\mathrm{d}\nu,$$

这时我们又得到(3).

第二步 设$\mathscr{M}$为使(3)成立的一切集E组成的类,我们证明$\mathscr{M}$为单调环.由第一步证明可见,$\mathscr{M}$对于不相交可列并运算是封闭的.现证$\mathscr{M}$是单调类.例

如，设$\{E_n\}$是$\mathscr{M}$中渐张序列，$E=\bigcup\limits_{n=1}^{\infty}E_n$.仍用第一步中记号，据

$$\int_X f_n(x)\,\mathrm{d}\mu=\int_Y g_n(y)\,\mathrm{d}\nu,\quad n\in\mathbf{N}$$

并注意到非负函数列$f_n(x)$递增收敛于$f(x)=\nu(E_x)$与$g_n(y)$递增收敛于$\mu(E^y)$，应用§3定理3.2便给出

$$\int_X f(x)\,\mathrm{d}\mu=\int_Y g(y)\,\mathrm{d}\nu.$$

对于渐缩序列，情形是类似的.故$\mathscr{M}$为单调类.$\mathscr{M}$显然为环，故$\mathscr{M}$是单调环.

第三步　证明每个可测集属于$\mathscr{M}$，因而引理得证.

据E是σ有限的，存在可列个互不相交的可测矩形(均有有限测度)，其并包含E.因而如果能证明，对任意的具有限测度的可测矩形Δ，它的每个可测子集都属于$\mathscr{M}$，则任何可测集E都属于$\mathscr{M}$.可是，可测矩形的一切互不相交的有限并组成的类是一个环$\mathscr{U}$，且此环所产生的σ环即为可测集的全体.第一步已证明，$\mathscr{M}$为包含$\mathscr{U}$的类，而据第二步所证，$\mathscr{M}$为单调环，故$\mathscr{M}$为包含$\mathscr{U}$的σ环(参看第二章§5定理5.2).这样，全体可测集的类含于$\mathscr{M}$中. ∎

容易验明，如果用λE表示引理中(3)的积分值，则集函数λ是一个σ有限测度，我们称它为μ与ν的**乘积测度**，并用$\lambda=\mu\times\nu$表示. 测度空间$(X\times Y,\mathscr{R}\times\mathscr{S},\mu\times\nu)$称为两测度空间$(X,\mathscr{R},\mu)$与$(Y,\mathscr{S},\nu)$的**笛卡儿乘积空间**.下面讨论乘积空间的积分与分支空间上的积分的联系. 可以期望这同乘积空间上的测度与分支空间上的测度的联系是一样的.

设$(X,\mathscr{R},\mu)$与$(Y,\mathscr{S},\nu)$都是σ有限测度空间，$\lambda=\mu\times\nu$为$\mathscr{R}\times\mathscr{S}$上的乘积测度.设$h(x,y)$在$X\times Y$上定义并且它的积分有意义.我们来考察三种积分

$$\int h(x,y)\,\mathrm{d}\lambda,\quad \int h_x(y)\,\mathrm{d}\nu,\quad \int h^y(x)\,\mathrm{d}\mu,$$

并研究等式

$$\int h(x,y)\,\mathrm{d}\lambda=\int\left\{\int h(x,y)\,\mathrm{d}\mu\right\}\mathrm{d}\nu=\int\left\{\int h(x,y)\,\mathrm{d}\nu\right\}\mathrm{d}\mu$$

成立的条件.这个等式的含义在黎曼积分情形是大家熟悉的，它表示二重积分与两个累次积分相等.下面证明关于重积分易序的傅比尼定理：

定理 5.3　设$h(x,y)$是$X\times Y$上的可积函数，则$h(x,y)$的每个截口是可积的，且有

$$\int_{X\times Y}h(x,y)\,\mathrm{d}\lambda=\int_X\left\{\int_Y h(x,y)\,\mathrm{d}\nu\right\}\mathrm{d}\mu=\int_Y\left\{\int_X h(x,y)\,\mathrm{d}\mu\right\}\mathrm{d}\nu,\tag{4}$$

其中里层积分分别几乎处处对x与对y有意义.

证 由于对称性,显然只需证明第一个等式.

先设 $h(x,y)=\chi_E(x,y)$,其中 E 是 $X\times Y$ 中的可测子集. 则由引理5.1与乘积测度的定义,即知等式成立. 因简单函数为特征函数的线性组合,故(4)对简单函数成立.

其次,设 $h(x,y)$ 为非负可积函数,据第三章 §1 定理 1.3,存在非负递增的简单函数列$\{h_n(x,y)\}$,$\lim\limits_{n\to\infty}h_n(x,y)=h(x,y)$. 由已证结果,有

$$\int h_n(x,y)\,\mathrm{d}\lambda=\iint h_n(x,y)\,\mathrm{d}\mu\mathrm{d}\nu=\iint h_n(x,y)\,\mathrm{d}\nu\mathrm{d}\mu, \tag{5}$$

其中为了简便起见,我们略去了积分域记号. 据 §3 定理 3.2

$$\lim_{n\to\infty}\int h_n(x,y)\,\mathrm{d}\lambda=\int h(x,y)\,\mathrm{d}\lambda. \tag{6}$$

令 $f_n(x)=\int h_n(x,y)\,\mathrm{d}\nu$,则 $f_n(x)\geqslant 0$ 且$\{f_n(x)\}$为递增序列,有极限 $f(x)=\lim\limits_{n\to\infty}f_n(x)$,它是非负可测函数. 仍据 §3 定理 3.2,得到 $f(x)=\int h(x,y)\,\mathrm{d}\nu$. 对序列$\{f_n(x)\}$的积分再一次应用 §3 定理 3.2,即得

$$\lim_{n\to\infty}\int f_n(x)\,\mathrm{d}\mu=\int f(x)\,\mathrm{d}\mu,$$

或

$$\lim_{n\to\infty}\iint h_n(x,y)\,\mathrm{d}\nu\mathrm{d}\mu=\int\left\{\int h(x,y)\,\mathrm{d}\nu\right\}\mathrm{d}\mu.$$

注意到关系式(5),(6),由此得出

$$\int h(x,y)\,\mathrm{d}\lambda=\int\left\{\int h(x,y)\,\mathrm{d}\nu\right\}\mathrm{d}\mu.$$

最后,为了完成定理的证明,对一般的可积函数 h,只需令 $h=h_+-h_-$,并分别对 h_+,h_-应用已证结果,然后相减即可. 由此还可以知道,$\int h(x,y)\,\mathrm{d}\nu$ 关于 x 是可积的,因而几乎处处有限. 对于使它为有限的点 x,$h(x,y)$关于 x 的截口自然对 y 是可积的. 关于 y 的截口完全与此类似. ∎

这个定理称为**傅比尼定理**. 我们看到,它应用起来很方便. 对于(4)中三个积分,只要重积分存在为有限,即可推出其他两个也存在并且三者彼此相等.

例 1 设 $E=(0,1)\times(0,1)$,$\mu=\nu$ 是平常勒贝格测度,在 E 上给定二元函数 $f(x,y)=(x^2-y^2)(x^2+y^2)^{-2}$. 可以计算出

$$\int_{(0,1)}\left\{\int_{(0,1)} f \mathrm{d}\nu\right\} \mathrm{d}\mu=\int_0^1 \frac{1}{1+x^2} \mathrm{d}x=\frac{\pi}{4},$$

$$\int_{(0,1)}\left\{\int_{(0,1)} f \mathrm{d}\mu\right\} \mathrm{d}\nu=\int_0^1 \frac{-1}{1+y^2} \mathrm{d}y=-\frac{\pi}{4},$$

两个累次积分不相等. 应用傅比尼定理,可以肯定 f 关于乘积测度 $\mathrm{d}x\mathrm{d}y$ 是不可积的.

作为傅比尼定理的一个有意义的应用,我们给出**分部积分公式**的证明.

设 $g(x)$ 是 $I=[a,b]$ 上的 μ 可积函数,令

$$G(x)=\int_{[a,x]} g(t)\mathrm{d}\mu, \quad a \leqslant x \leqslant b,$$

而 $g(x)$ 在半闭区间 $[a,x)$ 上的积分应为 $G(x-0)-G(a)=G(x-0)$,在这里约定 $G(a-0)=G(a)=0$. 这样, $g(t)$ 在一点上的积分可能不等于 0. 我们有下列结果.

设 μ 是 $\mathbf{R}$ 上 σ 有限测度,使一切有限区间有有限测度,区间 $I=[a,b]$ 可以是有限或无限区间. 若 f,g 在 I 上可积,则有分部积分公式成立:

$$\int_I F(x)g(x)\mathrm{d}\mu=F(b)G(b)-\int_I f(x)G(x-0)\mathrm{d}\mu,$$

其中

$$F(x)=\int_{[a,x]} f\mathrm{d}\mu, \quad G(x)=\int_{[a,x]} g\mathrm{d}\mu.$$

此公式可证明如下. 用 λ 表示测度 $\mu\times\mu$,并令

$$E=\{(x,y):(x,y)\in I\times I, y\leqslant x\},$$

则 E 显然可测,从而 $\chi_E(x,y)$ 为 λ 可测函数并且把 $g(x)$ 与 $f(y)$ 看成 (x,y) 的函数时也都是 λ 可测的. 因此积函数 $P(x,y)=g(x)f(y)\chi_E(x,y)$ 为 λ 可测. 易见

$$\begin{aligned}\int_{I\times I}|P(x,y)|\mathrm{d}\lambda &\leqslant \int_{I\times I}|g(x)f(y)|\mathrm{d}\lambda\\ &=\int_I\left\{\int_I |g(x)f(y)|\mathrm{d}\mu\right\}\mathrm{d}\mu\\ &=\int_I |g(x)|\mathrm{d}\mu\int_I |f(y)|\mathrm{d}\mu<\infty.\end{aligned}$$

故 $P(x,y)$ 是 λ 可积的. 应用傅比尼定理,

$$\begin{aligned}\int_I F(x)g(x)\mathrm{d}\mu &=\int_I g(x)\left\{\int_{[a,x]} f(y)\mathrm{d}\mu\right\}\mathrm{d}\mu\\ &=\int_{I\times I} P(x,y)\mathrm{d}\lambda=\int_I f(y)\left\{\int_{[y,b]} g(x)\mathrm{d}\mu\right\}\mathrm{d}\mu\end{aligned}$$

$$= \int_I f(y)\{G(b) - G(y-0)\}\,\mathrm{d}\mu$$

$$= F(b)G(b) - \int_I f(x)G(x-0)\,\mathrm{d}\mu.$$

这样,分部积分公式得证.

作为本节的结尾我们来讨论一下乘积测度的完备化问题.

定义 5.1 设 X 是基本集,$\mathscr{R}$ 是 X 的一些子集所成的 σ 环,μ 是 $\mathscr{R}$ 上的测度. 如果对 $\mathscr{R}$ 中每个零测度集,它的一切子集均属于 $\mathscr{R}$,则称测度 μ 是 $\mathscr{R}$ 上的**完备测度**;这时$(X,\mathscr{R},\mu)$称为**完备测度空间**.

容易知道,如果用 m 与 $\mathscr{M}$ 分别表示一维勒贝格测度与勒贝格可测集类,而 m_2 与 $\mathscr{M}_2$ 分别表示二维勒贝格测度与可测集类,则 m 与 m_2 均是相应 σ 环上的完备测度. 可是,由完备测度 m 所产生的乘积测度 $m\times m$ 却不是完备的. 其实,假定取 $\mathbf{R}$ 的一个不可测子集 E(参看第二章 §4),并设 N 是非空的零测度集,则有 $E\times N \overline{\in} \mathscr{M}_2$;这是因为,假设相反,$E\times N$ 恒有可测的 y 截口(参看定理 5.2),但对 $y\in N$,截口 $(E\times N)^y = E$ 是不可测的. 另一方面,由于 $E\times N\subset \mathbf{R}\times N$,而 $\mathbf{R}\times N$ 显然是 $\mathbf{R}\times\mathbf{R}$ 中的零测度集,既然它有子集不属于 $\mathbf{R}\times\mathbf{R}$,说明 $m\times m$ 不是 $\mathbf{R}\times\mathbf{R}$ 上的完备测度. 下面的完备化方法可以解决这种不足之处.

设$(X,\mathscr{R},\mu)$是测度空间,这里 $\mathscr{R}$ 是 σ 环. 令 $\widetilde{R}$ 是由 X 中一切这样的子集 E 所成的类,存在 $A,B\in\mathscr{R}$ 使

$$A\subset E\subset B \quad 且 \quad \mu(B\backslash A)=0.$$

这时在 $\widetilde{R}$ 上作集函数 $\widetilde{\mu}$,由等式 $\widetilde{\mu}E=\mu A\,(E\in\widetilde{R})$ 给定.

我们指出,$\widetilde{\mu}$ 是唯一确定的. 其实,若又有 $A_1,B_1\in\mathscr{R}$ 使

$$A_1\subset E\subset B_1,\ 且\ \mu(B_1\backslash A_1)=0,$$

则由

$$\mu A_1 \leqslant \mu(A_1\backslash A) + \mu A \leqslant \mu(B\backslash A) + \mu A$$

立得 $\mu A_1\leqslant\mu A$. 据对称性有 $\mu A\leqslant\mu A_1$,因此 $\mu A_1=\mu A$. 不仅如此,我们还可以证明

定理 5.4 设$(X,\mathscr{R},\mu)$是测度空间,则上面作出的 $\widetilde{\mu}$ 是 $\widetilde{\mathscr{R}}$ 上的完备测度,这时$(X,\widetilde{\mathscr{R}},\widetilde{\mu})$成为完备测度空间.

证 第一步 先证明 $\widetilde{\mathscr{R}}$ 为 σ 环.

任取 $E_1,E_2\in\widetilde{\mathscr{R}}$,据我们的作法,存在 $A_i,B_i\in\mathscr{R}$ 使

$$A_i \subset E_i \subset B_i, 且 \mu(B_i \backslash A_i)=0, \quad i=1,2.$$

我们有

$$A_1 \backslash B_2 \subset E_1 \backslash E_2 \subset B_1 \backslash A_2, \quad A_1 \backslash B_2, B_1 \backslash A_2 \in \mathscr{R},$$

且

$$\mu((B_1 \backslash A_2) \backslash (A_1 \backslash B_2)) \leqslant \mu(B_1 \backslash A_1) + \mu(B_2 \backslash A_2) = 0,$$

因而 $E_1 \backslash E_2 \in \widetilde{\mathscr{R}}$. 再取 $\widetilde{\mathscr{R}}$ 中集列 $\{E_i\}_{i \in \mathbf{N}}$，为证并集 $\cup E_i$ 属于 $\widetilde{\mathscr{R}}$，可以假定 E_i 等互不相交. 于是存在 $\mathscr{R}$ 中集列 $\{A_i\}$，$\{B_i\}$，满足

$$A_i \subset E_i \subset B_i, \mu(B_i \backslash A_i) = 0, \quad i \in \mathbf{N}.$$

令 $A = \cup A_i$，$B = \cup B_i$，则不难看出，$A, B \in \mathscr{R}$，$A \subset \cup E_i \subset B$，且

$$\mu(B \backslash A) \leqslant \sum_i \mu(B_i \backslash A_i) = 0.$$

因此 $\cup E_i \in \widetilde{\mathscr{R}}$. 这样，$\widetilde{\mathscr{R}}$ 关于差与可列并运算是封闭的，这表明 $\widetilde{\mathscr{R}}$ 为 σ 环.

第二步　$\tilde{\mu}$ 是 $\widetilde{\mathscr{R}}$ 上的测度.

$\tilde{\mu}$ 的非负性与 $\tilde{\mu}\varnothing = 0$ 是显然的. 引用第一步中的记号，对 $\widetilde{\mathscr{R}}$ 中的集列 $\{E_i\}_{i \in \mathbf{N}}$，$E_i$ 等互不相交，以及那里的 $A_i, B_i, A, B, i \in \mathbf{N}$，有

$$\tilde{\mu}\left(\bigcup_i E_i\right) = \mu A = \sum_i \mu A_i = \sum_i \tilde{\mu} E_i,$$

这里应注意到 A_i 等互不相交（E_i 等互不相交）. 这表明 $\tilde{\mu}$ 在 $\widetilde{\mathscr{R}}$ 上有 σ 可加性.

第三步　$\tilde{\mu}$ 是 $\widetilde{\mathscr{R}}$ 上的完备测度.

设 N 是零测度集，$\tilde{\mu}N = 0$，$N \in \widetilde{\mathscr{R}}$ 而 $E \subset N$. 那么存在 $A, B \in \mathscr{R}$ 使

$$A \subset N \subset B \text{ 且 } \mu(B \backslash A) = 0, \quad \tilde{\mu}N = \mu A = 0.$$

显然，$\varnothing \subset E \subset B$ 且

$$\mu(B \backslash \varnothing) = \mu(B \backslash A) + \mu A = 0,$$

因此 $E \in \widetilde{\mathscr{R}}$ 且 $\tilde{\mu}E = \mu\varnothing = 0$. 这表明零测度集 N 的一切子集属于 $\widetilde{\mathscr{R}}$（且有零测度），故 $\tilde{\mu}$ 是 $\widetilde{\mathscr{R}}$ 上的完备测度. ∎

注　定理 5.4 表明，任何测度空间都可以完备化，所述作法称为测度空间的完备化方法. 这样，两个完备化测度空间 $(X, \mathscr{R}, \mu)$ 与 $(Y, \mathscr{S}, \nu)$ 的乘积测度空间的完备化便是 $(X \times Y, (\mathscr{R} \times \mathscr{S})^{\sim}, (\mu \times \nu)^{\sim})$. 一般地，凡是提到乘积测度空

间,我们都可以按照它的完备化来理解.

将完备化思想用到勒贝格测度上,可得

定理 5.5 设用$(\mathbf{R},\mathscr{M},m)$与$(\mathbf{R}^2,\mathscr{M}_2,m_2)$分别表示一维与二维勒贝格测度空间,那么$(\mathbf{R}^2,\mathscr{M}_2,m_2)$是乘积测度空间$(\mathbf{R}^2,\mathscr{M}\times\mathscr{M},m\times m)$的完备化.

证 易见$\mathscr{M}\times\mathscr{M}\subset\mathscr{M}_2$且$m_2$限制在$\mathscr{M}\times\mathscr{M}$上与$m\times m$相等. 因此,$\mathscr{M}\times\mathscr{M}$的完备化$(\mathscr{M}\times\mathscr{M})^{\sim}\subset\mathscr{M}_2^{\sim}$. 但因$\mathscr{M}_2$是完备的,$\widetilde{\mathscr{M}_2}=\mathscr{M}_2$,故$(\mathscr{M}\times\mathscr{M})^{\sim}\subset\mathscr{M}_2$. 另一方面,任取$E\in\mathscr{M}_2$,存在博雷尔集$A,B$,满足$A\subset E\subset B$且$m_2(B\backslash A)=0$. 由于$\mathscr{M}\times\mathscr{M}$是含有平面开集的$\sigma$环而博雷尔集类是相应的最小$\sigma$环,故$A,B\in\mathscr{M}\times\mathscr{M}$,且$m\times m(B\backslash A)=0$. 从而$E\in(\mathscr{M}\times\mathscr{M})^{\sim}$. 这表明$\mathscr{M}_2\subset(\mathscr{M}\times\mathscr{M})^{\sim}$.

这样,$(\mathscr{M}\times\mathscr{M})^{\sim}=\mathscr{M}_2$,并且易见$\widetilde{\mu}$与$\mu_2$在每个$E\in\mathscr{M}_2$上取同样的值. ■

读者可以验证,根据定理 5.3,能将傅比尼定理推广到关于乘积测度空间完备化的情形.

§6 微分与积分

本节主要目的在于,从测度论观点研究一维情形微分与积分的联系,结果是,绝对连续函数是它的导函数的不定积分. 由于绝对连续函数是有界变差的(引理 6.4),从而可表示成两个单调增函数的差,因此先讨论单调函数的分析性质.

定义 6.1 设$f(x)$是$[a,b]$上定义的有限增函数,则它的不连续点集至多为可列集(参看第二章习题 21),用$\{\xi_k\}$表示f在区间(a,b)内的不连续点集. 令

$$s(x)=\begin{cases}f(a+0)-f(a)+\displaystyle\sum_{a<\xi_k<x}\{f(\xi_k+0)-f(\xi_k-0)\}+\\ \qquad f(x)-f(x-0), & \text{对于 } a<x\leqslant b,\\ 0, & \text{对于 } x=a.\end{cases}\tag{1}$$

我们称$s(x)$为$f(x)$的**跳跃函数**. 称$f(\xi_k+0)-f(\xi_k-0)$为$f(x)$在ξ_k的**跃度**(在a,b的跃度应分别定义为$f(a+0)-f(a)$与$f(b)-f(b-0)$).

显然,$s(x)$在$[a,b]$上处处非负. 如果$f(x)$处处连续,则$s(x)\equiv 0$. 如果$f(x)$只有有限个不连续点,则$s(x)$为简单函数. 在一般情形下,$s(x)$是一个增函数,以所有ξ_k为它的不连续点且在这些点的跃度与$f(x)$相同. 在区间端点处情况亦类似. 令

$$\varphi(x)=f(x)-s(x),$$

则可证明,$\varphi(x)$是连续增函数. 我们叙述下列定理.

定理 6.1 定义于$[a,b]$上的增函数$f(x)$可分解为一个连续增函数与$f(x)$的跳跃函数之和.

证 设$f(x)=s(x)+\varphi(x)$,这里$s(x)$是$f(x)$的跳跃函数. 我们证明$\varphi(x)$是连续增函数.

其实,为证$\varphi(x)$是增函数,设$x_1<x_2,x_1,x_2\in[a,b]$. 据$s(x)$的定义(1)得

$$s(x_2)-s(x_1)\leqslant f(x_2)-f(x_1), \tag{2}$$

即$\varphi(x_1)\leqslant\varphi(x_2)$.

再证$\varphi(x)$的连续性. 在(2)中令x_1固定,$x_2\to x_1$得

$$s(x_1+0)-s(x_1)\leqslant f(x_1+0)-f(x_1),$$

即$\varphi(x_1)\leqslant\varphi(x_1+0)$. 另一方面,据(1)立见

$$f(x_1+0)-f(x_1)\leqslant s(x_2)-s(x_1).$$

令$x_2\to x_1$得

$$f(x_1+0)-f(x_1)\leqslant s(x_1+0)-s(x_1),$$

即$\varphi(x_1+0)\leqslant\varphi(x_1)$. 因此得到$\varphi(x_1+0)=\varphi(x_1)$. 类似地可以证明$\varphi(x_1-0)=\varphi(x_1)$. 故$\varphi(x)$在$x_1$连续. 由于$x_1$是任意的,$\varphi(x)$便在$[a,b]$上处处连续.(在证明$\varphi(x)$在区间端点的连续性时,只需考虑单方连续性,这已包括在上面证明中.) ∎

在讨论单调函数的可微性之前,我们先建立一个基本引理——维它利引理. 借用维它利引理来研究单调函数的可微性是具有独特风格的. 可以看到,这种处理方法比较单纯,有明确的步骤,而且可以一直用到底.

定义 6.2 设$f(x)$是定义在区间$[a,b]$上的有限函数,$x_0\in[a,b]$. 若存在数列$h_n\to0$ $(h_n\neq0)$,使极限

$$\lim_{n\to\infty}h_n^{-1}[f(x_0+h_n)-f(x_0)]=\lambda \tag{3}$$

存在(有限,$-\infty$或∞),则称λ为$f(x)$在x_0的一个**列导数**,记成$\lambda=Df(x_0)$. 列导数的值是与数列h_n相关的. 如果$f(x)$在x_0的一切(可能存在的)列导数相等,则称$f(x)$在x_0(广义)可微. (广义)可微将化为平常可微,如果这些可能的列导数相等且有限. 列导数方法本质上是极限的序列说法.

例 1 考察函数

$$f(x)=\begin{cases}\sin\dfrac{\pi}{x}, & x\neq0,\\ 0, & x=0.\end{cases}$$

我们来看看它在 $x=0$ 处的列导数情况.

取 $h_n=1/n$,有 $h_n^{-1}[f(h_n)-f(0)]=0$;取 $h_n=\left(2n+\frac{1}{2}\right)^{-1}$,有

$$h_n^{-1}[f(h_n)-f(0)]=2n+\frac{1}{2}\to\infty\quad(n\to\infty).$$

因而得知在 $x=0$,$f(x)$ 有两个列导数 0 与 ∞. 借助于函数图像不难看出,$f(x)$ 在 $x=0$ 可以有取值于 $[-\infty,\infty]$ 之中任何值的列导数.

设 $f(x)$ 为严增函数,(3) 中的一个列导数为正实数 λ,相应的 h_n 是正数列. 令 $x_n=x_0+h_n,n\in\mathbf{N}$,则闭区间 $[x_0,x_0+h_n]$ 含有 x_0 且它的长度可以任意小,在函数 $f(x)$ 下的像区间 $[f(x_0),f(x_0+h_n)]$ 与原像的长度之间有近似关系式

$$f(x_0+h_n)-f(x_0)\approx\lambda h_n.$$

因此,像区间 $[f(x_0),f(x_0+h_n)]$ 恒含有像点 $f(x_0)$ 且长度也可以随意小(因 $h_n\to 0$). 设 A 是 $[a,b]$ 中使 $f(x)$ 有一列导数 λ 的点 x 所成的集,则 A 为闭区间集

$$M=\{[x,x+h_n]:x\in A\}$$

所覆盖,而像集 $f(A)$ 为闭区间集

$$\mathscr{M}=\{[f(x),f(x+h_n)]:x\in A\}$$

所覆盖,集内区间的长度可以随意小,这种覆盖是依维它利意义下的覆盖.

定义 6.3 设 E 是实直线上的任一子集, $\mathscr{M}=\{d\}$ 是长度为正的闭区间所成的集. 如果对任一点 $x\in E$,恒有一个区间列 $d_n\in\mathscr{M}$,使

$$x\in d_n(n\in\mathbf{N}),\quad\lim_{n\to\infty}md_n=0,\tag{4}$$

则称 $\mathscr{M}$ **依维它利意义覆盖** E.

定理 6.2(维它利引理) 设 E 为有界集,$\mathscr{M}$ 依维它利意义覆盖 E,则可由 $\mathscr{M}$ 中选出有限或可列个闭区间 $\{d_k\}$,使

$$m\left(E\setminus\bigcup_k d_k\right)=0,\quad d_k\cap d_{k'}=\varnothing\ (k\neq k').\tag{5}$$

证 取包含 E 的一个开区间 $\Delta=(a,b)$ 作为基本区间. 由于 $\mathscr{M}$ 依维它利意义覆盖 E,由 $\mathscr{M}$ 中除去一切不含于 (a,b) 内的那些 d 所得的集 $\mathscr{M}_0$,仍然覆盖 E. 在证明时我们利用集 $\mathscr{M}_0$ 来代替 $\mathscr{M}$,并将证明分为两步.

第一步 用归纳法确定出所需的闭区间列 $\{d_n\}_{n\in\mathbf{N}}$.

令 $k_0=\sup\limits_{d\in\mathscr{M}_0}md$,则 k_0 为非负实数. 据上确界的定义,可由 $\mathscr{M}_0$ 中取 d_1 使 $md_1>\frac{1}{2}k_0$. 令 $G_1=\mathscr{C}\,d_1=(a,b)\setminus d_1$, $k_1=\sup\limits_{d\subset G_1}md\,(d\in\mathscr{M}_0$,下同). 如果 $k_1=0$(这表示

$\mathscr{M}_0$中没有完全含于G_1的区间),则一个区间d_1已符合定理要求,作法便终止. 如果$k_1>0$,便由$\mathscr{M}_0$中取$d_2\subset G_1$,使$md_2>\frac{1}{2}k_1$,显然有$d_2\cap d_1=\varnothing$. 一般地,如果$d_1,d_2,\cdots,d_n$已由$\mathscr{M}_0$中选出,但不符合定理要求(5),则令

$$F_n=\bigcup_{k=1}^{n}d_k,\ G_n=\mathscr{C}F_n,\quad k_n=\sup_{d\subset G_n}md;\tag{6}$$

那么,由$\mathscr{M}_0$中取$d_{n+1}\subset G_n$使

$$md_{n+1}>k_n/2.\tag{7}$$

于是得到互不相交的闭区间$d_1,d_2,\cdots$(如果这序列只含有限个区间,定理的结论已不需证明).

第二步　我们证明序列$\{d_k\}_{k\in\mathbf{N}}$满足(5).

以d_k的中心为心扩大每个d_k而得闭区间D_k,使$mD_k=5md_k,k\in\mathbf{N}$. 由于

$$\sum_k md_k\leqslant m\Delta=b-a,$$

级数$\sum\limits_k mD_k$收敛. 我们证明,对于任何i,有

$$E\Big\backslash\bigcup_{k=1}^{\infty}d_k\subset\bigcup_{k=i}^{\infty}D_k,\tag{8}$$

从而(5)成立.

为此,任取$x\in E\backslash\bigcup\limits_{k=1}^{\infty}d_k$,则对任意的$i$,有$x\in G_i$.因$G_i$为开集,故$\mathscr{M}_0$中有一个$d\subset G_i$,使$x\in d$. 对于这个$d$,关系式

$$d\subset G_n\tag{9}$$

不可能对一切n都成立. 这是因为,如果不然,将有$md\leqslant k_n<2md_{n+1}$. 注意到$md_{n+1}\to0\ (n\to\infty)$,有$md=0$. 这样$d$将不是正长度的区间,与假设相违. 于是确有$n$使(9)不成立. 即有$n\in\mathbf{N}$使$d\cap F_n\neq\varnothing$,设满足此式的最小自然数仍记为$n$. 由于$d\cap F_i=\varnothing$,有$n>i$. 据$n$的定义知

$$d\cap F_{n-1}=\varnothing,\quad d\cap F_n\neq\varnothing.$$

于是有下列两事实:

(i) 因$\varnothing\neq d\cap F_n=(d\cap d_1)\cup\cdots\cup(d\cap d_n)$,有$d\cap d_n\neq\varnothing$;

(ii) 因$d\subset G_{n-1}$,有$md\leqslant k_{n-1}<2md_n$.

由此可见,d与d_n有公共点,且d的长度不超过d_n长度的两倍. 故不论d的位置如何,有$d\subset D_n$. 既然$n>i$,更有$d\subset\bigcup\limits_{k=i}^{\infty}D_k$,从而$x\in\bigcup\limits_{k=i}^{\infty}D_k$,于是(8)得证. ■

定理的意义在于,虽然选出的序列$d_1,d_2,\cdots$不一定覆盖住E,但就测度而言,盖不住的点集为一零测度集. 在应用上,有时将定理写成下述方式较为

方便：

推论 设 E 为有界集，$\mathscr{M}$ 依维它利意义覆盖 E. 则对任意的 $\varepsilon>0$，可由 $\mathscr{M}$ 中选出有限个互不相交的闭区间 $d_1,d_2,\cdots,d_n$，使

$$m^*\left(E\setminus\bigcup_{k=1}^{n}d_k\right)<\varepsilon.$$

证 设由 $\mathscr{M}$ 中选取的闭区间列 $\{d_k\}$ 满足(5). 取自然数 $n=n(\varepsilon)$ 使 $\sum\limits_{k=n+1}^{\infty}md_k<\varepsilon$. 则 $d_1,d_2,\cdots,d_n$ 适合本推论的要求：

$$m^*\left(E\setminus\bigcup_{k=1}^{n}d_k\right)\leqslant m^*\left(E\setminus\bigcup_{k=1}^{\infty}d_k\right)+m\left(\bigcup_{k=n+1}^{\infty}d_k\right)<\varepsilon.$$ ∎

如果将定理中依维它利意义覆盖改为平常覆盖，那么可得到较弱的结论，选出的闭区间列能依测度盖住集 E 的一个确定的分数部分. 这个结果在调和分析中十分有用，由于它的证明方法与定理 6.2 很相近，我们把它列在下面.

定理 6.3 设 E 为有界集，$\mathscr{M}=\{d\}$ 为闭区间集，它们的并包含 E，并且 $\sup\limits_{d\in\mathscr{M}}md<\infty$. 那么由 $\mathscr{M}$ 中可选出有限或可列个闭区间 $\{d_k\}$，使

$$\sum_k md_k\geqslant\frac{1}{5}m^*E,\quad d_k\cap d_{k'}=\varnothing\ (k\neq k'). \tag{10}$$

证 像定理 6.2 的证明一样，我们先取 $d_1\in\mathscr{M}$，使

$$md_1>\frac{1}{2}\sup_{d\in\mathscr{M}}md.$$

当选取下一个区间 d_2 时，要求它与 d_1 不相交，且长度足够的大. 就是说，取 $d_2\in\mathscr{M}$，$d_1\cap d_2=\varnothing$ 且满足

$$md_2>\frac{1}{2}\sup_{\substack{d\in\mathscr{M}\\ d\cap d_1=\varnothing}}md,$$

一般地，当 $d_1,d_2,\cdots,d_n$ 已选出时，$d_{n+1}\in\mathscr{M}$ 的选取要满足：

$$md_{n+1}>\frac{1}{2}\sup_{\substack{d\in\mathscr{M}\\ d\cap(d_1\cup\cdots\cup d_n)=\varnothing}}md,$$

且 $d_{n+1}\cap(d_1\cup\cdots\cup d_n)=\varnothing$，$n=2,3,\cdots$.

这种选取或者经过有限步终止，或者得到无限序列 $\{d_k\}_{k\in\mathbf{N}}$. 我们可以假定 $\sum md_k<\infty$，因为不然的话，(10)便是显然的了.

像定理 6.2 的证明一样，考虑每个 d_k 的同心五倍长的扩大区间 D_k. 我们来证明

$$E\subset\bigcup_k D_k. \tag{11}$$

任取 $x \in E$,有 $d' \in \mathscr{M}$ 使 $x \in d'$. 为证 $d' \subset \bigcup_k D_k$,可以假定 d' 与任一个 d_k 都不相同. 由 $\{d_k\}$ 的作法,有 $k' \in \mathbf{N}$ 使

$$md_{k'} > \frac{1}{2}md'; \tag{12}$$

同时由于 $md_k \to 0\ (k \to \infty)$,从某个足码开始,一切 md_k 将小于等于 $md'/2$. 因此满足(12) 的那些 k' 中有最大数,我们就假定 k' 是如此的. 既然选取的第 $k'+1$ 个区间是 $d_{k'+1}$ 而不是 d',且 $md_{k'+1} \leqslant md'/2$,可见 d' 与 $\{d_1, d_2, \cdots, d_{k'}\}$ 中某一个必相交. 设 $r \in \{1,2,\cdots,k'\}$ 是使 $d' \cap d_r \neq \varnothing$ 的最小足码. 注意到 $md_r > md'/2$,便可断定 $d' \subset D_r$. 这样,(11) 得证. 从而

$$m^* E \leqslant \sum_k mD_k = 5 \sum_k md_k,$$

由此立即得到(10). ∎

注 在定理 6.2 与 6.3 中,如果 E 是无界集,$mE<\infty$,而其余条件不变,则易证结论仍然正确. 又对于定理 6.3,$\mathscr{M}$ 为闭区间集这个条件中"闭区间"的限制已不重要,例如换成开区间时定理仍然成立.

下面讨论单调函数的可微性. 由增函数讲起,先建立两个引理.

引理 6.1 设 $f(x)$ 为 $[a,b]$ 上的严增函数,令 E 为 $[a,b]$ 中这样的点 x 所成的集:存在一个列导数 $Df(x) \leqslant p$,p 为一个非负常数. 则

$$m^* f(E) \leqslant pm^* E, \tag{13}$$

这里 $f(E)$ 表示 E 的像集 $\{f(x): x \in E\}$.

证 任取常数 $p_0>p$. 设 $x_0 \in E$,则由列导数定义可知,有趋于 0 的数列 $\{h_n\}$,适合

$$\lim_{n\to\infty} h_n^{-1}[f(x_0+h_n)-f(x_0)] = Df(x_0) < p_0. \tag{14}$$

另一方面,对于任意的 $\varepsilon > 0$,取开集 G,满足

$$E \subset G, \quad mG < m^* E + \varepsilon. \tag{15}$$

引进记号

$$d_n(x_0) = [x_0, x_0+h_n], \quad \Delta_n(x_0) = [f(x_0), f(x_0+h_n)],$$

它们都是闭区间,这里假定 $h_n > 0$. 当 $h_n < 0$ 时,例如 $d_n(x_0)$,应写为 $[x_0+h_n, x_0]$. 但由于恒可得一具同号的子序列 $\{h_{n_k}\}$ 使(14) 成立,故不妨就一切 $h_n > 0$ 而论.

由于 $f(x)$ 为增函数,$f[d_n(x_0)] \subset \Delta_n(x_0)$. 既然 $md_n(x_0) \to 0\ (n\to\infty)$,且 G 为开集,故对一切充分大的 n,有

$$d_n(x_0)\subset G,\quad h_n^{-1}[f(x_0+h_n)-f(x_0)]<p_0,$$

必要时可以从$\{h_n\}$中去掉有限项不论，因而不妨假定上述两个关系式对一切n同时成立. 于是有

$$m\Delta_n(x_0)<p_0 md_n(x_0),\quad n\in\mathbf{N}.$$

由此显见，$m\Delta_n(x_0)\to 0\ (n\to\infty)$. 这样，闭区间集$\{\Delta_n(x):x\in E\}$依维它利意义覆盖$f(E)$. 因而据定理6.2，可取互不相交的区间列$\{\Delta_{n_i}(x_i)\}$使

$$m\left(f(E)\setminus\bigcup_i\Delta_{n_i}(x_i)\right)=0,$$

从而有

$$m^*f(E)\leqslant\sum_i m\Delta_{n_i}(x_i)<p_0\sum_i md_{n_i}(x_i)=p_0 m\left(\bigcup_i d_{n_i}(x_i)\right).$$

由于$\cup d_{n_i}(x_i)\subset G$，再据(15)得

$$m^*f(E)<p_0 mG<p_0(m^*E+\varepsilon).$$

令$\varepsilon\to 0,p_0\to p$即得(13). ∎

注 在引理6.1的证明中可以看到，假定函数$f(x)$的严增性是为了保证$d_n(x_0),\Delta_n(x_0)$等的测度全不为0. 又$f(x)$不一定要在整个区间上定义，只要在$[a,b]$的一个子集上定义即可讨论，并建立同样定理.

引理6.2 设$f(x)$为$[a,b]$上的严增函数. 令E表示这样的点x所成的集：存在一个列导数$Df(x)\geqslant q,q\geqslant 0$为常数，则

$$m^*f(E)\geqslant qm^*E.$$

证 因$y=f(x)$为$[a,b]$上的严增函数，逆映射$x=f^{-1}(y)$便是$[f(a),f(b)]$的子集$f([a,b])$到$[a,b]$上的严增函数. 不妨假定$q>0$ ($q=0$时结论显然成立). 那么$f(x)$在$x_0\in E$有一个列导数$Df(x_0)\geqslant q$意味着$f^{-1}(y)$在$y_0=f(x_0)$有一个列导数$Df^{-1}(y_0)\leqslant 1/q$. 事实上，存在数列$\{h_n\neq 0\}$，使

$$\lim_{n\to\infty}k_n^{-1}[f^{-1}(y_0+k_n)-f^{-1}(y_0)]=\lim_{n\to\infty}\frac{(x_0+h_n)-x_0}{f(x_0+h_n)-f(x_0)}$$

$$=\frac{1}{Df(x_0)}\leqslant\frac{1}{q},$$

其中

$$k_n=f(x_0+h_n)-f(x_0)\to 0\quad(n\to\infty).$$

于是据引理6.1(并参看引理的注)，有

$$m^*f^{-1}(f(E))\leqslant q^{-1}m^*f(E)$$

或

$$m^*f(E) \geqslant qm^*E.$$ ∎

现在叙述并证明本节的一个主要结果.

定理 6.4 设$f(x)$为$[a,b]$上定义的单调函数,则它在这区间上几乎处处有有限导数.

证 只需就增函数来证就够了.

第一步 $f(x)$的有限或无穷大导数几乎处处存在.

可以假定$f(x)$为严增函数来讨论. 这是因为,如果作 $g(x)=f(x)+x$,则 $g(x)$ 为严增函数,且 g 与 f 的可微性相同. 实际上在有列导数的点 x,有

$$Dg(x)=Df(x)+1.$$

设 E 为使导数 $f'(x)$不存在的点集,则对 E 中任一点 x_0,有相异列导数 $D_1f(x_0)$与$D_2f(x_0)$. 不妨设 $D_1f(x_0)<D_2f(x_0)$,那么有两个有理数 p,q,适合

$$D_1f(x_0)<p<q<D_2f(x_0).$$

令 E_{pq}表示满足上述关系式的一切点 x_0所成的集. 不难看出,$E=\bigcup\limits_{p,q}E_{pq}$,这里并集记号表示对一切有理数偶$(p,q)$而言,其中 $p<q$. 如能证明每个 E_{pq} 为零测度集,则因$\{E_{pq}\}$可列, 它的并也是零测度集,即 $mE=0$. 应用引理 6.1 与 6.2,立得

$$qm^*E_{pq}\leqslant m^*f(E_{pq})\leqslant pm^*E_{pq},$$

由于 $q>p$,故有 $m^*E_{pq}=0$,因而 $mE=0$ 得证.

第二步 我们证明 $E_0=E(f'=\infty)$的测度为0. 就是说,使f有无穷大导数的点集是零测度集. 与第一步一样,仍然就严增函数$f(x)$来证. 对每个自然数 n,有 $Df(x)\geqslant n\ (x\in E_0)$,故据引理6.2,有 $m^*f(E_0)\geqslant n\cdot m^*E_0$,但$m^*f(E_0)\leqslant f(b)-f(a)$, 因而

$$m^*E_0\leqslant \frac{1}{n}[f(b)-f(a)],$$

令 $n\to\infty$ 得 $mE_0=0$.

这样,由第一步证明,可知$f'(x)$几乎处处存在为有限或无穷大. 再由第二步证明,知$f'(x)$几乎处处存在为有限. ∎

由所证定理可知,就测度论观点看来,当给定一个单调函数时,它的导函数即确定了. 这是因为,在讨论函数的积分等问题中,函数在一个零测度集上的值可以完全不管.

下面再证明,单调函数的导函数是可积的.

定理 6.5 设$f(x)$是区间$[a,b]$上定义的增函数. 则$f'(x)$可积,且有

$$\int_{[a,b]} f'(x)\,\mathrm{d}m \leqslant f(b) - f(a).$$

证 不失一般性，可扩大定义区间$[a,b]$为$[a,b+1]$，并用 $\tilde{f}$ 代替 f 来讨论，这里

$$\tilde{f}(x) = \begin{cases} f(x), & a \leqslant x \leqslant b, \\ f(b), & b < x \leqslant b+1. \end{cases}$$

这是因为，f 与 $\tilde{f}$ 的导函数的可积性相同，且当可积时，积分值也相同.

据定理 6.4，知 $\tilde{f}$ 几乎处处存在有限导数，且单调增函数显然可测. 据第三章定理 1.2，知

$$\tilde{f}'(x) = \lim_{n\to\infty} n\left\{ \tilde{f}\left(x+\frac{1}{n}\right) - \tilde{f}(x) \right\}$$

也可测. 序列 $\left\{ n\left[\tilde{f}\left(x+\frac{1}{n}\right) - \tilde{f}(x) \right] \right\}$ 是非负的，据定理 3.3，有

$$\int_{[a,b]} \tilde{f}'(x)\,\mathrm{d}m \leqslant \varliminf_{n\to\infty} n\int_{[a,b]} \left[\tilde{f}\left(x+\frac{1}{n}\right) - \tilde{f}(x) \right]\mathrm{d}m.$$

由于单调函数（有界）为黎曼可积，因而勒贝格可积，上式右边积分化为黎曼积分. 简单的平移变换给出

$$\int_a^b \tilde{f}\left(x+\frac{1}{n}\right)\mathrm{d}x = \int_{a+\frac{1}{n}}^{b+\frac{1}{n}} \tilde{f}(x)\,\mathrm{d}x,$$

因而

$$\begin{aligned}
\int_{[a,b]} \left[\tilde{f}\left(x+\frac{1}{n}\right) - \tilde{f}(x) \right]\mathrm{d}m &= \int_a^b \left[\tilde{f}\left(x+\frac{1}{n}\right) - \tilde{f}(x) \right]\mathrm{d}x \\
&= \int_b^{b+\frac{1}{n}} \tilde{f}(x)\,\mathrm{d}x - \int_a^{a+\frac{1}{n}} \tilde{f}(x)\,\mathrm{d}x \\
&= \frac{1}{n}f(b) - \int_a^{a+\frac{1}{n}} \tilde{f}(x)\,\mathrm{d}x \\
&\leqslant \frac{1}{n}[f(b) - f(a)].
\end{aligned}$$

回到前面不等式便得

$$\int_{[a,b]} \tilde{f}'(x)\,\mathrm{d}m \leqslant f(b) - f(a),$$

因 $\tilde{f}$ 与 f 在 $[a,b]$ 上的导函数相同,这就是要证的不等式. ∎

注 定理中严格不等式可能成立. 数学分析中说的牛顿-莱布尼茨公式指的是等式成立情形. 下面举一个连续增函数的例子,对于它,牛顿-莱布尼茨公式不成立.

例 2 设 P_0 是区间 $[0,1]$ 中的康托尔完全集,G_0 是 P_0 关于区间 $[0,1]$ 的补集(参看第一章 §4 例 1). 把 G_0 中构成区间依下法按长度大小进行分类. 第一类由长度为 1/3 的一个区间 $(1/3,2/3)$ 构成. 第二类含两个区间:$(1/9,2/9)$,$(7/9,8/9)$,长度均为 1/9. 第三类有四个区间 $(1/27,2/27)$,$(7/27,8/27)$,$(19/27,20/27)$,$(25/27,26/27)$,长度均为 1/27. 一般地,第 n 类 $(n\in\mathbf{N})$ 中有 2^{n-1} 个长度为 $1/3^n$ 的区间:

$$\left(\frac{1}{3^n},\frac{2}{3^n}\right),\left(\frac{7}{3^n},\frac{8}{3^n}\right),\left(\frac{19}{3^n},\frac{20}{3^n}\right),\cdots,\left(\frac{3^n-2}{3^n},\frac{3^n-1}{3^n}\right).$$

作定义在 $[0,1]$ 上的康托尔函数 $\theta(x)$ 如下:

$$\theta(x)=\begin{cases}1/2, & x\in(1/3,2/3),\\ 1/4, & x\in(1/9,2/9),\\ 3/4, & x\in(7/9,8/9),\\ \cdots\cdots,\end{cases}$$

在第三类的四个区间上,令 $\theta(x)$ 依次取值 1/8,3/8,5/8,7/8;一般地,在第 n 类的 2^{n-1} 个区间上,令 $\theta(x)$ 依次取值 $1/2^n,3/2^n,5/2^n,\cdots,(2^n-1)/2^n$,等等. 这样,$\theta(x)$ 在 G_0 上有定义,它在 G_0 的每个构成区间上为常数,且限制在 G_0 上为增函数. 将 $\theta(x)$ 连续扩充定义到整个区间 $[0,1]$ 上,方式如下:

$$\theta(x)=\sup_{\substack{t<x\\ t\in G_0}}\theta(t),\quad \theta(0)=0,\theta(1)=1.$$

由作法看出,$\theta(x)$ 是 $[0,1]$ 上的增函数. 它的连续性是明显的. 因为,如果 $\theta(x)$ 在一点 x_0 不连续,则区间 $(\theta(x_0-0),\theta(x_0+0))$ 中一切数除 $\theta(x_0)$ 外将不是 $\theta(x)$ 的函数值,这与 $\theta(x)$ 的函数值在 $[0,1]$ 中稠密的事实相矛盾(当 x_0 是端点 0 或 1 时,应当用 $[\theta(0),\theta(0^+))$ 或 $(\theta(1^-),\theta(1)]$ 代替上面的 $(\theta(x_0-0),\theta(x_0+0))$). 由于 $\theta'(x)\sim 0$,故有

$$\int_{[0,1]}\theta'(x)\,\mathrm{d}m=0<1=\theta(1)-\theta(0).$$

注 康托尔函数有多种分析表示,这里介绍一种如下. 设 $x\in[0,1]$ 的三进表示为 $x=0.x_1x_2\cdots x_n\cdots,x_n\in\{0,1,2\}$,$n\in\mathbf{N}$. 令 $N=N(x)=\inf\{n:x_n=1\}$. 那么当 N 为自然数时,令

$$y_n=\begin{cases}x_n/2, & 对\ n<N,\\ 1, & 对\ n=N,\\ 0, & 对\ n>N.\end{cases}$$

而当 x 的表示中无数字 1 出现时，则令 $y_n=x_n/2$，对 $n\in\mathbf{N}$. 于是 $\theta(x)$ 可表示为 $\theta(x)=\sum_{n=1}^{\infty}y_n/2^n$. $\theta(x)$ 的一些性质可用此表示式去证明.

定义 6.4 设 $f(x)$ 是区间 $[a,b]$ 上的有限函数. 考察区间 $[a,b]$ 的任一分划：

$$a=x_0<x_1<x_2<\cdots<x_n=b.$$

当分划中分点变动时考察上确界

$$\sup_{(x_0,x_1,\cdots,x_n)}\sum_{k=1}^{n}|f(x_k)-f(x_{k-1})|,$$

并称它为 $f(x)$ 在 $[a,b]$ 上的**全变差**，记为 $\bigvee_a^b(f)$. 若 $\bigvee_a^b(f)<\infty$，称 $f(x)$ 在 $[a,b]$ 上是**有界变差的**.

显然，若 $f(x)$ 是 $[a,b]$ 上的有界变差函数，则它在任一子区间 $[a,x]$ $(a<x\leqslant b)$ 上也是有界变差的. 我们令

$$\pi(x)=\bigvee_a^x(f),a<x\leqslant b,\pi(a)=0.$$

则 $\pi(x)$ 是 $[a,b]$ 上的非负有限函数.

引理 6.3 $\pi(x)$ 满足有限可加性：

$$\bigvee_a^b(f)=\bigvee_a^c(f)+\bigvee_c^b(f),\quad a<c<b. \tag{16}$$

证 考察区间 $[a,c]$ 与 $[c,b]$ 的任意分划：

$$a=x_0<x_1<\cdots<x_n=c,$$
$$c=y_0<y_1<\cdots<y_m=b.$$

显然有

$$\sum_{k=1}^{n}|f(x_k)-f(x_{k-1})|+\sum_{l=1}^{m}|f(y_l)-f(y_{l-1})|\leqslant\bigvee_a^b(f).$$

在上式中先令 x_k 等变动，再令 y_l 等变动，依次取上确界，便得

$$\bigvee_a^c(f)+\bigvee_c^b(f)\leqslant\bigvee_a^b(f). \tag{17}$$

另一方面，对于任意的 $\varepsilon>0$，存在分划

$$a=z_0<z_1<\cdots<z_q=b,$$

使

$$\sum_{j=1}^{q}|f(z_j)-f(z_{j-1})|>\bigvee_a^b(f)-\varepsilon.$$

如果分点组$\{z_j\}$中不含有点 c,我们将 c 添进分点组$\{z_j\}$中去. 例如说,c 介于z_r与 z_{r+1}之间:$z_r<c<z_{r+1}$,$r\leqslant q-1$. 那么由

$$\left\{\sum_{j=1}^{r}|f(z_j)-f(z_{j-1})|+|f(c)-f(z_r)|\right\}+$$

$$\left\{|f(z_{r+1})-f(c)|+\sum_{j=r+2}^{q}|f(z_j)-f(z_{j-1})|\right\}$$

$$\geqslant\sum_{j=1}^{q}|f(z_j)-f(z_{j-1})|>\bigvee_a^b(f)-\varepsilon,$$

可知

$$\bigvee_a^c(f)+\bigvee_c^b(f)>\bigvee_a^b(f)-\varepsilon.$$

如果分点组$\{z_j\}$中已含有点 c,则直接得知上式成立.

由于 ε 是任意的,得

$$\bigvee_a^c(f)+\bigvee_c^b(f)\geqslant\bigvee_a^b(f).$$

注意到已证结果(17),可见(16)式成立. ■

有界变差函数在应用上是十分重要的一类函数. 容易证明,有界变差函数关于线性运算是封闭的,即对于任何两个有界变差函数 f,g 与任何两个数 α,β,$\alpha f+\beta g$ 仍是有界变差函数(在同一区间$[a,b]$上). 此外,一个有界变差函数的绝对值函数也是有界变差的. 单调函数显然是有界变差的,有界变差函数与单调函数的密切关系可从下列定理看出.

定理 6.6 $[a,b]$上定义的函数 $f(x)$是有界变差的充分必要条件是,它可以表示成两个单调函数的差.

证 充分性是显然的,故只证必要性. 设 $f(x)$是有界变差函数,引进上面定义的 $\pi(x)=\bigvee_a^x(f)$. 我们证明 $\pi(x)$ 是单调增函数:当 $\alpha<\beta$ 时,$\pi(\alpha)\leqslant\pi(\beta)$. 据所证引理 6.3,

$$\bigvee_a^\alpha(f)+\bigvee_\alpha^\beta(f)=\bigvee_a^\beta(f),$$

由于显然 $\bigvee_\alpha^\beta(f)\geqslant 0$,故 $\bigvee_a^\alpha(f)\leqslant\bigvee_a^\beta(f)$,即 $\pi(\alpha)\leqslant\pi(\beta)$.

令 $\nu(x)=\pi(x)-f(x)$，则可证 $\nu(x)$ 也是增函数. 其实，当 $\alpha<\beta$ 时有

$$\begin{aligned}\nu(\beta)-\nu(\alpha)&=\pi(\beta)-\pi(\alpha)-[f(\beta)-f(\alpha)]\\&=\bigvee_{\alpha}^{\beta}(f)-[f(\beta)-f(\alpha)],\end{aligned}$$

右边第一项是 f 在 $[\alpha,\beta]$ 上的全变差，故

$$|f(\beta)-f(\alpha)|\leqslant\bigvee_{\alpha}^{\beta}(f).$$

于是 $\nu(\beta)-\nu(\alpha)\geqslant 0$，即证明了 $\nu(x)$ 是增函数. 这样，我们得到了定理中所需的分解：$f(x)=\pi(x)-\nu(x)$，π,ν 均是增函数. ■

所证的分解定理能使我们借用单调函数来了解有界变差函数. 例如，有界变差函数的不连续点集至多可列（参看第二章习题 21），有界变差函数几乎处处存在有限导数（定理 6.4），并且它的导函数是可积的（定理 6.5）.

下面举两个简单例子.

例 3 设 $f(x)$ 是 $[a,b]$ 上处处可微的函数，且导数一致有界：$|f'(x)|\leqslant M$，M 为常数. 试证 $f(x)$ 是有界变差的.

证 据定义 6.4，对于区间 $[a,b]$ 的任一分划：

$$a=x_0<x_1<x_2<\cdots<x_n=b,$$

我们来考察和

$$\sigma=\sum_{k=1}^{n}|f(x_k)-f(x_{k-1})|.$$

应用微分学中值定理，对每个 $k\in\{1,2,\cdots,n\}$，有 $\xi_k\in(x_{k-1},x_k)$，使

$$f(x_k)-f(x_{k-1})=f'(\xi_k)(x_k-x_{k-1}).$$

从而

$$\sigma=\sum_{k=1}^{n}(x_k-x_{k-1})|f'(\xi_k)|\leqslant M(b-a).$$

右边的量与分划中的点无关，因而当分点变动时，σ 的上确界不超过 $M(b-a)$. 这表明 f 是 $[a,b]$ 上的有界变差函数. ■

例 4 在区间 $[0,1]$ 上定义函数

$$f(x)=\begin{cases}x\cos\dfrac{\pi}{x}, & 0<x\leqslant 1,\\ 0, & x=0.\end{cases}$$

它是连续的，我们证明它不是有界变差的. 为此考察 $[0,1]$ 的特殊分点组

$$0<\frac{1}{n-1}<\frac{1}{n-2}<\cdots<\frac{1}{2}<1.$$

我们有

$$f\left(\frac{1}{k}\right)=\frac{1}{k}\cos k\pi=(-1)^{k}\frac{1}{k},\ k=1,2,\cdots,n-1.$$

从而对这一分点组,

$$\begin{aligned}\sigma&=\sum_{k=1}^{n-2}\left|f\left(\frac{1}{k}\right)-f\left(\frac{1}{k+1}\right)\right|+\left|f(0)-f\left(\frac{1}{n-1}\right)\right|\\&=\sum_{k=1}^{n-2}\left(\frac{1}{k}+\frac{1}{k+1}\right)+\frac{1}{n-1}=2\sum_{k=1}^{n-1}\frac{1}{k}-1,\end{aligned}$$

由于$\sum_{k=1}^{n-1}\frac{1}{k}\to\infty\ (n\to\infty)$,可见$\bigvee_0^1(f)=\infty$,即$f$在$[0,1]$上不是有界变差函数.

如果注意到例4中函数的导数为

$$f'(x)=\frac{\pi}{x}\sin\frac{\pi}{x}+\cos\frac{\pi}{x},\quad 0<x\leqslant 1,$$

它不是区间$(0,1)$上的可积函数,由定理6.5与定理6.6立即知道f本身不是有界变差的.

现在我们对有界变差函数$f(x)\ (a\leqslant x\leqslant b)$进行另一种分解,这种分解是依据定理6.1与定理6.6的. 假设$f(x)=\pi(x)-\nu(x)$,这里$\pi(x)$,$\nu(x)$均为增函数,它们的不连续点全体至多为一可列集,用$\{\xi_k\}$表示它. 与以前相仿,令$s_\pi(x)$为对于$\pi(x)$作出的跳跃函数,只是要注意,这里的$\{\xi_k\}$不只是$\pi(x)$的不连续点集,而是$\pi(x)$与$\nu(x)$两者的不连续点集的并. 这样,

$$s_\pi(x)=\begin{cases}\pi(a+0)-\pi(a)+\sum\limits_{a<\xi_k<x}\{\pi(\xi_k+0)-\pi(\xi_k-0)\}+\\ \qquad\pi(x)-\pi(x-0),\quad a<x\leqslant b,\\ 0,\qquad x=a.\end{cases}$$

$s_\nu(x)$也有类似的构造.

令$s(x)=s_\pi(x)-s_\nu(x)$,则

$$s(x)=\begin{cases}f(a+0)-f(a)+\sum\limits_{a<\xi_k<x}\{f(\xi_k+0)-f(\xi_k-0)\}+\\ \qquad f(x)-f(x-0),\quad a<x\leqslant b,\\ 0,\qquad x=a,\end{cases}$$

并称它为 $f(x)$ 的**跳跃函数**. 这时,$\{\xi_k\}$ 可看成仅由 $f(x)$ 的不连续点所组成,因为在 $f(x)$ 的连续点处,相应的跃度消失.

由于 $\pi(x)-s_\pi(x)$,$\nu(x)-s_\nu(x)$ 均为连续增函数,故

$$\varphi(x)=\pi(x)-s_\pi(x)-[\nu(x)-s_\nu(x)]=f(x)-s(x)$$

为一连续有界变差函数. 这样,我们得到了有界变差函数的连续-跳跃分解:$f(x)=\varphi(x)+s(x)$,其中 $\varphi(x)$ 为连续有界变差函数,而 $s(x)$ 为 $f(x)$ 的跳跃函数(有界变差的). 将所得结果叙述为

定理 6.7 在闭区间上定义的有界变差函数恒可表示为它的跳跃函数与一个连续有界变差函数的和.

为了以后的需要,我们还要引进 $f(x)$ 的一种标准分解. 这种分解是将 $f(x)$ 表示为它的正变差与负变差之差.

定义 6.5 设 $f(x)$ 是 $[a,b]$ 上的有界变差函数. 考察 $[a,b]$ 的任意一个分划:

$$a=x_0<x_1<\cdots<x_n=b.$$

令

$$P=\Sigma'[f(x_i)-f(x_{i-1})],N=-\Sigma''[f(x_i)-f(x_{i-1})],$$

其中 Σ' 表示对所有满足 $f(x_i)-f(x_{i-1})\geqslant 0$ 的那些 i 求和,$i\in\{1,2,\cdots,n\}$,而 Σ'' 表示对其余的 i 求和. 当代替 $[a,b]$ 而考虑子区间 $[a,x]$ 时,相应的 P,N 分别记为 $P(x)$,$N(x)$. 当分点组变动时,取上确界便定义出

$$p(a,b)=\sup P,n(a,b)=\sup N.$$

视上限 b 为变元 x 时,即得 $p(a,x)$ 与 $n(a,x)$,依次简记为 $p(x)$ 与 $n(x)$,并分别称为 $f(x)$ 的**正变差**与**负变差**(**函数**). $p(x)$ 与 $n(x)$ 关于区间的可加性也成立,这同 f 的全变差类似(参看引理 6.3). 特别,$p(a)$ 与 $n(a)$ 均视为 0.

显然,

$$p(x)+n(x)=\pi(x),\pi(x)=\bigvee_a^x(f). \tag{18}$$

另一方面,可以证明:

$$p(x)-n(x)=f(x)-f(a). \tag{19}$$

其实,对任意的 $\varepsilon>0$,可取 $[a,x]$ 的分划 $\{\xi_0,\xi_1,\cdots,\xi_k\}$,使相应的 $P(x)>p(x)-\varepsilon$. 那么由于 $N(x)\leqslant n(x)$ 有

$$f(x)-f(a)=P(x)-N(x)>p(x)-\varepsilon-n(x),$$

令 $\varepsilon\to 0$ 得

$$f(x)-f(a)\geqslant p(x)-n(x). \tag{20}$$

对函数 $-(f(x)-f(a))$ 应用已得结果(20),得到

$$-(f(x)-f(a)) \geqslant n(x)-p(x),$$

故

$$f(x)-f(a) \leqslant p(x)-n(x).$$

比较此不等式与(20)便证明了(19)成立. 这样,我们得到了有界变差函数 $f(x)$ 的**标准分解**:

$$f(x)=p(x)-n(x)+f(a), \tag{21}$$

其中 p,n 分别为 f 的正变差与负变差,且均为非负增函数.

下列定理在 §7 将要用到.

定理 6.8 设 $f(x)$ 是 $[a,b]$ 上的有界变差函数,则有分解(21)成立,其中 $p(x),n(x)$ 分别是 f 的正变差与负变差函数. 假定 $f(a)=0$, f 又有分解

$$f(x)=p_1(x)-n_1(x),$$

其中 p_1,n_1 均为增函数且 $p_1(a)=n_1(a)=0$,则 $p_1(x)-p(x)$ 与 $n_1(x)-n(x)$ 也是非负增函数.

证 设 $f(a)=0$,由假设得

$$f(x)=p(x)-n(x)=p_1(x)-n_1(x).$$

故

$$p_1(x)-p(x)=n_1(x)-n(x).$$

因而只需证明 $r(x)=p_1(x)-p(x)$ 为增函数即可. 设 $\alpha<\beta,\alpha,\beta\in[a,b]$. 据 $p(x)$ 的定义,对任意的 $\varepsilon>0$,存在含于 $[\alpha,\beta]$ 的互不相叠(指无公共内点)区间组 $[x_i,x_i']$, $i=1,2,\cdots,k$, 使

$$p(\beta)-p(\alpha)-\varepsilon<\sum_i[f(x_i')-f(x_i)].$$

据假设 $f(x)=p_1(x)-n_1(x)$, p_1,n_1 为增函数, 有

$$\begin{aligned}\sum_i[f(x_i')-f(x_i)] &= \sum_i[p_1(x_i')-p_1(x_i)]-\sum_i[n_1(x_i')-n_1(x_i)] \\ &\leqslant \sum_i[p_1(x_i')-p_1(x_i)] \leqslant p_1(\beta)-p_1(\alpha),\end{aligned}$$

故

$$p(\beta)-p(\alpha)-\varepsilon<p_1(\beta)-p_1(\alpha).$$

令 $\varepsilon\to 0$,即得

$$p_1(\alpha)-p(\alpha)\leqslant p_1(\beta)-p(\beta),\alpha<\beta.$$

这就证明了 $r(x)=p_1(x)-p(x)$ 为增函数. 又显然 $r(a)=p_1(a)-p(a)=0$,故

$r(x)$ 是非负增函数. ∎

由所证定理推出,当 $f(a)=0$ 时,对于 $f(x)$ 的任何单调(增加)分解 $f(x)=p_1(x)-n_1(x)$, $p_1(a)=0$,必存在增函数 $r(x)$,满足

$$p_1(x)=p(x)+r(x),n_1(x)=n(x)+r(x),r(a)=0.$$

下面讨论原函数问题,这是微积分基本问题之一.设 $f(x)$ 是定义在 $[a,b]$ 上的函数,它在区间上几乎处处有导数 $f'(x)$(因而认为导函数被确定了),问公式

$$\int_{[a,x]} f'(t)\mathrm{d}m=f(x)-f(a)\quad (a\leqslant x\leqslant b)$$

是否成立?这里,我们把 $f(x)$ 看成 $g(x)=f'(x)$ 的一个原函数.就是说,原函数 $f(x)$ 能否由它的导函数的不定积分得到?

前面已经讲过,当 g 为连续的增函数 f 的导函数时,上式可能不成立,这可参看例 2.我们要研究上述等式成立的条件.下面将看到,应用勒贝格积分概念,可以圆满地解决这个问题.

设给定了可积函数 g,我们令

$$f(x)=C+\int_{[a,x]} g(t)\mathrm{d}m,\quad a\leqslant x\leqslant b.$$

那么,$f(x)$ 成为一个可积函数的不定积分.由于 C 是常数,$f(x)$ 的性质将由第二项决定. $f(x)$ 显然连续,且进而还有更好的性质.

定义 6.6 设 $[a_1,b_1],[a_2,b_2],\cdots,[a_n,b_n]$ 表示 $[a,b]$ 中任意有限个互不相叠的区间所成的集.如果当 $m(\bigcup_k[a_k,b_k])\to 0$ 时,有

$$\sum_k [f(b_k)-f(a_k)]\to 0,$$

则称 $f(x)$ 在 $[a,b]$ 上为**绝对连续函数**.

不难看出,在定义中,条件

$$\sum_k [f(b_k)-f(a_k)]\to 0\quad \left(当\ m\left(\bigcup_k [a_k,b_k]\right)\to 0\right)$$

可用较强的条件

$$\sum_k |f(b_k)-f(a_k)|\to 0\quad \left(当\ m\left(\bigcup_k [a_k,b_k]\right)\to 0\right)$$

代替.此外,容易证明,绝对连续函数在基本运算和、差、积、商(除函数不取零值)下是封闭的.

引理 6.4 在 $[a,b]$ 上定义的绝对连续函数 $f(x)$ 是有界变差的.

证 据定义,取 $\varepsilon=1$,存在 $\delta_1>0$,使当互不相叠的区间 $[a_1,b_1],[a_2,b_2],\cdots,[a_n,b_n]$ 的长度总和小于 δ_1 时有

$$\sum_{k=1}^{n}|f(b_k)-f(a_k)|<1.$$

用分点组

$$a=x_0<x_1<x_2<\cdots<x_{N_1}=b$$

分划区间$[a,b]$，使$x_k-x_{k-1}<\delta_1,k\in\{1,2,\cdots,N_1\}$，那么，容易看出，对于每个$k\in\{1,2,\cdots,N_1\}$有

$$\bigvee_{x_{k-1}}^{x_k}(f)\leqslant 1,\quad 从而\ \bigvee_a^b(f)\leqslant N_1.$$ ∎

例 5 连续有界变差函数不一定是绝对连续的.

这只要看例 2 就可知道.$\theta(x)$是定义在$[0,1]$上的连续增函数，因而是连续有界变差的.θ映G_0为可列集，因而$m\theta(G_0)=0$.显然，$m\theta([0,1])=1$，故$m\theta(P_0)=1$.但$mP_0=0$，由此便可断定$\theta(x)$不是绝对连续的.其实，设δ是任意给定的正数.我们把G_0的构成区间中长度$\geqslant 3^{-k}$的2^k-1个区间依从左到右的次序记为

$$\Delta_1,\Delta_2,\cdots,\Delta_{2^k-1},$$

并在每个区间Δ_i中取两点x_i,x_i'，使它们与区间Δ_i的两个端点分别靠得足够近，$i=1,2,\cdots,2^k-1$，以致对充分大的k，

$$\sum_{i=0}^{2^k-1}(x_{i+1}-x_i')<\delta,$$

其中约定$x_0'=0,x_{2^k}=1$.这可以做到，由于$mG_0=1$.现在诸区间$[x_i',x_{i+1}]$($i=0,1,\cdots,2^k-1$)的长度总和小于δ，但因θ在每个Δ_i上为常数，便有$\theta(x_i')-\theta(x_i)=0$，$i=1,2,\cdots,2^k-1$，故

$$\begin{aligned}\sum_{i=0}^{2^k-1}|\theta(x_{i+1})-\theta(x_i')|&=\sum_{i=0}^{2^k-1}[\theta(x_{i+1})-\theta(x_i')]+\sum_{i=1}^{2^k-1}[\theta(x_i')-\theta(x_i)]\\&=\theta(1)-\theta(0)=1.\end{aligned}$$

因此$\theta(x)$不是绝对连续的.

下列例子表明，引理 6.4 中的区间$[a,b]$改为无限区间时，结论不再成立.

例 6 设$f(x)=\cos x,-\infty<x<\infty$.

这函数是绝对连续的.这是由于，对$(-\infty,\infty)$中任意有限个互不相叠的区间$[a_1,b_1],[a_2,b_2],\cdots,[a_n,b_n]$，据

$$\cos b_k-\cos a_k=(b_k-a_k)(-\sin\xi_k),\quad \xi_k\in[a_k,b_k],$$

有

$$\sum_{k=1}^{n} |f(b_k) - f(a_k)| \leqslant \sum_{k=1}^{n} (b_k - a_k),$$

左边随 $\sum_{k=1}^{n}(b_k - a_k)$ 同趋于0.但这函数不是有界变差的.取 $x_k = k\pi, k=0,1,\cdots,n$,我们有

$$\sum_{k=1}^{n} |f(x_k) - f(x_{k-1})| = 2n,$$

因此 $\bigvee_{-\infty}^{\infty}(f) = \infty$.

注 在$[a,b]$上的绝对连续函数既然是有界变差的,它就具有有界变差函数的所有性质.特别,它的导数几乎处处存在为有限并且导函数是可积的.

在引进关于原函数的定理之前,先建立两条引理.

引理 6.5 设$f(x)$是$[a,b]$上的绝对连续函数,它的导函数$f'(x)$在$[a,b]$上几乎处处为零,则$f(x)$为常数.

证 任取$\varepsilon>0$.由于$f(x)$为绝对连续的,便存在$\delta>0$,使对$[a,b]$中任意有限个互不相叠的区间$[a_1,b_1],[a_2,b_2],\cdots,[a_r,b_r]$,只要

$$m\left(\bigcup_{k=1}^{r} [a_k,b_k]\right) < \delta,$$

就有

$$\sum_{k=1}^{r} |f(b_k) - f(a_k)| < \varepsilon. \tag{22}$$

令E为(a,b)中使$f'(x)=0$的点集,则据假设,$mE=b-a$.对E中每一点x,只需$h>0$充分小,就有

$$|h^{-1}[f(x+h) - f(x)]| < \varepsilon. \tag{23}$$

闭区间集$\{[x,x+h]: x\in E, h>0, h\to 0\}$依维它利意义覆盖$E$.据维它利引理的推论,对上述$\delta>0$,有有限个互不相交的区间

$$d_1 = [x_1,x_1+h_1], d_2 = [x_2,x_2+h_2], \cdots, d_n = [x_n,x_n+h_n],$$

使$m^*(E - \bigcup_{k=1}^{n} d_k) < \delta$,从而得知

$$\sum_{k=1}^{n} md_k > b - a - \delta.$$

由此顺便得到,由$[a,b]$减去$\bigcup_{k=1}^{n} d_k$所得差集(有限个区间的并)的测度小于δ.为确定起见,不妨假定$x_1 < x_2 < \cdots < x_n$(必要时可重新编序而使此不等式成立).于是由(22)得

$$\sigma_1 = |f(x_1) - f(a)| + \sum_{k=1}^{n-1} |\{f(x_{k+1}) - f(x_k + h_k)\}| +$$
$$|f(b) - f(x_n + h_n)| < \varepsilon.$$

另一方面,因 x_k 等全含在 E 中,据(23)得

$$|f(x_k + h_k) - f(x_k)| < \varepsilon h_k, \quad k = 1,2,\cdots,n.$$

从而

$$\sigma_2 = \left| \sum_{k=1}^{n} \{f(x_k + h_k) - f(x_k)\} \right| < \varepsilon \sum_{k=1}^{n} h_k \leqslant \varepsilon(b - a).$$

于是

$$|f(b) - f(a)| \leqslant \sigma_1 + \sigma_2 < \varepsilon(1 + b - a).$$

由于 ε 可随意小,必然有 $f(b)=f(a)$.将所得结果应用于区间 $[a,x]$ 上便得 $f(x)=f(a)$ $(a < x \leqslant b)$.这样,$f(x)$ 为常数. ■

引理 6.6 设 $g(x)$ 为区间 $[a,b]$ 上的可积函数,则函数

$$f(x) = C + \int_{[a,x]} g(t)\,\mathrm{d}m, \quad C \text{ 为常数}$$

为绝对连续的,它的导数几乎处处存在,且有 $f'(x) \sim g(x)$.

证 第一步 先证 $f(x)$ 为绝对连续的.对任意的 $\varepsilon > 0$,据积分的绝对连续性,存在 $\delta > 0$(假定 $\delta \leqslant \varepsilon$),使当 $me < \delta$ $(e \subset [a,b])$ 时有

$$\int_e |g(t)|\,\mathrm{d}m < \varepsilon. \tag{24}$$

设 $[a_1,b_1],[a_2,b_2],\cdots,[a_n,b_n]$ 是 $[a,b]$ 中任意互不相叠的区间集,据积分的可加性,可得

$$\sum_k |f(b_k) - f(a_k)| \leqslant \int_{\bigcup_k (a_k,b_k)} |g(t)|\,\mathrm{d}m.$$

因而当 $m(\bigcup_k (a_k,b_k)) < \delta$ 时有 $\sum_k |f(b_k) - f(a_k)| < \varepsilon$,即 f 是绝对连续的.由于绝对连续函数是有界变差的,知 $f(x)$ 的导数几乎处处存在且有限.

第二步 我们证明 $f'(x) \sim g(x)$,$x \in [a,b]$.首先证明,在区间 $[a,b]$ 上几乎处处有

$$f'(x) \leqslant g(x).$$

令 E_{pq} 为 (a,b) 中使 $f'(x)$ 存在且满足 $f'(x) > q > p > g(x)$ 的点集,我们证明 $mE_{pq} = 0$.

对上面第一步中取定的 δ，取开集 G 使

$$E_{pq} \subset G \subset [a,b], \quad 而\ mG < mE_{pq} + \delta. \tag{25}$$

据 E_{pq} 的定义，对每个 $x \in E_{pq}$，当 $h > 0$ 充分小时，有

$$h^{-1}[f(x+h) - f(x)] > q, \tag{26}$$

且因 G 为开集，可设上述 h 全都满足 $[x, x+h] \subset G$. 这样，闭区间集

$$\{[x, x+h]: x \in E_{pq}, h > 0\}$$

依维它利意义覆盖 E_{pq}. 据维它利引理（定理 6.2），存在互不相交的区间的并集 $S = \bigcup_k [x_k, x_k + h_k]$，使 $m(E_{pq} \setminus S) = 0$. 这时据(26)与 $f(x)$ 的定义，对每个 k 有

$$\frac{1}{h_k}\int_{(x_k, x_k+h_k)} g(t)\,\mathrm{d}m > q,$$

从而

$$\int_S g(t)\,\mathrm{d}m > qmS. \tag{27}$$

分两种情况讨论，如果 $q \geqslant 0$，注意到 $mE_{pq} \leqslant mS$，有

$$\int_S g(t)\,\mathrm{d}m > qmE_{pq};$$

如果 $q<0$，注意到

$$S \subset (S \setminus E_{pq}) \cup E_{pq} \subset (G \setminus E_{pq}) \cup E_{pq},$$

有

$$mS < \delta + mE_{pq} \leqslant \varepsilon + mE_{pq},$$

从而由(27)，

$$\int_S g(t)\,\mathrm{d}m > q(mE_{pq} + \varepsilon).$$

因此，不论 q 的符号如何，有

$$\int_S g(t)\,\mathrm{d}m > qmE_{pq} - |q|\varepsilon. \tag{28}$$

另一方面，由于

$$m(S \setminus E_{pq}) \leqslant m(G \setminus E_{pq}) < \delta,$$

应用(24)得 $\int_{S \setminus E_{pq}} g(t)\,\mathrm{d}m < \varepsilon$. 从而

$$\int_S g(t)\,\mathrm{d}m < \int_{E_{pq}} g(t)\,\mathrm{d}m + \varepsilon \leqslant pmE_{pq} + \varepsilon. \tag{29}$$

联合(28),(29)即得

$$-|q|\varepsilon + qmE_{pq} < pmE_{pq} + \varepsilon.$$

由于 ε 可以随意小,必然有 $qmE_{pq} \leqslant pmE_{pq}$.但 $q > p$,故 $mE_{pq} = 0$.

设 E 为 (a,b) 中使 $f'(x)$ 存在且满足 $f'(x)>g(x)$ 的点集,令 (p,q) 表示任意的有理数偶,且 $p<q$.那么有 $E=\bigcup_{(p,q)} E_{pq}$.据已证事实,每个 E_{pq} 为零测度集,因而作为可列个零测度集的并,有 $mE=0$.这就证明了在 $[a,b]$ 上几乎处处有

$$f'(x) \leqslant g(x).$$

为得到相反的不等式,令 $\varphi(x)=-f(x)$,并应用已证结果于 $\varphi(x)$,得

$$\varphi'(x) \leqslant -g(x) \text{ 或 } f'(x) \geqslant g(x)$$

几乎处处成立.联合所得两结果便推出,$f'(x)=g(x)$ 几乎处处成立. ■

注意,当 $g(x)$ 为无限区间 $(-\infty,\infty)$ 上的可积函数时,引理仍然正确.

据引理 6.6 与引理 6.5 立即可建立本节又一重要结果.

定理 6.9 在 $[a,b]$ 上定义的函数 $f(x)$ 为绝对连续的充分必要条件是,存在可积函数 $g(x)$,使等式

$$f(x)=f(a)+\int_{[a,x]} g(t)\,\mathrm{d}m$$

成立.

证 充分性已在引理 6.6 的证明中讨论过.下面我们证明必要性.

设 $f(x)$ 为绝对连续,因而是有界变差的,于是它的导函数 $f'(x)$ 几乎处处存在且 $f'(x)$ 在 $[a,b]$ 上可积.令

$$\varphi(x)=f(a)+\int_{[a,x]} f'(t)\,\mathrm{d}m.$$

据引理 6.6,$\varphi(x)$ 为绝对连续且 $\varphi'(x) \sim f'(x)$.这样,绝对连续函数 $\varphi(x)-f(x)$ 的导数对等于 0,从而据引理 6.5,知 $\varphi(x)-f(x)=C$,C 为常数.但 $\varphi(a)=f(a)$,故 $C=0$.从而 $f(x)$ 与 $\varphi(x)$ 处处相等,即

$$f(x)=\varphi(x)=f(a)+\int_{[a,x]} f'(t)\,\mathrm{d}m,$$

这样,只需取 $g(x)$ 为 $f'(x)$ 就行了. ■

由所证定理可以看到积分与微分的联系.我们就原函数为绝对连续情形(注意被积函数只是可积!)建立了牛顿–莱布尼茨公式

$$\int_{[a,b]} f'(x)\,\mathrm{d}m = f(b)-f(a).$$

定理 6.5 后例 2 中曾提到的康托尔函数 $\theta(x)$ 是连续有界变差的,而且不恒为常数,又它的导数对等于零.应用定理 6.9,立即知道 $\theta(x)$ 不是绝对连续函数.

这样的函数在有界变差函数的分解中起着重要作用.

定义 6.7 设 $r(x)$ 为 $[a,b]$ 上的连续有界变差函数,不恒为常数,且 $r'(x)\sim 0$,则称 $r(x)$ 为**奇异函数**.

我们以研究有界变差函数的进一步分解作为本节结束.设 $f_0(x)$ 为连续有界变差函数,那么利用可积函数 $f_0'(x)$,可以作函数

$$\varphi(x)=f_0(a)+\int_{[a,x]}f'_0(t)\,\mathrm{d}m,$$

$\varphi(x)$ 与 $f_0(x)$ 不一定相等,但它们的差 $r(x)=f_0(x)-\varphi(x)$ 的导数却是对等于零的.这个差显然是连续有界变差的,因而是一奇异函数或零.于是我们得到 $f_0(x)$ 的一种分解:

$$f_0(x)=\varphi(x)+r(x),\quad r(a)=0,$$

其中 $\varphi(x)$ 为绝对连续函数,$r(x)$ 为奇异函数或零.这种分解是唯一的.这是因为,若有另一表示,

$$f_0(x)=\varphi_1(x)+r_1(x),\quad r_1(a)=0,$$

$\varphi_1(x)$ 为绝对连续的,$r_1(x)$ 为奇异函数或零,则得

$$\varphi(x)-\varphi_1(x)=r_1(x)-r(x).$$

由此可知,绝对连续函数 $\varphi(x)-\varphi_1(x)$ 的导数对等于0,故 $\varphi(x)-\varphi_1(x)$ 为常数.但 $\varphi(a)=\varphi_1(a)$,故 $\varphi(x)\equiv\varphi_1(x)$.从而又推出 $r_1(x)\equiv r(x)$.

例 7 设 f 是 $(-\infty,\infty)$ 上的可积函数,(α,β) 是含有点 x 的变动区间.试证等式

$$\lim_{\beta-\alpha\to0}\frac{1}{\beta-\alpha}\int_{(\alpha,\beta)}f(t)\,\mathrm{d}m=f(x)\tag{30}$$

几乎处处成立.

证 所欲证的等式是说,可积函数 f 在一点邻域的积分平均值的某种极限几乎处处等于 f 在该点的值.若 f 连续,结论显然成立.现在 f 只是可积,需要应用绝对连续函数的性质来考虑.

令 $F(x)=\int_{(a,x)}f(t)\,\mathrm{d}m$,$a\in\mathbf{R}$ 是任意取定的数,则 F 绝对连续,它在 $(-\infty,\infty)$ 上几乎处处有有限导数,且 $F'(x)\sim f(x)$.令 A 是使导数 $F'(x)$ 存在为有限且使等式 $F'(x)=f(x)$ 成立的点集.则 $m\mathscr{C}A=0$.任取 $x\in A$,则有

$$\lim_{h\to0}\frac{1}{h}\int_{(x,x+h)}f(t)\,\mathrm{d}m=F'(x)=f(x),$$

这里当 $h<0$ 时,积分区间应写成 $(x+h,x)$,下同.故

$$\int_{(x,x+h)} f(t)\,\mathrm{d}m = hf(x) + o(h), h \to 0. \tag{31}$$

设 $\alpha < x < \beta, x - \alpha = h_1, \beta - x = h_2$,则据(31),并注意到 $\beta - \alpha \to 0$ 时有 $h_1, h_2 \to 0$,

$$\begin{aligned}\int_{(\alpha,\beta)} f(t)\,\mathrm{d}m &= \int_{(x,x+h_2)} f\,\mathrm{d}m + \int_{(x-h_1,x)} f\,\mathrm{d}m \\ &= h_2 f(x) + o(h_2) + h_1 f(x) + o(h_1) \\ &= (\beta - \alpha) f(x) + o(\beta - \alpha), \quad \beta - \alpha \to 0. \end{aligned} \tag{32}$$

由(32)可见当 $x \in A$ 时(30)成立,并且 $m\mathscr{C}A = 0$. ∎

注意等式(30)也可以写成:几乎处处关于 x,

$$\lim_{\beta-\alpha\to 0} \frac{1}{\beta - \alpha} \int_{(\alpha,\beta)} [f(t) - f(x)]\,\mathrm{d}m = 0, \quad x \in (\alpha,\beta).$$

实际上有更强的结果.

例 8 设 f 是 $(-\infty, \infty)$ 上的可积函数,(α,β) 是含有点 x 的变动区间,则几乎处处成立

$$\lim_{\beta-\alpha\to 0} \frac{1}{\beta - \alpha} \int_{(\alpha,\beta)} |f(t) - f(x)|\,\mathrm{d}m = 0. \tag{33}$$

使(33)成立的点称为 f 的**勒贝格点**.所证等式表明,$(-\infty, \infty)$ 中几乎所有的点都是可积函数的勒贝格点.

证 首先,据例 7 所证,对局部可积函数 $|f(t) - r|$,r 为任一有理数,几乎处处有

$$\lim_{\beta-\alpha\to 0} \frac{1}{\beta - \alpha} \int_{(\alpha,\beta)} |f(t) - r|\,\mathrm{d}m = |f(x) - r|, \quad x \in (\alpha,\beta). \tag{34}$$

用 $B(r)$ 表示使(34)不成立的点 x 的集,则有 $mB(r) = 0$. 再令 $B = \cup B(r) \cup \mathbf{R}(|f| = \infty)$,其中并集指对一切有理数而取. 则 $mB = 0$. 现设 $x \in \mathscr{C}B, \varepsilon > 0$,并取有理数 r 使

$$|f(x) - r| < \varepsilon/3, \tag{35}$$

那么

$$\begin{aligned}&\frac{1}{\beta - \alpha} \int_{(\alpha,\beta)} |f(t) - f(x)|\,\mathrm{d}m \\ \leqslant &\frac{1}{\beta - \alpha} \int_{(\alpha,\beta)} |f(t) - r|\,\mathrm{d}m + \frac{1}{\beta - \alpha} \int_{(\alpha,\beta)} |f(x) - r|\,\mathrm{d}m\end{aligned}$$

$$\leqslant \frac{1}{\beta-\alpha}\int_{(\alpha,\beta)}|f(t)-r|\,\mathrm{d}m+\varepsilon/3. \tag{36}$$

据(34),(35)知,当一切$\beta-\alpha(x\in(\alpha,\beta))$充分小时,可致(36)右边第一项小于$|f(x)-r|+\varepsilon/3<2\varepsilon/3$.从而当一切$\beta-\alpha(x\in(\alpha,\beta))$充分小时,

$$\frac{1}{\beta-\alpha}\int_{(\alpha,\beta)}|f(t)-f(x)|\,\mathrm{d}m<\varepsilon.$$

这表明对几乎所有x,(33)成立. ▮

注 易见例7、例8中的条件可减弱为f在任何闭区间$[-n,n]$($n\in\mathbf{N}$)上可积,结论仍然成立.这一条件称为f局部可积.

注意,有时把(33)写成对称的形式($h>0$):

$$\lim_{h\to 0}\frac{1}{2h}\int_{(x-h,x+h)}|f(t)-f(x)|\,\mathrm{d}m=0,\quad \text{a.e. } x\in\mathbf{R}. \tag{37}$$

回到有界变差函数的进一步分解.利用奇异函数与有界变差函数的分解定理6.7,即得

定理6.10 定义在区间$[a,b]$上的有界变差函数$f(x)$可以分解为

$$f(x)=\varphi(x)+r(x)+s(x),$$

其中$\varphi(x)$为绝对连续函数,$r(x)$为奇异函数或零,而$s(x)$为$f(x)$的跳跃函数.

显然,当$f(x)$连续时,$s(x)$消失;当$f(x)$绝对连续时,$r(x)$与$s(x)$均消失.

注 本节所讨论的概念与定理,都是限于有限区间情形.当考虑无限区间时,某些结论仍然正确,而另一些结果要加上补充限制.例如,对于定义在$(-\infty,\infty)$上的单调函数$f(x)$,定理6.4的结论成立;定理6.5的结论当$f(\infty)$,$f(-\infty)$均为有限时成立,并且此时,有界变差函数也得以定义.如果$f(-\infty)$有限但$f(\infty)$不作特别要求,定理6.9仍成立(叙述上要稍作修改).所有这些,只要应用紧区间去“任意接近”无限区间的方法就容易看出.

*§7 勒贝格-斯蒂尔切斯积分概念

鉴于勒贝格-斯蒂尔切斯积分(简称LS积分)在应用中十分重要,这里将作一个扼要介绍.我们着重LS积分概念的建立,同时由于基本想法与本章中勒贝格积分的建立相类似,这里将着重讨论不同之处.为了便于比较,我们对黎曼-斯蒂尔切斯积分也作一些初步讨论.

像勒贝格测度一样,先考虑实直线上有界集的LS测度.设$\mu(x)$为闭区间$[a,b]$上定义的增函数,并约定$\mu(a-0)=\mu(a)$,$\mu(b+0)=\mu(b)$.对$[a,b]$中的

任一子区间(α,β)，它的μ测度定义为

$$\mu\{(\alpha,\beta)\}=\mu(\beta-0)-\mu(\alpha+0),$$

一点α的μ测度定义为

$$\mu\{\alpha\}=\mu(\alpha+0)-\mu(\alpha-0).$$

于是，若开集G有表示$G=\cup(\alpha_k,\beta_k)$，(α_k,β_k)等互不相交，则它的测度定义为

$$\mu G=\sum_k\mu\{(\alpha_k,\beta_k)\}.$$

与第二章§2完全相仿，集E的**外测度**定义为

$$\mu^*E=\inf_{G\supset E}\mu G,\quad G\text{为开集}.$$

闭集的测度、集E的内测度μ_*E也与以前一样定义.若$\mu^*E=\mu_*E$，则称E为μ**可测**，这时E的LS测度定义为$\mu E=\mu^*E$.

可以证明，E为μ可测的充分必要条件是：对任意的集$A\subset[a,b]$，有

$$\mu^*A=\mu^*(A\cap E)+\mu^*(A\cap\mathscr{C}E).$$

一切μ可测的集用$\mathscr{M}_\mu$记之.可以证明，$\mathscr{M}_\mu$构成一个σ环，特别是关于μ完全可加性成立.由于这些内容几乎是以前所讲的逐句重复，这里就不讲了.下面介绍几条为以后所需的引理.

引理7.1 设μ_1,μ_2均为增函数，且对任何区间$[\alpha,\beta]$，有

$$\mu_1(\beta)-\mu_1(\alpha)\leqslant\mu_2(\beta)-\mu_2(\alpha),\tag{1}$$

则有$\mathscr{M}_{\mu_2}\subset\mathscr{M}_{\mu_1}$.

证 首先证明，对于任何开集G，有$\mu_1G\leqslant\mu_2G$.

其实，据(1)，对任何区间(α,β)，有

$$\mu_1(\beta-0)-\mu_1(\alpha+0)\leqslant\mu_2(\beta-0)-\mu_2(\alpha+0),$$

因而据开集测度的定义，即得$\mu_1G\leqslant\mu_2G$.

其次，我们注意到，$E\in\mathscr{M}_\mu$的充分必要条件是，对任意的$\varepsilon>0$，存在开集$G\supset E$与闭集$F\subset E$，使$\mu(G\backslash F)<\varepsilon$(参看第二章定理3.1及其证明思路).于是设$E\in\mathscr{M}_{\mu_2}$，据所引结果，对任意的$\varepsilon>0$，存在开集$G\supset E$与闭集$F\subset E$使$\mu_2(G\backslash F)<\varepsilon$.但$G\backslash F=G\cap\mathscr{C}F$为开集，故据已证结果

$$\mu_1(G\backslash F)\leqslant\mu_2(G\backslash F)<\varepsilon.$$

这样，E为μ_1可测集.故得$\mathscr{M}_{\mu_2}\subset\mathscr{M}_{\mu_1}$. ∎

引理7.2 设μ_1,μ_2均为增函数，则$E\in\mathscr{M}_{\mu_1+\mu_2}$的充分必要条件是

$$E \in \mathscr{M}_{\mu_1} \cap \mathscr{M}_{\mu_2}.$$

证 必要性 令 $\mu = \mu_1 + \mu_2$,那么对任何区间 $[\alpha,\beta]$, 有

$$\mu_i(\beta) - \mu_i(\alpha) \leqslant \mu(\beta) - \mu(\alpha), \quad i = 1,2.$$

据引理 7.1,有 $\mathscr{M}_\mu \subset \mathscr{M}_{\mu_i}, i=1,2$,故 $\mathscr{M}_\mu \subset \mathscr{M}_{\mu_1} \cap \mathscr{M}_{\mu_2}$.

充分性 对任何开集 G,显然有

$$\mu G = \mu_1 G + \mu_2 G,$$

这里 $\mu = \mu_1 + \mu_2$.设 $E \in \mathscr{M}_{\mu_1} \cap \mathscr{M}_{\mu_2}$,则对任意的 $\varepsilon > 0$,存在开集 G_i 与闭集 F_i, $F_i \subset E \subset G_i$, 使

$$\mu_i(G_i \backslash F_i) < \varepsilon/2, \quad i = 1,2.$$

令

$$G = G_1 \cap G_2, F = F_1 \cup F_2,$$

那么 $F \subset E \subset G$,且 $G \backslash F$ 为开集. 故

$$\begin{aligned}\mu(G \backslash F) &= \mu_1(G \backslash F) + \mu_2(G \backslash F) \\ &\leqslant \mu_1(G_1 \backslash F_1) + \mu_2(G_2 \backslash F_2) < \varepsilon.\end{aligned}$$

这样,我们证明了 E 为 μ 可测集,即有 $\mathscr{M}_{\mu_1} \cap \mathscr{M}_{\mu_2} \subset \mathscr{M}_\mu$. ∎

下面将引进 LS 积分概念.

设 μ 为增函数,那么 μ 简单函数以及它的 LS 积分像以前一样定义.非负 μ 可测函数 f,进而一般 μ 可测函数 f 的 LS 积分以及 LS 可积概念也像以前一样定义.并且,在记号上也毋须作多大的改变,只是 $\mathrm{d}m$ 换成了 $\mathrm{d}\mu$.但要注意,f 的可积性还与 μ 密切相关而不仅同 f 相关. f 关于 μ 为 LS 可积可记为 $f \in L_\mu$.关于 LS 可积函数的基本性质,积分序列取极限的一些重要定理在本质上都照样成立.读者可自行完成它们.对于一般可测函数 f 关于有界变差函数 μ 的 LS 积分,情况有所不同.为了引进它,还要作一点准备.

引理 7.3 设 μ_1,μ_2 为有界增函数,且对任意区间 (α,β),有

$$\mu_1(\beta) - \mu_1(\alpha) \leqslant \mu_2(\beta) - \mu_2(\alpha), \tag{2}$$

则当 f 关于 μ_2 为 LS 可积时, f 关于 μ_1 亦为 LS 可积.

证 当 f 为 μ_2 可测时,对任何实数 α, $E(f > \alpha)$ 为 μ_2 可测,由(2) 并据引理 7.1, $E(f > \alpha)$ 为 μ_1 可测,故 f 为 μ_1 可测.

由于可将 f 分为正部、负部考虑,以下不妨对 $f \geqslant 0$ 情形来证明引理.设 $f \in L_{\mu_2}$.对任意的 $\varepsilon > 0$ 与任意满足 $0 \leqslant \varphi_1 \leqslant f$ 的 μ_1 简单函数 φ_1,我们断言,恒存在 μ_2 简单函数 φ_2,满足 $0 \leqslant \varphi_2 \leqslant f$, 使

$$\int_E \varphi_1 \mathrm{d}\mu_1 - \varepsilon < \int_E \varphi_2 \mathrm{d}\mu_2. \tag{3}$$

其实，设$\int_E \varphi_1 \mathrm{d}\mu_1 = \sum_{i=1}^{n} c_i \mu_1 E_i$，这里$\varphi_1(x) = \sum_{i=1}^{n} c_i \chi_{E_i}(x)$，$E_i$ 等是互不相交的μ_1 可测集.取闭集 $F_i \subset E_i$，使$\mu_1 E_i < \mu_1 F_i + \varepsilon/(nM)$，其中 $M = \max\{c_i\}$. 令

$$\varphi_2(x) = \sum_{i=1}^{n} c_i \chi_{F_i}(x),$$

则

$$\begin{aligned}\int_E \varphi_2 \mathrm{d}\mu_2 &= \sum_{i=1}^{n} c_i \mu_2 F_i \geqslant \sum_{i=1}^{n} c_i \mu_1 F_i > \sum_{i=1}^{n} c_i \left(\mu_1 E_i - \frac{\varepsilon}{nM}\right) \\ &\geqslant \int_E \varphi_1 \mathrm{d}\mu_1 - \varepsilon.\end{aligned}$$

这就证明了(3).从而

$$\int_E \varphi_1 \mathrm{d}\mu_1 - \varepsilon < \int_E f \mathrm{d}\mu_2.$$

令 $\varepsilon \to 0$，得$\int_E \varphi_1 \mathrm{d}\mu_1 \leqslant \int_E f \mathrm{d}\mu_2$.再令 φ_1 变动而取上确界，即得$\int_E f \mathrm{d}\mu_1 \leqslant \int_E f \mathrm{d}\mu_2$，故$f \in L_{\mu_1}$. ■

引理 7.4 设μ_1，μ_2均为有界增函数.若$f \in L_{\mu_1} \cap L_{\mu_2}$，则$f \in L_{\mu_1+\mu_2}$，且有

$$\int_E f \mathrm{d}(\mu_1 + \mu_2) = \int_E f \mathrm{d}\mu_1 + \int_E f \mathrm{d}\mu_2. \tag{4}$$

证 不妨设$f \geqslant 0$.据引理 7.2，$\mathscr{M}_{\mu_1+\mu_2} = \mathscr{M}_{\mu_1} \cap \mathscr{M}_{\mu_2}$，故当$f \in L_{\mu_1} \cap L_{\mu_2}$ 时，f 为$\mu_1 + \mu_2$ 可测函数.取满足$0 \leqslant \varphi \leqslant f$的$(\mu_1 + \mu_2)$ 简单函数φ 时，φ 也是μ_1 与μ_2 简单函数.由关系式

$$\begin{aligned}\sup_{0\leqslant\varphi\leqslant f} \int_E \varphi \mathrm{d}(\mu_1 + \mu_2) &= \sup_{0\leqslant\varphi\leqslant f} \left\{\int_E \varphi \mathrm{d}\mu_1 + \int_E \varphi \mathrm{d}\mu_2\right\} \\ &\leqslant \sup_{0\leqslant\varphi\leqslant f} \int_E \varphi \mathrm{d}\mu_1 + \sup_{0\leqslant\varphi\leqslant f} \int_E \varphi \mathrm{d}\mu_2\end{aligned}$$

得到

$$\int_E f \mathrm{d}(\mu_1 + \mu_2) \leqslant \int_E f \mathrm{d}\mu_1 + \int_E f \mathrm{d}\mu_2. \tag{5}$$

另一方面，对任意 的$\varepsilon > 0$，E 中存在两组互不相交的闭集A_i，B_j，$i = 1, 2, \cdots, m$，$j = 1, 2, \cdots, n$，使

$$\int_E f \mathrm{d}\mu_1 + \int_E f \mathrm{d}\mu_2 < \sum_{i=1}^{m} a_i \mu_1 A_i + \sum_{j=1}^{n} b_j \mu_2 B_j + \varepsilon.$$

但上式右边首两项的和等于

$$\sum_{i=1}^{m} a_i \sum_{j=1}^{n} \mu_1(A_i \cap B_j) + \sum_{j=1}^{n} b_j \sum_{i=1}^{m} \mu_2(A_i \cap B_j)$$

$$\leqslant \sum_{i,j} a_{ij}(\mu_1 + \mu_2)(A_i \cap B_j) \leqslant \int_E f\,\mathrm{d}(\mu_1 + \mu_2),$$

其中 $a_{ij} = \sup(a_i, b_j)$,故

$$\int_E f\mathrm{d}\mu_1 + \int_E f\mathrm{d}\mu_2 < \int_E f\mathrm{d}(\mu_1 + \mu_2) + \varepsilon.$$

令 $\varepsilon \to 0$,得

$$\int_E f\mathrm{d}\mu_1 + \int_E f\mathrm{d}\mu_2 \leqslant \int_E f\mathrm{d}(\mu_1 + \mu_2). \tag{6}$$

合并所得两个不等式(5),(6),便得(4). ∎

定义 7.1 设 μ 为 $[a,b]$ 上的有界变差函数.μ 在 $[a,x]$ 上的全变差,正变差与负变差分别为 $v(x), p(x), n(x)$.再设 $f \in L_v$. 那么称 f **关于 μ 为 LS 可积**,并定义它的积分值为

$$\int_E f\mathrm{d}\mu = \int_E f\mathrm{d}p - \int_E f\mathrm{d}n. \tag{7}$$

关于这个定义,有必要作下列几点说明.

第一,(7)式右边两项是否有意义? 答案是肯定的.因为对任意区间 (α,β) 有

$$p(\beta) - p(\alpha) \leqslant v(\beta) - v(\alpha), n(\beta) - n(\alpha) \leqslant v(\beta) - v(\alpha),$$

故应用引理 7.3 可知,当 $f \in L_v$ 时,有 $f \in L_p$ 与 $f \in L_n$.

第二,(7)式右边的差是否唯一? 详细地说,我们已有了表示,

$$\mu(x) = p(x) - \{n(x) - \mu(a)\},$$

即 $\mu(x)$ 表为两个增函数的差.如果 $\mu(x)$ 又有另外的表示,

$$\mu(x) = p_1(x) - n_1(x) + \mu(a),$$

其中 $p_1(x), n_1(x)$ 为任意增函数且 $p_1(a) = n_1(a) = 0$,那么是否有

$$\int_E f\mathrm{d}p - \int_E f\mathrm{d}n = \int_E f\mathrm{d}p_1 - \int_E f\mathrm{d}n_1 ? \tag{8}$$

答案也是肯定的.因为,据本章定理 6.8,存在增函数 $r(x)$,使

$$p_1(x) = p(x) + r(x), n_1(x) = n(x) + r(x),$$

从而据引理 7.3,又有 $f \in L_r$;再据引理 7.4,有

$$\int_E f\mathrm{d}p_1 = \int_E f\mathrm{d}p + \int_E f\mathrm{d}r, \int_E f\mathrm{d}n_1 = \int_E f\mathrm{d}n + \int_E f\mathrm{d}r.$$

由此立即得到(8).故(7)的右边唯一确定了积分$\int_E f\mathrm{d}\mu$.

这样,函数f关于有界变差函数μ的LS积分,我们借助于f关于增函数的LS积分来定义.因而关于这种积分的一系列性质的建立,都可以借助前面关于增函数的积分的相应性质得出来.还可以证明有界博雷尔可测函数关于任何LS测度是可积的.

鉴于RS积分在应用上的重要性,并为了将它与LS积分作若干比较,我们在下面对它的定义与性质作一些介绍.

定义 7.2 设$\mu(x)$为区间$[a,b]$上的增函数,$f(x)$为$[a,b]$上的有界实函数.对$[a,b]$的任一分划

$$a=x_0<x_1<\cdots<x_n=b,$$

在每个小区间$[x_i,x_{i+1}]$中任取点$\xi_i, i=0,1,\cdots,n-1$, 作和

$$\sigma=\sum_{i=0}^{n-1}f(\xi_i)[\mu(x_{i+1})-\mu(x_i)].$$

如果当$\lambda=\max\limits_i(x_{i+1}-x_i)\to 0$时,$\sigma$有有限极限$I$,则称$f$关于$\mu$为***RS*可积的**,且它的积分值记为

$$I=\int_a^b f(x)\mathrm{d}\mu(x)$$

或简记为

$$\int_a^b f\mathrm{d}\mu.$$

同本章§4一样,引进积分大和与小和如下:

$$S=\sum_{i=0}^{n-1}M_i(\mu(x_{i+1})-\mu(x_i)),$$

$$s=\sum_{i=0}^{n-1}m_i(\mu(x_{i+1})-\mu(x_i)),$$

其中M_i, m_i分别为$f(x)$在区间$[x_i,x_{i+1}]$上的上、下确界.那么,可以证明,函数$f(x)$关于$\mu(x)$为RS可积的充要条件是,当$\lambda\to 0$时,对同一分划作出的大和S与小和s都趋于同一极限I(参看定理4.1).

定理 7.1 设μ为$[a,b]$上的增函数.若函数f在$[a,b]$上连续,则f关于μ的RS积分存在.

证 任取$\varepsilon>0$.由于f在$[a,b]$上一致连续,存在$\delta>0$,使当$x,y\in[a,b]$, $|x-y|<\delta$时有

$$|f(x)-f(y)|<\varepsilon(\mu(b)-\mu(a)+1)^{-1}.$$

假定分划

$$a = x_0 < x_1 < \cdots < x_n = b$$

所对应的 $\lambda=\max\limits_i(x_{i+1}-x_i)<\delta$,而点 $\xi_i,\eta_i\in[x_i,x_{i+1}]$ 分别满足 $f(\xi_i)=M_i, f(\eta_i)=m_i, i=0,1,\cdots,n-1$.那么对此分划有

$$S - s = \sum_{i=0}^{n-1}[f(\xi_i) - f(\eta_i)][\mu(x_{i+1}) - \mu(x_i)]$$

$$\leqslant \varepsilon(\mu(b) - \mu(a) + 1)^{-1}\sum_{i=0}^{n-1}[\mu(x_{i+1}) - \mu(x_i)] \leqslant \varepsilon.$$

因此,f 关于 μ 的 RS 可积性得证. ∎

下列例子表明,对于不连续函数,RS 积分可能不存在.

例 1 设函数 $f(x)$ 与 $\mu(x)$ 在 $[-1,1]$ 上的定义分别是

$$f(x)=\begin{cases}0, & x\in[-1,0],\\ 1, & x\in(0,1],\end{cases}$$

$$\mu(x)=\begin{cases}0, & x\in[-1,0),\\ x+1, & x\in[0,1],\end{cases}$$

我们来考察 f 关于 μ 的 RS 积分.取区间 $[-1,1]$ 的分划 $\{x_i\}$,$i=0,1,\cdots,n$,并假定 $0\in\{x_i\}$.于是在含 0 的小区间中分别取 $f(\xi_r)=0$ 与 $f(\xi_r)=1$ 时,则相应的积分和,当 $\lambda=\max\limits_i(x_{i+1}-x_i)\to 0$ 时,分别是

$$\sigma_1 = 0 + \sum_{i=r+1}^{n}1\cdot[\mu(x_i) - \mu(x_{i-1})] \to \mu(1) - \mu(0^+) = 1,$$

$$\sigma_2 = 0 + \sum_{i=r}^{n}1\cdot[\mu(x_i) - \mu(x_{i-1})] \to \mu(1) - \mu(0^-) = 2.$$

因此 f 关于 μ 的 RS 积分不存在(图 16).

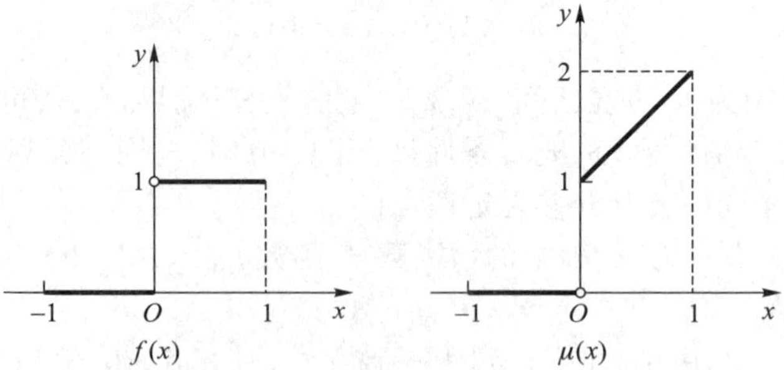

图 16

可是,容易求出 f 关于 μ 的 LS 积分为 1.实际上,f 是 μ 简单函数,据定义有

$$\int_{[-1,1]} f\mathrm{d}\mu = 0 \cdot \mu([-1,0]) + 1 \cdot \mu((0,1])$$
$$= \mu(1) - \mu(0) = 1.$$

定理 7.2 设 μ 是$[a,b]$上的增函数.我们有:

(i) 设函数 f_1,f_2 关于 μ 在$[a,b]$上均为 RS 可积,c_1,c_2 为常数,则 $c_1f_1+c_2f_2$ 关于 μ 也为 RS 可积,且有

$$\int_a^b (c_1f_1 + c_2f_2)\mathrm{d}\mu = c_1\int_a^b f_1\mathrm{d}\mu + c_2\int_a^b f_2\mathrm{d}\mu. \tag{9}$$

(ii) 设函数 f 关于 μ 在$[a,b]$上为 RS 可积,且 $a<c<b$,则 f 关于 μ 在$[a,c]$上与$[c,b]$上均为 RS 可积,且

$$\int_a^b f\mathrm{d}\mu = \int_a^c f\mathrm{d}\mu + \int_c^b f\mathrm{d}\mu. \tag{10}$$

(iii) 设函数 f 关于 μ 在$[a,b]$上为 RS 可积,且 $f\geqslant 0$,则

$$\int_a^b f\mathrm{d}\mu \geqslant 0.$$

证 性质(i)与(iii)可据定义立即得出.下面证明性质(ii).任给 $\varepsilon>0$,取$[a,b]$的分划

$$a = x_0 < x_1 < \cdots < x_n = b,$$

满足

$$\sum_{i=0}^{n-1} M_i[\mu(x_{i+1}) - \mu(x_i)] - \sum_{i=0}^{n-1} m_i[\mu(x_{i+1}) - \mu(x_i)] < \varepsilon. \tag{11}$$

假定 $c\in[x_r,x_{r+1}]$.那么,令 m_r',m_r'' 分别表示 f 在$[x_r,c]$,$[c,x_{r+1}]$上的下确界,而 M_r',M_r'' 表示相应的上确界,则有

$$\begin{aligned} m_r[\mu(x_{r+1}) - \mu(x_r)] &= m_r[\mu(c) - \mu(x_r)] + m_r[\mu(x_{r+1}) - \mu(c)] \\ &\leqslant m_r'[\mu(c) - \mu(x_r)] + m_r''[\mu(x_{r+1}) - \mu(c)] \\ &\leqslant M_r'[\mu(c) - \mu(x_r)] + M_r''[\mu(x_{r+1}) - \mu(c)] \\ &\leqslant M_r[\mu(x_{r+1}) - \mu(x_r)]. \end{aligned}$$

因此不妨假定 c 已属于分点组 $\{x_i\}_{i=0}^{n-1}$ 中,例如说,$c=x_r$,同时(11)成立.于是,由于(11)可以写成

$$\left\{\sum_{i=0}^{r-1} M_i[\mu(x_{i+1}) - \mu(x_i)] - \sum_{i=0}^{r-1} m_i[\mu(x_{i+1}) - \mu(x_i)]\right\} +$$

$$\left\{\sum_{i=r}^{n-1} M_i[\mu(x_{i+1})-\mu(x_i)]-\sum_{i=r}^{n-1} m_i[\mu(x_{i+1})-\mu(x_i)]\right\}<\varepsilon.$$

并且每个花括号中的项都是非负的,就知道它们都小于 ε.这表明 f 关于 μ 在 $[a,c]$ 上以及在 $[c,b]$ 上的 RS 积分都存在,并且容易看出(10)成立. ▌

同 R 积分与 L 积分的关系类似,我们有

定理 7.3 设 μ 是 $[a,b]$ 上的增函数,且 f 是 $[a,b]$ 上的有界函数.则 f 在 $[a,b]$ 上关于 μ 为 RS 可积时,必 LS 可积,且积分值相等.

证 取区间 $[a,b]$ 的一个分划序列

$$D_i: a=x_0^{(i)}<x_1^{(i)}<\cdots<x_{n_i}^{(i)}=b$$

使 D_{i+1} 的分点集包含 D_i 的分点,并使

$$\lambda_i=\max_k(x_{k+1}^{(i)}-x_k^{(i)})\to 0 \quad (i\to\infty).$$

考察简单函数列

$$\underline{f}_i(x)=\begin{cases} m_k^{(i)}, & x_k^{(i)}\leqslant x<x_{k+1}^{(i)}, \\ f(b), & x=b, \end{cases} \quad (k=0,1,\cdots,n_i-1),$$

其中 $m_k^{(i)}$ 表示 $f(x)$ 在小区间 $[x_k^{(i)},x_{k+1}^{(i)}]$ 上的下确界,显然 $\underline{f}_i$ 的 LS 积分为

$$\int_{[a,b]}\underline{f}_i(x)\,\mathrm{d}\mu=\sum_{k=0}^{n_i-1} m_k^{(i)}\mu(x_k^{(i)},x_{k+1}^{(i)})+f(b)[\mu(b)-\mu(b-0)].$$

不难明了,上式右边当 $\lambda_i\to 0$ 时趋于 f 关于 μ 的 RS 积分.由于 $\{\underline{f}_i\}$ 为有界递增序列,故据关于 LS 积分的勒维定理,即得

$$\lim_{i\to\infty}\int_{[a,b]}\underline{f}_i(x)\,\mathrm{d}\mu=\int_{[a,b]}\lim_{i\to\infty}\underline{f}_i(x)\,\mathrm{d}\mu=\int_a^b f(x)\,\mathrm{d}\mu,$$

并且还有 $\lim\limits_{i\to\infty}\underline{f}_i(x)\leqslant f(x)$.同理,考虑函数序列 $\bar{f}_i(x)$ 时(对应于取上确界情形),可得

$$\int_{[a,b]}\lim_{i\to\infty}\bar{f}_i(x)\,\mathrm{d}\mu=\int_a^b f(x)\,\mathrm{d}\mu.$$

并且还有 $f(x)\leqslant\lim\limits_{i\to\infty}\bar{f}_i(x)$.这样,得到

$$\int_{[a,b]}\{\lim_{i\to\infty}\bar{f}_i(x)-\lim_{i\to\infty}\underline{f}_i(x)\}\,\mathrm{d}\mu=0,$$

因此有

$$\int_{[a,b]}f(x)\,\mathrm{d}\mu=\int_{[a,b]}\lim_{i\to\infty}\underline{f}_i(x)\,\mathrm{d}\mu=\int_a^b f(x)\,\mathrm{d}\mu.$$

这便直接证明了 f 关于 μ 的 LS 积分存在且等于 f 关于 μ 的 RS 积分. ▌

以上我们讨论了 f 关于单调增函数 μ 的 RS 积分.一般地,当 μ 是 $[a,b]$ 上的有界变差函数时,我们可以定义 f 关于 μ 的 RS 积分,其方法与 LS 积分情形相同(参

看定义 7.1).就是说,利用μ的标准分解: $\mu(x)=p(x)-n(x)+\mu(a)$,这里$p(x)$,$n(x)$分别是$\mu(x)$的正变差与负变差,那么定义f关于μ在$[a,b]$上的**RS 积分**为

$$\int_a^b f(x)\,\mathrm{d}\mu = \int_a^b f(x)\,\mathrm{d}p - \int_a^b f(x)\,\mathrm{d}n,$$

并且积分值是唯一确定的,它不依赖于$\mu(x)$表示为单调函数的差的这种分解方式.于是,据此定义,这种一般 *RS* 积分的一系列性质可以由相应于μ为增函数情形的 *RS* 积分的性质得出来.

小结与延伸

勒贝格积分的定义有多种方法,利用简单函数引进积分是一种很有效的方法,在这里并不要求被积函数有界,在适当补充定义后也可不要求基本集E有界,并且对多元函数情形也适用.在证明积分的基本性质如σ可加性、线性、绝对连续性时都含有一定的技巧,从中可以了解到证题的一些方法.本章重点当然是关于积分序列的勒维定理、法杜定理与勒贝格控制收敛定理,它们反映的是积分与极限运算的换序问题.实际上分析学中最为常用的就是这些定理,读者应用时要注意检验一下条件是否满足.更深刻的内容是勒贝格-维它利定理,它是利用函数族的积分的等度绝对连续性来刻画积分序列的收敛性.从勒贝格积分与黎曼积分的比较定理可知前者较后者更为广泛,并且R可积的函数不能“太不”连续.处理乘积空间测度需要抽象测度作基础,初学时只要理解傅比尼定理的结论就可以了.积分与微分的联系应掌握有界变差函数的可微性与分解以及绝对连续函数用牛顿-莱布尼茨公式来刻画.对 *LS* 积分知道个大意即可,将来有需要时再学不迟.

关于控制收敛定理.勒贝格-维它利定理,可参看[4,12,22,29,31].关于乘积空间与傅比尼定理,可参看[19,22,30].关于微分与维它利引理,可参看[3,4,19,22,30].[19]中有对R积分以及其他积分的详细讨论.关于 *RS* 积分与 *LS* 积分,可参看[4,15,19,22,30].

第四章习题

§1—§4

1. 设$f(x)$,$g(x)$都是E上可测函数,$g(x)\in L$,且在E上几乎处处成立

$f(x) \leqslant g(x)$. 问 $f(x)$ 是否可积?

2. 设 $f(x)$ 于 E 上可积,令 $E_n = E(|f| \geqslant n)$,证明 $\lim\limits_n mE_n = 0$.

*3. 设函数 $f(x)$ 在康托尔三分集 P_0 上(参看第一章 §4 的例 1)定义为零,而在 P_0 的补集中长为 $1/3^n$ 的构成区间上定义为 $n(n \in \mathbf{N})$. 试证 $f \in L$,并求积分值.

4. 设 $f(x) \geqslant 0$ 为可测函数,令

$$\{f(x)\}_n = \begin{cases} f(x), & 若 f(x) \leqslant n, \\ 0, & 若 f(x) > n, \end{cases}$$

证明当 $f(x)$ 几乎处处有限时,有

$$\lim_n \int_E \{f(x)\}_n \mathrm{d}m = \int_E f(x) \mathrm{d}m.$$

5. 设由 $[0,1]$ 中取 n 个可测子集 $E_1, E_2, \cdots, E_n$. 假定 $[0,1]$ 中任一点至少属于这 n 个集中的 p 个,试证这 n 个子集中必有一集,它的测度不小于 p/n.

提示:利用集 $E_1, E_2, \cdots, E_n$ 的特征函数,并将测度化为积分来考虑.

6. 设 $mE > 0$,又设 E 上可积函数 $f(x), g(x)$ 满足 $f(x) < g(x)$,试证

$$\int_E f(x) \mathrm{d}m < \int_E g(x) \mathrm{d}m.$$

7. 设 $f(x)$ 为 E 上可积函数,如果对任何有界可测函数 $\varphi(x)$,都有

$$\int_E f(x) \varphi(x) \mathrm{d}m = 0,$$

证明 $f \sim 0$.

8. 勒维定理中去掉函数列的非负性假定,结论是否成立?

9. 证明下列等式:

$$\int_{(0,1)} \frac{x^p}{1-x} \ln \frac{1}{x} \mathrm{d}m = \sum_{n=1}^{\infty} \frac{1}{(p+n)^2}, \quad p > -1.$$

*10. 设 $f(x)$ 是 $\mathbf{R}$ 上可积函数,$f(0) = 0$ 且 $f(x)$ 在 $x = 0$ 可微,试证函数 $f(x)/x \in L(\mathbf{R})$.

*11. 设 $f(x)$ 为 $[0,1]$ 上有限可测函数,试证 $\lim\limits_{n \to \infty} \int_{(0,1)} |\cos(\pi f(x))|^n \mathrm{d}m$ 存在为有限,并求此极限值.

*12. 证明极限 $\lim\limits_{n \to \infty} \int_{(-n,n)} \left(1 + \frac{x}{n}\right)^n \mathrm{e}^{-x^2} \mathrm{d}m$ 存在,并求其值.

*13. 试证:若 $f \in L(\mathbf{R})$,则对任意的常数 $\alpha > 0$ 有 $n^{-\alpha} f(nx) \xrightarrow{\text{a.e.}} 0 \ (n \to \infty)$.

14. 设 $f(x)$ 是区间 $[0,1]$ 上的可积函数,若对任何 $c \in (0,1)$ 恒有

$$\int_{(0,c)} f(x)\,\mathrm{d}m = 0,$$

证明 $f \sim 0$.

15. 求极限

$$\lim_{n\to\infty}(R)\int_0^1 \frac{nx^{1/2}}{1+n^2x^2}\sin^5 nx\,\mathrm{d}x.$$

*16. 设 $f(x)$ 在有限区间 $[a,b]$ 上可积,试证:对每个 $n\in\mathbf{N}$, $[nf(x)]$ 可测且有等式

$$\lim_{n\to\infty}\frac{1}{n}\int_{(a,b)}[nf(x)]\,\mathrm{d}m = \int_{(a,b)} f(x)\,\mathrm{d}m,$$

其中 $[y]$ 表示实数 y 的整部.

*17. 设 $f\in L(\mathbf{R})$ 且 $\int_{-\infty}^{\infty} f\,\mathrm{d}m \neq 0$, a 是一确定的实数, 令

$$F(x) = \frac{1}{2x}\int_{a-x}^{a+x} f(t)\,\mathrm{d}m, \quad x\in\mathbf{R}.$$

试证: $F\bar{\in} L(\mathbf{R})$.

*18. 设 $f(x)$ 是以 2π 为周期的实有限可测函数,若 $f(x)$ 又有周期 1,试证 $f(x)$ 几乎处处为常数.这样的函数是否必为常数?

提示:先由 f 为连续进行考虑并注意数集 $\{2k\pi + l: k,l\in\mathbf{Z}\}$ 在 $\mathbf{R}$ 中稠密.

19. 设对每个 $n\in\mathbf{N}$, $f_n(x)$ 在 E 上可积,序列 $\{f_n(x)\}$ 几乎处处收敛于 $f(x)$, $n\to\infty$,且一致有

$$\int_E |f_n(x)|\,\mathrm{d}m \leqslant K, \quad K\text{ 为常数},$$

证明 $f(x)$ 可积.

*20. 设 $f(x)$, $f_n(x)$ $(n\in\mathbf{N})$ 均是 E 上可积函数, $f_n(x)$ 几乎处处收敛于 f, $n\to\infty$ 且

$$\lim_{n\to\infty}\int_E |f_n(x)|\,\mathrm{d}m = \int_E |f(x)|\,\mathrm{d}m.$$

试证:对任意可测子集 $e\subset E$,有

$$\lim_{n\to\infty}\int_e |f_n(x)|\,\mathrm{d}m = \int_e |f(x)|\,\mathrm{d}m.$$

提示:对序列 $|f_n|$ 分别在 e 与 $E\setminus e$ 上的积分应用法杜定理.

21. 设 $f(x)$ 在 $(-\infty,\infty)$ 上可积,证明

$$\lim_{h\to 0}\int_{-\infty}^{\infty}|f(x+h)-f(x)|\mathrm{d}m=0.$$

*22. 设 f 是 $\mathbf{R}$ 上可测函数.试证 $f\in L(\mathbf{R})$ 的充分必要条件是,存在简单函数列 $\{s_n\}_{n\in\mathbf{N}}\subset L(\mathbf{R})$,满足：$s_n$ 测度收敛于 f 且

$$\lim_{m,n\to\infty}\int_{\mathbf{R}}|s_m-s_n|\mathrm{d}m=0.$$

注 由此可以得到积分的又一定义：

$$\int_{\mathbf{R}}f\mathrm{d}m=\lim_{n\to\infty}\int_{\mathbf{R}}s_n\mathrm{d}m.$$

23. 设 $f(x)$ 是 $\mathbf{R}$ 上的可积函数,试证：

$$\hat{f}(t)=\int_{\mathbf{R}}\mathrm{e}^{-\mathrm{i}tx}f(x)\mathrm{d}x$$

是 $\mathbf{R}$ 上的连续函数,且

$$\hat{f}(t)=\frac{\mathrm{d}}{\mathrm{d}t}\int_{\mathbf{R}}\frac{\mathrm{e}^{-\mathrm{i}tx}-1}{-\mathrm{i}x}f(x)\mathrm{d}x.$$

提示：应用勒贝格控制收敛定理.

*24. 设 $f(x)$ 是 (a,b) 上的可积函数,试证：

$$\lim_{t\to\infty}\int_{(a,b)}f(x)\mathrm{e}^{\mathrm{i}tx}\mathrm{d}x=0.$$

提示：先对特殊的 $f(x)$ 证明结论,再利用极限过程.这个结果称为黎曼–勒贝格引理.

25. 设 f 是 $\mathbf{R}$ 上可测函数,令 $\mu(\alpha)=m\mathbf{R}(|f|>\alpha)$.试证

$$\int_{\mathbf{R}}|f|^p\mathrm{d}m=p\int_0^{\infty}\alpha^{p-1}\mu(\alpha)\mathrm{d}\alpha,\quad 1\leqslant p<\infty.$$

提示：在 $f\in L^p$ 情形两边同为无穷大；在 $f\in L^p$ 时先对简单函数讨论再应用极限过程.

26. 设 $mE<\infty$,证明函数 $f(x)$ 在 E 上可积的充分必要条件是级数 $\sum\limits_{n=1}^{\infty}mE(|f|\geqslant n)$ 收敛.当 $mE=\infty$ 时,结论是否成立?

§5—§7

27. 设 $f(x)$,$g(x)$ 分别是定义在集 X,Y 上的 μ,ν 可积函数.证明

$$h(x,y)=f(x)g(y)$$

是乘积空间 $X\times Y$ 上的可积函数,且有

$$\int_{X\times Y} h\mathrm{d}(\mu\times\nu)=\int_X f\mathrm{d}\mu\int_Y g\,\mathrm{d}\nu.$$

28. 设$(X,\mathscr{R},\mu)=(Y,\mathscr{S},\nu)$为对应于勒贝格测度的单位区间这样的测度空间，$E$是$X\times Y$中适合下述条件的集：对每个$x$与每个$y$，$E_x$与$X\backslash E^y$均为可列集. 证明$E$是不可测的.

提示：应用傅比尼定理.

*29. 设φ为$\mathscr{R}$上的一个复值连续映射，满足

$$\varphi(x+y)=\varphi(x)\varphi(y)\text{ 且 }|\varphi(x)|=1\quad(x,y\in\mathscr{R}).$$

试证：$\varphi(x)$取$\mathrm{e}^{\mathrm{i}\lambda x}(x\in\mathbf{R})$的形式，$\lambda$为实参数.

30. 设$\theta(x)$为区间$[0,1]$上的康托尔函数，令$f(x)=\theta(x)+x,0\leqslant x\leqslant 1;g=f^{-1}$. 试证：

(1) 存在可测集B使$g^{-1}(B)$不可测.

(2) g^{-1}映不可测集为不可测集.

提示：设P_0为$[0,1]$中的康托尔三分集，则$mf(P_0)=1$，而$f(P_0)$中含有不可测集，它在映射g下的像是P_0的子集(测度为0). 至于(2)可从反面考虑.

31. 设$0<a_n<1,n\in\mathbf{N}$，且$\sum\limits_{n=1}^{\infty}a_n<\infty$. 令$b_n=\prod\limits_{k=1}^{n}p_k$，$p_k$全为偶数. 试证：当$a_np_n2^{-n}\to\infty\ (n\to\infty)$时函数

$$f(x)=\prod_{n=1}^{\infty}(1+a_n\sin b_n\pi x)$$

为连续且处处不可微的(林文).

32. 讨论函数

$$f(x)=\sum_{n=0}^{\infty}\frac{\{10^nx\}}{10^n}$$

的可微性，其中记号$\{y\}$表示数y与其最近整数间的距离. 例如，$\{3.1\}=0.1$，$\{3.5\}=0.5$.

*33. 设在区间$[0,1]$上定义函数$f(x)=1-x^2$，对$x\in(0,1)$；$f(0)=0,f(1)=2$. 求f的全变差$\bigvee\limits_0^1(f)$.

34. 设$\{f_n\}$为$[a,b]$上有界变差函数列，$f_n(x)$收敛于一有限函数$f(x)(n\to\infty)$，且有$\bigvee\limits_a^b(f_n)\leqslant K$，$K$为常数$(n\in\mathbf{N})$，证明$f$也是有界变差函数.

35. 若函数$f(x)$在$[a,b]$上绝对连续，且几乎处处存在非负导数，证明$f(x)$为增函数.

36. 证明函数$f(x)=|x|^{1/2}\sin\dfrac{1}{x}$，$f(0)=0$在$x=0$有任意列导数$\lambda\in$

$[-\infty,\infty]$.

37. 讨论函数$f(x)=x^{\alpha}\sin\dfrac{1}{x^{\beta}}(0<x\leqslant 1;\alpha,\beta>0)$,$f(0)=0$的有界变差性与绝对连续性.

38. 证明维它利引理对无界集成立.

39. 试作一增函数,使它的不连续点处处稠密.

40. 试作$[0,1]$上的一有界可测函数f,使序列$f_n(x)=f(x-\alpha_n)$不几乎处处收敛于$f(x)$,这里α_n是给定的趋于0的正数列($n\to\infty$).

41. 设在$[0,1]$上函数f可表示成处处收敛的级数

$$f(x)=\sum_{n=1}^{\infty}f_n(x),$$

其中每个f_n为非减的奇异函数且$f(0)\neq f(1)$.试证f为奇异函数.

42. 设$f(x)=x^{-1/2}$,对$0<x<1$;$f(x)=0$,其余情形.令

$$g(x)=\sum_{n=1}^{\infty}2^{-n}f(x-r_n),$$

这里$\{r_n\}$为有理数集.试证$g\in L(\mathbf{R})$,g处处不连续且在任一子区间上无界而g^2在任一子区间上不可积.

第五章 函数空间 L^p

一切 p 幂可积的函数构成一个函数类,称为 L^p 空间($p\geqslant 1$).本章着重讨论这种函数空间的完备性,可分性与 L^2 空间傅里叶变换等问题,它们在微分方程、概率论与函数论中都起着相当重要的作用.这种空间是后面几章(第 2 册)所讲赋范线性空间与内积空间的最典型例子,因而为今后学习打下一定的基础.

---

§1 L^p 空间 · 完备性

设 E 是 $\mathbf{R}$ 中给定的可测集,$f(x)$ 是定义在 E 上的可测函数.我们将引进一个函数类并研究它的一些重要特性.

定义 1.1 设 $p \geqslant 1$.若 $|f(x)|^p$ 可积,称 f 是 p **幂可积的**.一切 p 幂可积的函数构成一个类,记成 $L^p(E)$ 或简记为 L^p,称为 L^p **空间**,即

$$L^p = \left\{f: \int_E |f|^p \mathrm{d}m < \infty\right\}.$$

今后除特别声明外,恒假设 $p\geqslant 1$.

例 1 设 $mE < \infty$,则有 $L^p \subset L^1$,即在 E 为有限测度时,L^p 是 L^1 的子类.

任取 $f \in L^p$.令 $A = E(|f| \geqslant 1)$,$B = E\backslash A$,那么注意到 $p \geqslant 1$, 有

$$\int_E |f|\,\mathrm{d}m = \int_A |f|\,\mathrm{d}m + \int_B |f|\,\mathrm{d}m \leqslant \int_A |f|^p \mathrm{d}m + \int_B \mathrm{d}m$$

$$\leqslant \int_E |f|^p \mathrm{d}m + mE < \infty.$$

因此,$f \in L^1$.这就证明了,当 $p \geqslant 1$ 时,$L^p \subset L^1$.

例 2 设 $mE = \infty$,例如 $E = (0,\infty)$,则例 1 中的结论不再正确.例如取 $f(x) =(1 + x)^{-1}$,则 $f \in L^p$,$p > 1$;但 $f \notin L^1$.同时,也有函数属于 L^1 而不属于某个 L^p,$p > 1$.例如取

$$f(x) = \begin{cases} x^{-1/p}, & \text{当 } x \in (0,1), \\ 0, & \text{当 } x \in [1,\infty), \end{cases}$$

则容易验明 $f \in L^1$ 但 $f \overline{\in} L^p, p > 1$.

可以证明,L^p 中的元关于线性运算是封闭的,即 L^p 是一个**线性空间**.

定理 1.1 L^p 是一个线性空间.

证 我们只需验明 L^p 中的元关于线性运算是封闭的.设 a,b 为复数,$f,g \in L^p$,则

$$\int_E |af|^p \mathrm{d}m = |a|^p \int_E |f|^p \mathrm{d}m < \infty ;$$

同时,由不等式 $|f+g|^p \leqslant 2^p(|f|^p + |g|^p)$ 可得

$$\int_E |f+g|^p \mathrm{d}m \leqslant 2^p \int_E |f|^p \mathrm{d}m + 2^p \int_E |g|^p \mathrm{d}m < \infty .$$

因此, $af \in L^p, f+g \in L^p$.由此可知 $af+bg \in L^p$,即 L^p 是线性空间(线性空间的其他公理对 L^p 显然满足). ∎

为了进一步讨论 L^p 空间的性质,我们还需要两个辅助工具——赫尔德(O. Hölder)不等式与闵可夫斯基(H. Minkowski)不等式.

令数 q 满足等式 $1/p + 1/q = 1$,并约定 $p = 1$ 时 $q = \infty$;$p = \infty$ 时 $q = 1$.称 p, q 互为**相伴数**.显然,当 $p \geqslant 1$ 时有 $q \geqslant 1$.在级数里我们遇到这样的不等式

$$\left| \sum_k a_k b_k \right| \leqslant \left\{ \sum_k |a_k|^p \right\}^{1/p} \left\{ \sum_k |b_k|^q \right\}^{1/q}, \quad p \geqslant 1,$$

这里$(a_1, a_2, \cdots)$与$(b_1, b_2, \cdots)$分别为使上式右边两个因子收敛的数列.将这个不等式移植到连续变量的情形就是赫尔德不等式.

定理 1.2 设 p,q 互为相伴数,$p>1,q>1$.则对任何 $f \in L^p, g \in L^q$,有 $fg \in L^1$ 且有不等式:

$$\left| \int_E fg \,\mathrm{d}m \right| \leqslant \left\{ \int_E |f|^p \mathrm{d}m \right\}^{1/p} \left\{ \int_E |g|^q \mathrm{d}m \right\}^{1/q}.$$

证 令 $\alpha = 1/p, \beta = 1 - \alpha = 1/q$,考虑函数 $y = x^\alpha (0 < \alpha < 1, x \geqslant 0)$.这函数是上凸的(当 $x > 0$ 时 $y'' = \alpha(\alpha - 1)x^{\alpha-2} < 0$),因而它在点$(1,1)$的切线 $y = \alpha x + \beta$ 位于曲线的上方,故有不等式

$$x^\alpha \leqslant \alpha x + \beta \quad (x \geqslant 0).$$

把 x 换成 u/v 得到 $u^\alpha v^{-\alpha} \leqslant \alpha u v^{-1} + \beta$ 或

$$u^\alpha v^\beta \leqslant \alpha u + \beta v \quad (u, v \geqslant 0).$$

令

$$u = |f(x)|^p \Big/ \int_E |f|^p \mathrm{d}m, \quad v = |g(x)|^q \Big/ \int_E |g|^q \mathrm{d}m,$$

代入上式得

$$\frac{|f(x)|\cdot|g(x)|}{\left(\int_E|f|^p\mathrm{d}m\right)^{1/p}\left(\int_E|g|^q\mathrm{d}m\right)^{1/q}}\leqslant\frac{1}{p}\frac{|f(x)|^p}{\int_E|f|^p\mathrm{d}m}+\frac{1}{q}\frac{|g(x)|^q}{\int_E|g|^q\mathrm{d}m}.$$

两边进行积分给出

$$\int_E|fg|\,\mathrm{d}m\leqslant\left(\frac{1}{p}+\frac{1}{q}\right)\left(\int_E|f|^p\mathrm{d}m\right)^{1/p}\left(\int_E|g|^q\mathrm{d}m\right)^{1/q}.$$

由于 $1/p+1/q=1$，$\left|\int fg\,\mathrm{d}m\right|\leqslant\int|fg|\,\mathrm{d}m$，这就证明了**赫尔德不等式**. ■

注 1 应当指出,在上面证明中需假定 $\int|f|^p\mathrm{d}m,\int|g|^q\mathrm{d}m$ 均不为 0. 但在相反情形下,赫尔德不等式明显成立.

注 2 当 p,q 中有一个为 1,而另一个为 ∞ 时,我们遇到空间 L^∞. 它是 L^p $(p\geqslant1)$ 空间的一极端情形,称为**本性有界函数空间**. 如果用量(f 的**本性上确界**) $\|f\|_\infty=\inf\limits_{me=0}\sup\limits_{x\in E\setminus e}|f(x)|$ 代替赫尔德不等式右边第一个因子,则当 $p=\infty$, $q=1$ 时,所述不等式仍然正确,并且可以直接得出而无须像上面那样证明.

在空间 L^p 中引进记号 $\|f\|_p=\left\{\int_E|f|^p\mathrm{d}m\right\}^{1/p}$,并称为元 f 的**范数**,那么赫尔德不等式可写成

$$\left|\int_E fg\mathrm{d}m\right|\leqslant\|f\|_p\cdot\|g\|_q,\quad\frac{1}{p}+\frac{1}{q}=1,\quad 1\leqslant p\leqslant\infty.$$

特别,当 $p=q=2$ 时,上述不等式化为**施瓦茨**(H.A.Schwarz)**不等式**

$$\left|\int_E fg\mathrm{d}m\right|\leqslant\|f\|_2\cdot\|g\|_2,\quad f,g\in L^2.$$

在此顺便证明 $\|f\|_\infty$ 正是 $\|f\|_p$ 当 $p\to\infty$ 时的极限.

例 3 试证 $\|f\|_\infty=\lim\limits_{p\to\infty}\|f\|_p$.

证 先考察 $mE<\infty$ 情形. 记 $M=\|f\|_\infty$,不妨假定 $0<M<\infty$,由于 $M=0,\infty$ 两情形结果比较明显. 易见对几乎所有 $x\in E$, $|f(x)|\leqslant M$,故

$$\|f\|_p=\left\{\int_E|f(x)|^p\mathrm{d}m\right\}^{1/p}\leqslant M(mE)^{1/p}.$$

令 $p\to\infty$ 给出 $\overline{\lim\limits_{p\to\infty}}\|f\|_p\leqslant M$.

另一方面,任取充分小的 $\varepsilon>0$,令 $A=E(f>M-\varepsilon)$,则 $mA>0$,且有

$$\int_E|f|^p\mathrm{d}m\geqslant\int_A|f|^p\mathrm{d}m\geqslant(M-\varepsilon)^p mA,$$

故 $\|f\|_p\geqslant(M-\varepsilon)(mA)^{1/p}$. 令 $p\to\infty$ 得 $\underline{\lim\limits_{p\to\infty}}\|f\|_p\geqslant M-\varepsilon$. 由 ε 的任意性可知

$$\underline{\lim_{p\to\infty}}\|f\|_p\geqslant M.$$

联合所得两个不等式便知极限$\lim\limits_{p\to\infty}\|f\|_p$存在且等于$\|f\|_\infty$.

将已证结果用于集$E_n=E\cap(-n,n)$情形然后再令$n\to\infty$即得关于一般可测集E的结果. ■

利用赫尔德不等式可以证明关于空间L^p的范数的三角不等式,它又称为**闵可夫斯基不等式**.

定理 1.3 设$f,g\in L^p,p\geqslant 1$,则有不等式

$$\|f+g\|_p\leqslant\|f\|_p+\|g\|_p.$$

证 当$p=1$时 显然有

$$\int_E|f+g|\,\mathrm{d}m\leqslant\int_E|f|\,\mathrm{d}m+\int_E|g|\,\mathrm{d}m,$$

即所证不等式成立. 设$p>1$,据L^p的线性,知$f+g\in L^p$.因此,$|f+g|^{p/q}\in L^q(1/p+1/q=1)$.于是对两函数$f$与$|f+g|^{p/q}$应用赫尔德不等式,得

$$\int_E|f|\,|f+g|^{p/q}\mathrm{d}m\leqslant\|f\|_p\left\{\int_E|f+g|^p\mathrm{d}m\right\}^{1/q}.$$

同理,

$$\int_E|g|\,|f+g|^{p/q}\mathrm{d}m\leqslant\|g\|_p\left\{\int_E|f+g|^p\mathrm{d}m\right\}^{1/q}.$$

联合所得两个不等式,并注意到$p-1=p/q$,可得

$$\begin{aligned}\int_E|f+g|^p\mathrm{d}m&\leqslant\int_E|f|\,|f+g|^{p-1}\mathrm{d}m+\int_E|g|\,|f+g|^{p-1}\mathrm{d}m\\&\leqslant\|f\|_p\left\{\int_E|f+g|^p\mathrm{d}m\right\}^{1/q}+\|g\|_p\left\{\int_E|f+g|^p\mathrm{d}m\right\}^{1/q}.\end{aligned}$$

不妨设$f+g$不对等于零(否则要证的不等式显然正确).将上面不等式两边同除以$\left(\int_E|f+g|^p\mathrm{d}m\right)^{1/q}$,并注意到$1-1/q=1/p$,即得

$$\|f+g\|_p\leqslant\|f\|_p+\|g\|_p.$$ ■

上面已经提到,L^p中元f的范数用

$$\|f\|=\|f\|_p=\left\{\int_E|f|^p\mathrm{d}m\right\}^{1/p}$$

定义.容易验明,这种范数满足下列**范数公理**:

(i) $\|f\|_p\geqslant 0$;等号成立的充分必要条件是$f\sim 0$;

(ii) $\|af\|_p=|a|\,\|f\|_p$,a是复数;

(iii) $\|f+g\|_p\leqslant\|f\|_p+\|g\|_p$.

据定理 1.1,L^p又是线性空间,因而,L^p是赋范线性空间(关于一般赋范线性空间,

详见第 2 册第七章). 在 L^p 中,可以借用范数来引进两个元 f 与 g 之间的距离 $\|f-g\|_p$.这时 L^p 又成为距离空间(关于一般距离空间,详见第 2 册第六章).有了距离,便可定义 L^p 中元列的收敛概念.

定义 1.2 设 $f,f_n \in L^p, n \in \mathbf{N}$.如果当 $n\to\infty$ 时,f_n 与 f 的距离 $\|f_n-f\|_p$ 收敛于 0,则称 $\{f_n\}$ **强收敛于** f 或称 $\{f_n\}$ **依范数收敛于** f.这时说 f 是 $\{f_n\}$ 的**强极限**,简记为 $f_n \xrightarrow{\text{强}} f$.强收敛是 L^p 中最基本的一个收敛概念.

据三角不等式可知

$$\left|\ \|f_n\|_p-\|f\|_p\ \right| \leqslant \|f_n-f\|_p,$$

因而当 $\{f_n\}$ 强收敛于 f 时,可推出范数列 $\{\|f_n\|_p\}$ 收敛于 $\|f\|_p (n\to\infty)$. 这是范数的连续性.

例 4 考察 $L^2[0,1]$ 中的函数列

$$f_n(x)=\begin{cases} n, & x\in(0,1/n),\\ 0, & x\in[1/n,1] \text{ 或 } x=0, \end{cases} \qquad n\in\mathbf{N}.$$

容易看出,当 $n\to\infty$ 时,$f_n(x)\to 0\ (x\in[0,1])$. 可是,元列 $\{f_n\}$ 在 $L^2[0,1]$ 中并不强收敛于 $f\equiv 0$. 这是因为,

$$\int_{[0,1]} |f_n(x)-f(x)|^2 \mathrm{d}m = \int_{(0,1/n)} n^2 \mathrm{d}m = n \to \infty.$$

此例表明几乎处处收敛(甚至处处收敛)未必蕴含强收敛.反例只强调困难的一面,正如通常所做的那样.要想举一个几乎处处收敛同时又强收敛的序列是极其容易的.

例 5 在 $L[0,1]$ 中考察函数列

$$f_n(x)=\chi_{\left[\frac{i}{2^k},\frac{i+1}{2^k}\right]}(x),\quad n=2^k+i, 0\leqslant i<2^k,\quad k=0,1,2,\cdots.$$

例如,$f_1=\chi_{[0,1]}, f_2=\chi_{[0,1/2]}, f_3=\chi_{[1/2,1]},\cdots, f_{10}=\chi_{[1/4,3/8]},\cdots$. 设取 $f(x)=0$, $x\in[0,1]$.那么,对于 $n=2^k+i, 0\leqslant i<2^k$, 有

$$\int_{[0,1]} |f_n(x)-f(x)|\mathrm{d}m = \int_{[i/2^k,(i+1)/2^k]} 1\mathrm{d}m = \frac{1}{2^k},$$

而当 $n\to\infty$ 时有 $k\to\infty$,因此

$$\lim_{n\to\infty}\int_{[0,1]} |f_n(x)-f(x)|\mathrm{d}m = 0.$$

这就是说 $f_n \xrightarrow{\text{强}} 0$(依 $L[0,1]$ 中的范数). 但不难证明 $\{f_n(x)\}$ 处处不收敛于 0. 这从函数列的图形立可看出.现用二进小数法说明如下.我们约定二进有理数采用有限表示,并对二进制数恒用括弧标出,以示区别.这样,(101) = 5,(0.101) =

5/8,等等.假定 $x=(0.x_1x_2\cdots x_k\cdots)$,$x_k\in\{0,1\}$,考虑$\{f_n\}$的子列

$$f_{(1)},f_{(1x_1)},f_{(1x_1x_2)},\cdots,f_{(1x_1\cdots x_k)},\cdots.$$

由于$(1x_1\cdots x_k)=2^k+(x_1x_2\cdots x_k)$,故$f_{(1x_1\cdots x_k)}$在$[(x_1\cdots x_k)2^{-k},((x_1\cdots x_k)+1)2^{-k}]$上取值1.这区间含有点 x,故$f_{(1x_1\cdots x_k)}$在 x 处取值1,$k\in\mathbf{N}$.而序列$\{f_n\}$中其他元在点 x 均取值0.这样,序列$\{f_n\}$不收敛.

定义 1.3 设$\{f_n\}_{n\in\mathbf{N}}$是 L^p 中的元列.如果当 $m,n\to\infty$ 时,有 $\|f_m-f_n\|_p\to 0$,则称f_n是 L^p 中的**基本列**.

容易看出,当f_n强收敛于f时,f_n是基本列.其实,利用不等式

$$\|f_m-f_n\|_p\leqslant\|f_m-f\|_p+\|f_n-f\|_p$$

便可知道了.反过来也正确,我们叙述为下列定理.

定理 1.4 设序列$\{f_n\}_{n\in\mathbf{N}}$是 $L^p=L^p(E)$ 中基本列,即当 $m,n\to\infty$ 时 $\|f_m-f_n\|_p\to 0$,则存在一个元$f\in L^p$,使$f_n\xrightarrow{\text{强}}f$.

证 因f_n为基本列,对每个自然数 k,可选自然数 n_k,使

$$\|f_{n_k}-f_{n_{k+1}}\|_p\leqslant 1/2^k,\quad k\in\mathbf{N}.$$

从而据赫尔德不等式,对 E 的每一具有有限测度的子集 e,有

$$\begin{aligned}\int_e|f_{n_k}-f_{n_{k+1}}|\,\mathrm{d}m&\leqslant\left\{\int_e|f_{n_k}-f_{n_{k+1}}|^p\mathrm{d}m\right\}^{1/p}\cdot\left\{\int_e 1\mathrm{d}m\right\}^{1/q}\\&\leqslant\|f_{n_k}-f_{n_{k+1}}\|_p\cdot(me)^{1/q}\leqslant(me)^{1/q}2^{-k},\end{aligned}$$

其中 q 为 p 的相伴数.因此级数$\sum\limits_k\int_e|f_{n_k}-f_{n_{k+1}}|\mathrm{d}m$收敛.据第四章定理3.1推知级数

$$|f_{n_1}(x)|+|f_{n_2}(x)-f_{n_1}(x)|+|f_{n_3}(x)-f_{n_2}(x)|+\cdots$$

在子集$e(me<\infty)$上几乎处处收敛(和函数可积,因而几乎处处有限).由e的任意性,上述级数在 E 上也几乎处处收敛.于是级数

$$f_{n_1}(x)+\{f_{n_2}(x)-f_{n_1}(x)\}+\{f_{n_3}(x)-f_{n_2}(x)\}+\cdots$$

在 E 上几乎处处收敛于某个可测函数$f(x)$,且$f(x)$在 E 上几乎处处有限.这就表明,子序列$\{f_{n_k}(x)\}$在 E 上几乎处处收敛于$f(x)$.

现在证明,$f\in L^p$且为$\{f_n\}$的强极限:$f_n\xrightarrow{\text{强}}f$.

仍然由$\{f_n\}$为基本列可知,对任意的 $\varepsilon>0$,存在自然数 N,使当 $n,n_k>N$ 时,有$\|f_{n_k}-f_n\|_p<\varepsilon$.利用第四章定理3.3(对每一固定的$n>N$,令 $k\to\infty$),得到

$$\|f-f_n\|_p \leqslant \varepsilon \quad (n>N),$$

故 $f-f_n \in L^p$. 由 $f=(f-f_n)+f_n$ 知 $f \in L^p$,并且上式表明,$f_n \xrightarrow{强} f$. ∎

注 1 定理 1.4 说明,空间 L^p 的任何基本列必有强极限,且极限元属于 L^p. 这正表明空间 L^p 是**完备的**. 在实数论里,我们知道,任何基本列或柯西数列必有极限(为一实数),这是实数集的完备性. 读者试将两者加以比较.

注 2 关于极限元 f 的唯一性问题,可以说,把彼此对等的元当作同一个元这样的理解下,答案是肯定的. 实际上,设 $f_n \xrightarrow{强} f, f_n \xrightarrow{强} g$,则由不等式

$$\|f-g\|_p \leqslant \|f-f_n\|_p + \|f_n-g\|_p,$$

令 $n \to \infty$ 得到 $\|f-g\|_p=0$,故 $f \sim g$. 今后关于唯一性问题都按这个注来理解.

注 3 以上全是讨论当 $p \geqslant 1$ 时空间 L^p 的情形. 当 $0<p<1$ 时,情况就很不相同. 例如,对于非负的可测函数 f,g,可以证明反向的闵可夫斯基不等式成立:

$$\|f+g\|_p \geqslant \|f\|_p + \|g\|_p. \tag{1}$$

但若用 $\|\cdot\|_p^p$ 代替 $\|\cdot\|_p$ 时,我们有不等式

$$\|f+g\|_p^p \leqslant \|f\|_p^p + \|g\|_p^p, \quad f,g \in L^p. \tag{2}$$

后者的作用是可用以讨论空间 L^p 当 $0<p<1$ 时的收敛与完备性等问题. 下面举一个数值例子以验明这种情况.

例 6 考虑空间 $L^{1/2}=L^{1/2}(0,1)$. 取两个非负函数如下:

$$f(x)=x^2, \quad g(x)=1+2x, \quad 0 \leqslant x \leqslant 1.$$

容易求出,

$$\|f+g\|_{1/2} = \left\{\int_0^1 (1+x)\,dx\right\}^2 = 9/4,$$

$$\|f\|_{1/2} = \left\{\int_0^1 x\,dx\right\}^2 = 1/4, \ \|g\|_{1/2} = \frac{2}{9}(14-3\sqrt{3}).$$

不等式(1),(2)分别地对应于

$$\frac{9}{4} > \frac{1}{4} + \frac{2}{9}(14-3\sqrt{3}) \quad 或 \quad 5 < 3\sqrt{3}$$

与

$$\frac{3}{2} < \frac{1}{2} + \frac{1}{3}(3\sqrt{3}-1) \quad 或 \quad 4 < 3\sqrt{3}.$$

它们显然都正确.

§2　L^p空间的可分性

空间 L^p 除了完备性以外，还具有可分性.就是说，它有可列的稠密子空间.于是空间 L^p 的结构就比较简单，很多问题可以先从它的这种稠密子空间开始进行研究.

定义 2.1　设 A 是 L^p 的一个子类.若对任一个 $f\in L^p$，恒有元列 $\{g_n\}\subset A$ 使 $g_n\xrightarrow{\text{强}}f$，则称 A 在 L^p 中**稠密**.如果存在可列子类 A，使 A 在 L^p 中稠密，则说 L^p 是**可分的**.

可分性可以对一般的距离空间定义，不限于对 L^p 空间.容易明了，$\mathbf{R}$ 中有理点集在 $\mathbf{R}$ 中稠密，而有理点集是可列的，故依所述概念，$\mathbf{R}$ 是可分的.L^p 空间也具有可分性，它的证法很多.通常的方法是利用魏尔斯特拉斯逼近定理，我们把它放在定理 2.2 的推论 2 之后.这里引进的一个方法是限于已学过的知识的.我们把证明分成几个步骤并写成引理的形式.

引理 2.1　设 $f\in L^p(E)$，则对任意 $\varepsilon>0$，存在有界可测函数 g，使 $\|f-g\|_p<\varepsilon$.

证　对任意 $\varepsilon>0$，根据积分的绝对连续性知，存在 $\delta>0$，使对一切 $e\subset E$，$me<\delta$ 时有

$$\int_e |f|^p\mathrm{d}m<\varepsilon^p.$$

令 $A_k=E(|f|>k)$，$k\in\mathbf{N}$，$B=E(|f|=\infty)$，则由 $f\in L^p$ 可知，对 E 的每一子集 e'，$me'<\infty$，有 $f\in L(e')$.由于可积函数几乎处处有限，故 $m(B\cap e')=0$.再由 e' 的任意性，知 $mB=0$.显然，$\{A_k\}$ 为渐缩序列，因而

$$\lim_{k\to\infty} mA_k=m\Big(\bigcap_{k=1}^{\infty}A_k\Big)=mB=0.$$

于是存在 $k_0\in\mathbf{N}$ 使 $mA_{k_0}<\delta$.现在作函数 $g(x)$ 如下：

$$g(x)=\begin{cases} f(x), & \text{若 } x\in E\setminus A_{k_0},\\ 0, & \text{若 } x\in A_{k_0}.\end{cases}$$

那么，$g(x)$ 显然可测，且 $|g(x)|\leqslant k_0$，即 g 是有界可测函数.由于 $mE(f\neq g)=mA_{k_0}<\delta$，有

$$\|f-g\|_p^p=\int_{E(f\neq g)}|f-g|^p\mathrm{d}m=\int_{E(f\neq g)}|f|^p\mathrm{d}m<\varepsilon^p,$$

即 $\|f-g\|_p<\varepsilon$.　■

引理 2.2　设 E 是有界可测集，g 是 E 上有界可测函数，则对任意的 $\varepsilon>0$，

存在简单函数 $\varphi(x)$,使 $\|g-\varphi\|_p<\varepsilon$.

证 令 $M=\sup|g(x)|<\infty$,且不妨设 $M>0$.这时 g 是 E 上可积函数.据第四章引理 2.1,存在 E 上的简单函数 $\varphi(x)$,使

$$\int_E|g(x)-\varphi(x)|\mathrm{d}m<\varepsilon^p/(2M)^{p-1},$$

且(参看该引理的注)$\sup|\varphi(x)|\leqslant M$.这样,

$$\int_E|g(x)-\varphi(x)|^p\mathrm{d}m\leqslant(2M)^{p-1}\int_E|g(x)-\varphi(x)|\mathrm{d}m<\varepsilon^p,$$

从而 $\|g-\varphi\|_p<\varepsilon$. ■

为了进一步讨论 L^p 的可分性,我们还需要引用一个简单函数类 S,其中每个元

$$\varphi(x)=\sum_{k=1}^m r_k\chi_{e_k}(x)$$

的构造如下:$e_k=(a_k,b_k)$ 等为开区间且互不相交,端点 a_k,b_k 以及 r_k 均为有理数,$k=1,2,\cdots,m;m\in\mathbf{N}$.显然 S 是可列集.

引理 2.3 设 $\varphi(x)$是有界可测集 E 上的简单函数,则对任意的 $\varepsilon>0$,存在简单函数 $s(x)\in S$,它在 E 上的限制 $s_0(x)$适合 $\|\varphi-s_0\|_p<\varepsilon$.

证 设 $\varphi(x)=\sum\limits_{i=1}^n c_i\chi_{E_i}(x)$,$E=\bigcup\limits_{i=1}^n E_i$,且 E_i 等为互不相交的可测集,并令 $M=\sup|\varphi(x)|$.那么,存在闭集 $F_i\subset E_i$,使

$$m(E_i\setminus F_i)<\varepsilon^p/(2n(2M)^p),\quad i=1,2,\cdots,n.$$

显然,闭集 F_i 等也互不相交.这时,可以证明(第一章习题 22),存在互不相交的开集 $G_i\supset F_i$.由于每个 F_i 是有界闭集,据有限覆盖定理,可设每个 G_i 仅由有限个构成区间所成,且可设所有这些构成区间的端点全为有理数,$i=1,2,\cdots,n$.现在令 $s(x)$在每个 G_i 上取有理数 r_i,使

$$|r_i-c_i|<\varepsilon/(2mE)^{1/p}\quad 与\quad |r_i|\leqslant|c_i|,$$

而在 $\bigcup\limits_{i=1}^n G_i$ 之外取值 0.显然 $s(x)\in S$.易见 $s(x)$在 E 上的限制 $s_0(x)$便合乎定理要求.其实,

$$\begin{aligned}\int_E|\varphi-s_0|^p\mathrm{d}m&=\int_{\bigcup\limits_i E_i}|\varphi-s|^p\mathrm{d}m\\&=\int_{\cup F_i}|\varphi-s|^p\mathrm{d}m+\int_{\bigcup\limits_i(E_i\setminus F_i)}|\varphi-s|^p\mathrm{d}m\end{aligned}$$

$$< \frac{\varepsilon^p}{2mE} \cdot mE + (2M)^p \frac{\varepsilon^p n}{2n(2M)^p} = \varepsilon^p. \qquad \blacksquare$$

有了上述三条引理,便容易证明空间 L^p 的可分性.我们正是借用引理 2.3 前所指的那些简单函数 s 形成的类 S 来达到目的.

定理 2.1 设 E 是有 界可测集,那么空间 $L^p(E)$,$p \geqslant 1$,是可分的.

证 任取 $f \in L^p = L^p(E)$,则 $f \in L(E)$.据引理 2.1,对任意的 $\varepsilon > 0$,存在有界可测函数 g,使 $\|f - g\|_p < \varepsilon/3$.再据引理2.2,对这样的 g,存在简单函数 φ,使 $\|g - \varphi\|_p < \varepsilon/3$.最后据引理 2.3,存在简单函数 $s \in S$,使 $\|\varphi - s\| < \varepsilon/3$,于是据三角不等式有

$$\|f - s\|_p \leqslant \|f - g\|_p + \|g - \varphi\|_p + \|\varphi - s\|_p < \varepsilon.$$

但 S 是可列的,它在 E 上的限制也是可列类.这样便容易知道,可列子类 S 在 $L^p(E)$ 中稠密,故 $L^p(E)$ 是可分的. $\blacksquare$

注 定理只对有界可测集 E 证明了 $L^p(E)$ 的可分性.对于 E 为无界可测集情形定理仍然成立.这可以按下列思路来证明.利用已证明的结果,对于每个有界可测集 $E_n = (-n, n) \cap E$,$L^p(E_n)$ 是可分的,$n \in \mathbf{N}$;然后再注意到空间族 $\{L^p(E_n)\}_{n\in\mathbf{N}}$ 是可列的,并且空间 $L^p(E_n)$ 中每个元 f 可以看成 $L^p(E)$ 中的元,只要规定 f 在 E_n 外恒为零.

下面我们介绍关于连续函数借用多项式的逼近定理.它是逼近论、数值分析的理论基础,对分析学有重大的影响.L^p 空间的可分性可作为它的一个推论而得出.

定义 2.2 用 $C=C[a,b]$ 表示区间 $[a,b]$ 上一切连续函数的类.称映射 L: $C\to C$ 为 C **中线性算子**,如果 L 映 C 到自身且满足

$$L(\alpha f + \beta g) = \alpha L(f) + \beta L(g),$$

其中 $f,g \in C$,α,β 为实数.若对 C 中 每个 $f \geqslant 0$ 有 $L(f) \geqslant 0$,称 L 为**正算子**;若对每个 $f\in C$,$L(f)$ 恒为多项式,则称 L 为**多项式算子**.线性算子概念将在第 2 册第七章中详细讨论.

例 1 设 $C=C[0,1]$,则线性算子

$$B_n(f;x) = \sum_{k=0}^{n} f\left(\frac{k}{n}\right)\binom{n}{k} x^k(1-x)^{n-k}$$

为 C 中正算子且是多项式算子(和中每一项均是 n 次多项式).这算子称为 f 的**伯恩斯坦**(S.N.Bernstein)**多项式**.

例 2 设 $C = C[-\pi,\pi]$,且其中每个元具有周期 2π,令

$$S_n(f;x)=\frac{1}{\pi}\int_{-\pi}^{\pi}f(x+t)\frac{\sin\left(n+\dfrac{1}{2}\right)t}{2\sin\dfrac{t}{2}}\mathrm{d}t,$$

则 $S_n(f;x)$ 为 C 中(三角)多项式线性算子,但不是正算子.实际上,这算子是 f 的傅里叶级数部分和,它对更广的类——周期为 2π 的可积函数类有定义.

定理 2.2 设 $\{L_n(f;x)\}_{n\in\mathbf{N}}$ 是 $C[a,b]$ 中的正线性算子列,且满足下列条件:对每个 $\alpha_i(x)=x^i$, $L_n(\alpha_i;x)$ 在 $[a,b]$ 上一致收敛于 $\alpha_i(x)$, $i=0,1,2$,则 $L_n(f;x)$ 对每个 $f\in C[a,b]$ 在 $[a,b]$ 上一致收敛于 $f(x)$ $(n\to\infty)$.

证 任取 $\varepsilon>0$,据 f 的连续性,存在 $\delta>0$,使当 $|t-x|<\delta(x,t\in[a,b])$ 时,有

$$-\varepsilon<f(t)-f(x)<\varepsilon. \tag{1}$$

因而令 $M=\max\limits_{a\leqslant t\leqslant b}|f(t)|$, $\varphi(t)=(t-x)^2$,就有不等式

$$-\varepsilon-\frac{2M}{\delta^2}\varphi(t)<f(t)-f(x)<\varepsilon+\frac{2M}{\delta^2}\varphi(t). \tag{2}$$

其实,当 $|t-x|<\delta$ 时,由于 $\varphi(t)\geqslant 0$,据(1)知(2)成立;当 $|t-x|\geqslant\delta$ 时,则因 $\varphi(t)\geqslant\delta^2$,有 $\varepsilon+\dfrac{2M}{\delta^2}\varphi(t)>2M$,且 $|f(t)-f(x)|\leqslant 2M$,故(2)也成立.于是对一切 $t,x\in[a,b]$,(2)恒成立.

据算子 L_n 的正性与线性,由(2)可得(视 t 为函数变元,x 为任一固定的量)

$$\begin{aligned}-\varepsilon L_n(1;x)-\frac{2M}{\delta^2}L_n(\varphi;x)&\leqslant L_n(f;x)-L_n(f(x);x)\\&\leqslant\varepsilon L_n(1;x)+\frac{2M}{\delta^2}L_n(\varphi;x).\end{aligned} \tag{3}$$

据定理条件,$L_n(1;x)$ 一致收敛于 1,且易见

$$\begin{aligned}L_n(\varphi;x)&=L_n(t^2-2tx+x^2;x)\\&=L_n(t^2;x)-2xL_n(t;x)+x^2L_n(1;x)\end{aligned}$$

一致收敛于 $x^2-2x\cdot x+x^2=0$,故存在 $N=N(\varepsilon)$,使当 $n>N$ 时,在区间 $[a,b]$ 上一致有

$$|L_n(\varphi;x)|<\varepsilon\delta^2,\quad |L_n(1;x)-1|<\varepsilon; \tag{4}$$

由后一不等式还推出

$$|L_n(1;x)|<1+\varepsilon,\quad \text{当 } n>N. \tag{5}$$

注意到

$$L_n(f;x)-f(x)=L_n(f;x)-L_n(f(x);x)+f(x)\{L_n(1;x)-1\},$$

据(3)、(4)与(5)便推出，当 $n>N$ 时，在$[a,b]$上一致有

$$|L_n(f;x)-f(x)|\leqslant\varepsilon(1+\varepsilon)+3M\varepsilon.$$

由于 ε 是任意的正数，线性算子列$\{L_n(f;x)\}$在$[a,b]$上便一致收敛于$f(x)$. ∎

定理的意义在于，为了判别线性算子列对整个类 $C[a,b]$的一致收敛性，只需要对三个函数 $1,x,x^2$ 检验就行了.此定理属于柯罗夫金(P. P. Korovkin).

据所证定理容易推出下列伯恩斯坦定理.

推论 1 对任何$f\in C[0,1]$，伯恩斯坦多项式列

$$B_n(f;x)=\sum_{k=0}^{n}f\left(\frac{k}{n}\right)\binom{n}{k}x^k(1-x)^{n-k},\quad n\in\mathbf{N}$$

在$[0,1]$上一致收敛于$f(x)$ $(n\to\infty)$.

证 $B_n(f;x)$是线性、正算子列.应用定理 2.2，要证明这个推论，只需验明，对于每个函数 $\alpha_i(x)=x^i$，$B_n(\alpha_i;x)$ 一致收敛于$\alpha_i(x)$，$i=0,1,2$ 即可.我们有

$$B_n(1;x)=\sum_{k=0}^{n}\binom{n}{k}x^k(1-x)^{n-k}=(x+1-x)^n=1;$$

$$\begin{aligned}B_n(t;x)&=\sum_{k=0}^{n}\frac{k}{n}\binom{n}{k}x^k(1-x)^{n-k}=\sum_{k=1}^{n}\binom{n-1}{k-1}x^k(1-x)^{n-k}\\&=x(x+1-x)^{n-1}=x;\end{aligned}$$

$$\begin{aligned}B_n(t^2;x)&=\sum_{k=0}^{n}\frac{k^2}{n^2}\binom{n}{k}x^k(1-x)^{n-k}\\&=\frac{n-1}{n}\sum_{k=2}^{n}\frac{k-1}{n-1}\binom{n-1}{k-1}x^k(1-x)^{n-k}+\frac{1}{n}\sum_{k=1}^{n}\binom{n-1}{k-1}x^k(1-x)^{n-k}\\&=\frac{n-1}{n}x^2(x+1-x)^{n-2}+\frac{x}{n}(x+1-x)^{n-1}\\&=x^2+\frac{x(1-x)}{n}.\end{aligned}$$

因而在 $0\leqslant x\leqslant 1$ 上 $B_n(\alpha_i;x)$ 一致收敛于 $\alpha_i(x)$，$i=0,1,2$. ∎

推论 2 设$f(x)\in C[a,b]$，则对任何 $\varepsilon>0$，存在多项式$P(x)$，使在$[a,b]$上，一致有

$$|f(x)-P(x)|<\varepsilon.$$

证 对于$[a,b]=[0,1]$情形，注意到$B_n(f;x)$为n次多项式，应用推论1即得所需结论. 对于一般情形，可利用线性变换 $x=a+(b-a)t$ 将区间$[a,b]$化为区间$[0,1]$来考察. ▮

推论 2 是著名的魏尔斯特拉斯(K. Weierstrass)逼近定理(1885 年). 利用这一逼近定理，很容易给出空间 $L^p[a,b]$的可分性的一个证明如下：

令 $S[a,b]$表示$[a,b]$上一切有界可测函数的类，则$S[a,b]$在 $L^p[a,b]$中稠密(参看引理 2.1). 据第三章定理 3.2 以及它的说明，可知 $C[a,b]$在 $S[a,b]$中稠密. 因此为证$L^p[a,b]$的可分性，只需证 $C[a,b]$是可分的. 于是，令 $\mathscr{P}$表示以有理数为系数的一切多项式的全体，$\mathscr{P}$显然是可列集. 设 $\varepsilon>0$，则据推论 2，存在多项式 $P(x)$，使

$$|f(x)-P(x)|<\varepsilon/(2(b-a)^{1/p}),\quad a\leqslant x\leqslant b.$$

设 $P(x)=\sum\limits_{k=0}^{n}c_kx^k$，取多项式 $R(x)=\sum\limits_{k=0}^{n}r_kx^k\in\mathscr{P}$，使

$$|c_k-r_k|<\varepsilon/(2(n+1)A^n(b-a)^{1/p}),\quad k=0,1,\cdots,n,$$

其中 $A=\max(1,|a|,|b|)$. 那么，在$[a,b]$上一致有

$$\begin{aligned}|P(x)-R(x)|&\leqslant\sum_{k=0}^{n}|c_k-r_k||x^k|\\&\leqslant\varepsilon(2(n+1)A^n(b-a)^{1/p})^{-1}(n+1)A^n\\&=\varepsilon/(2(b-a)^{1/p}).\end{aligned}$$

因而

$$\begin{aligned}|f(x)-R(x)|&\leqslant|f(x)-P(x)|+|P(x)-R(x)|\\&<\varepsilon/(b-a)^{1/p},\quad a\leqslant x\leqslant b.\end{aligned}$$

这样，对于所取的多项式 $R(x)\in\mathscr{P}$，有

$$\|f-R\|_p\leqslant\max_{a\leqslant x\leqslant b}|f(x)-R(x)|(b-a)^{1/p}<\varepsilon.$$

这就证明了，可列子集 $\mathscr{P}$在 $C[a,b]$中稠密. 于是 $L^p[a,b]$的可分性得到了又一证明. ▮

在本节末尾我们作两点评注. 第一，在空间 L^p，$1\leqslant p<\infty$ 中除了强收敛以外还可以引进弱收敛概念. 设$\{f_n\}\subset L^p$，若存在$f\in L^p$，使对每个 $g\in L^q$(这里 q 是 p 的相伴数，$1/p+1/q=1$)有

$$\lim_{n\to\infty}\int_E f_n g\,\mathrm{d}m=\int_E fg\,\mathrm{d}m,$$

则称$\{f_n\}$在L^p中**弱收敛**于f,记成$f_n\xrightarrow{\text{弱}}f$.容易看出,强收敛蕴含弱收敛.其实,设在$L^p$中,$f_n\xrightarrow{\text{强}}f$,那么据赫尔德不等式,对每个$g\in L^q$,

$$\left|\int_E f_n g\mathrm{d}m-\int_E fg\mathrm{d}m\right|\leqslant\|f_n-f\|_p\cdot\|g\|_q,$$

即$f_n\xrightarrow{\text{弱}}f$.可以举出这样的序列,它是弱收敛的但不强收敛.

例 3 在$L^2(0,\pi)$中取$f_n(x)=\sin nx,n\in\mathbf{N}$,则据傅里叶级数中的黎曼-勒贝格引理(第四章习题 24),知对任何可积函数$g(x)$有

$$\lim_{n\to\infty}\int_{(0,\pi)}g(x)\sin nx\,\mathrm{d}x=0。$$

从而注意到$L^2(0,\pi)\subset L(0,\pi)$,知对任何$g\in L^2(0,\pi)$,上述关系也成立.这表明$f_n\xrightarrow{\text{弱}}0$.但$f_n$根本不是强收敛序列.这是因为,对任何$m,n\in\mathbf{N}$,只要$m\neq n$,就有$\|f_m-f_n\|_2=\sqrt{\pi}$.

假定基本集的测度为无穷,则由一致收敛未必得出弱收敛.试看下列例子.

例 4 设$1\leqslant p<\infty$,考察函数空间$L^p(\mathbf{R})$.对$n\in\mathbf{N}$,令$f_n(x)=n^{-1}\chi_{(1,\exp(n))}(x)$,这里$\chi_E$表示集$E$的特征函数.那么$f_n\in L^p(\mathbf{R}),n\in\mathbf{N}$.现在取$g(x)=x^{-1}\chi_{(1,\infty)}(x)$,则$g\in L^q(\mathbf{R}),1/p+1/q=1$,并且$g$是有界函数.容易看出,序列$\{f_n\}$在$\mathbf{R}$上一致收敛于0,但不弱收敛于0:

$$\int_{\mathbf{R}}f_n g\,\mathrm{d}m=\frac{1}{n}\int_1^{\exp(n)}\frac{\mathrm{d}x}{x}=1,\quad \text{对一切 } n\in\mathbf{N}.$$

第二,空间L^p当$p=2$时有很多有趣的性质.例如,可以在$L^2(E)$中引进元f与g的**内积**

$$(f,g)=\int_E f\bar{g}\mathrm{d}m,$$

其中$\bar{g}$表示g的复共轭,而使$L^2(E)$成为**复内积空间**.在$L^2(E)$中可以考察**规范正交系**$\{\omega_n\}_{n\in\mathbf{N}}$,即满足条件

$$(\omega_k,\omega_j)=0(\text{当 } k\neq j),(\omega_k,\omega_k)=1,\quad k,j\in\mathbf{N},$$

并研究$L^2(E)$中元f按系$\{\omega_n\}$的正交展开等等.这在第 2 册第八章中将要详细讲到.这里我们仅给出两个具体而重要的正交系的例子.

例 5 考察空间$L^2(-\pi,\pi)$.容易验证,函数系

$$\frac{1}{\sqrt{2\pi}},\frac{\cos x}{\sqrt{\pi}},\frac{\sin x}{\sqrt{\pi}},\cdots,\frac{\cos nx}{\sqrt{\pi}},\frac{\sin nx}{\sqrt{\pi}},\cdots$$

是 $L^2(-\pi,\pi)$ 中的规范正交系.其实,我们有

$$\int_{-\pi}^{\pi}\frac{\cos kx}{\sqrt{\pi}}\frac{\cos jx}{\sqrt{\pi}}\mathrm{d}x=\frac{1}{2\pi}\int_{-\pi}^{\pi}\{\cos(k+j)x+\cos(k-j)x\}\mathrm{d}x$$

$$=\begin{cases}0, & k\neq j,\\ 1, & k=j,\end{cases}$$

$$\int_{-\pi}^{\pi}\frac{\cos kx}{\sqrt{\pi}}\frac{\sin jx}{\sqrt{\pi}}\mathrm{d}x=\frac{1}{2\pi}\int_{-\pi}^{\pi}\{\sin(k+j)x-\sin(k-j)x\}\mathrm{d}x=0,$$

$$\int_{-\pi}^{\pi}\frac{\sin kx}{\sqrt{\pi}}\frac{\sin jx}{\sqrt{\pi}}\mathrm{d}x=-\frac{1}{2\pi}\int_{-\pi}^{\pi}\{\cos(k+j)x-\cos(k-j)x\}\mathrm{d}x$$

$$=\begin{cases}0, & k\neq j,\\ 1, & k=j,\end{cases}$$

其中 $j\in\mathbf{N},k\in\mathbf{N}\cup\{0\}$.又 $1/\sqrt{2\pi}$ 显然是规范元.这个系称为**三角系**,它是理论与应用中极为重要的一个正交系.

与三角系类似,可以证明指数函数系 $\{(2\pi)^{-1/2}\mathrm{e}^{\mathrm{i}nx}\}_{n\in\mathbf{Z}}$ 是 $L^2(-\pi,\pi)$ 中的规范正交系.

例 6 考察空间 $L^2(0,1)$,令

$$\varphi_n(x)=\operatorname{sgn}\{\sin(2^{n+1}\pi x)\},\quad n\in\mathbf{N}\cup\{0\},$$

并在 φ_n 的不连续点,规定函数值为它的右极限.利用函数 φ_n 可定义**沃尔什**(J.L. Walsh)**函数系** $w_k(x)(k\in\mathbf{N}\cup\{0\})$ 如下.将自然数 k 依二进制表示为 $k=(k_{r-1},k_{r-2},\cdots,k_0)$,其中 $k_j\in\{0,1\}$,r 与 k 有关.除 $k=0$ 外可设 $k_{r-1}=1$.当 $k=0$ 时,$k=(k_0)=(0)$.例如,$6=(1,1,0)$,$3=(1,1)$.用记号 $I(k)=\{j:k_j=1\}$,对于 $x\in[0,1)$,令

$$w_0(x)=1,\quad w_k(x)=\prod_{j\in I(k)}\varphi_j(x),\quad k\in\mathbf{N}.$$

那么,称 $\{w_k(x)\}$,$k=0,1,2,\cdots$ 为区间 $[0,1)$ 上的沃尔什函数系.它是规范正交系,首八个函数的图形如图 17 所示.这个系在信号分析与计算机中有重要的应用,在理论上也有很多有趣的性质.

上面两个例子中给出的规范正交系都是完整的,即不可能找到一个非零的函数,与这系中一切函数相正交.这一论断可借用逼近论的知识来证明,这里不去讲了.

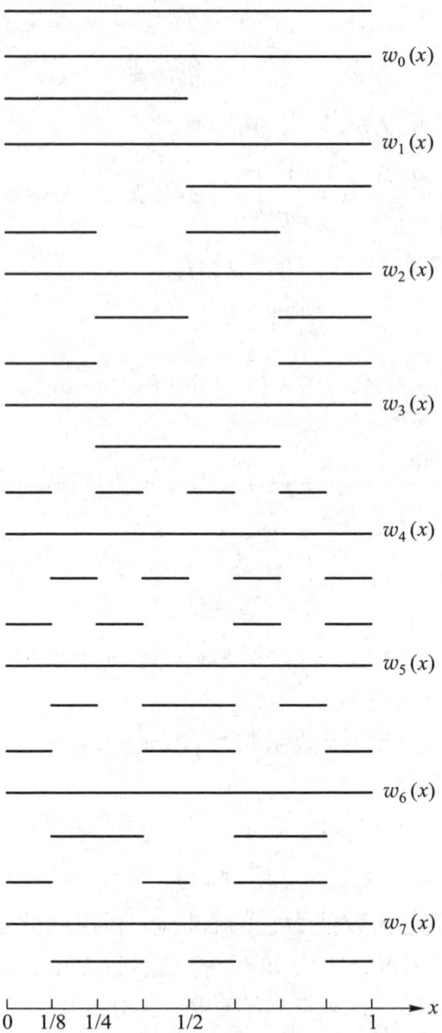

图 17

§3 傅里叶变换概要

由于傅里叶变换无论在理论上或应用上都是极其重要的,我们在这里作一个概要性的介绍.本节恒考察基本集为 $\mathbf{R}=(-\infty,\infty)$ 的情形,且为书写方便起见,将积分记号 $\int_{\mathbf{R}} f\mathrm{d}m$ 一概写成 $\int_{-\infty}^{\infty} f(x)\,\mathrm{d}x$,空间记号 $L^1(-\infty,\infty)$ 简写成 L^1,等等.

设 $f(x)$ 是 $(-\pi,\pi)$ 上的可积函数,它的傅里叶级数为

$$f(x) \sim \frac{a_0}{2} + \sum_{k=1}^{\infty} (a_k \cos kx + b_k \sin kx),$$

其中系数由等式

$$\begin{cases} a_k = \dfrac{1}{\pi}\displaystyle\int_{-\pi}^{\pi} f(x)\cos kx\mathrm{d}x, & k \in \mathbf{N} \cup \{0\}, \\ b_k = \dfrac{1}{\pi}\displaystyle\int_{-\pi}^{\pi} f(x)\sin kx\mathrm{d}x, & k \in \mathbf{N} \end{cases}$$

确定.应用欧拉(L. Euler)公式

$$\cos x = \frac{1}{2}(\mathrm{e}^{\mathrm{i}x} + \mathrm{e}^{-\mathrm{i}x}), \quad \sin x = \frac{1}{2\mathrm{i}}(\mathrm{e}^{\mathrm{i}x} - \mathrm{e}^{-\mathrm{i}x}),$$

可将上述级数改写为复级数形式

$$f(x) \sim \sum_{k=-\infty}^{\infty} c_k \mathrm{e}^{\mathrm{i}kx},$$

其中

$$c_0 = a_0/2, \quad c_k = (a_k - \mathrm{i}b_k)/2, \quad c_{-k} = \bar{c}_k, \quad k \in \mathbf{N}.$$

当$f(x)$为复函数(实变元的复函数)时,条件 $c_{-k}=\bar{c}_k$不一定成立.这时系数由公式

$$c_k = \frac{1}{2\pi}\int_{-\pi}^{\pi} f(x)\mathrm{e}^{-\mathrm{i}kx}\mathrm{d}x, \quad k \in \mathbf{Z}$$

给出.如果把级数看为离散情形,则转到连续情形时,级数化为积分.设$f(x)$是$(-\infty,\infty)$上的可积函数,我们引进积分

$$\hat{f}(t) = \frac{1}{2\pi}\int_{-\infty}^{\infty} f(x)\mathrm{e}^{-\mathrm{i}tx}\mathrm{d}x,$$

t 是实参数,它称为f依 L^1 意义的**傅里叶变换**,或称**可积函数 f 的傅里叶变换**.由于 t,x 都是实数,$\mathrm{e}^{-\mathrm{i}tx}$有界,故 $f(x)\mathrm{e}^{-\mathrm{i}tx}$可积,从而 f 的傅里叶变换 $\hat{f}$ 对每个 $t \in (-\infty,\infty)$有定义.

例 1 设$f(x)=\chi_{[-a,a]}(x)$,试求$\hat{f}(t)$.

解 我们有

$$\hat{f}(t) = \frac{1}{2\pi}\int_{-a}^{a} \mathrm{e}^{-\mathrm{i}tx}\mathrm{d}x = \frac{1}{2\pi}\cdot\left.\frac{\mathrm{e}^{-\mathrm{i}tx}}{-\mathrm{i}t}\right|_{x=-a}^{a} = \frac{\sin at}{\pi t}.$$

例 2 证明:$f(x) = \mathrm{e}^{-x^2/2}$ 的傅里叶变换为

$$\hat{f}(t)=(2\pi)^{-1/2}\cdot e^{-t^2/2}.$$

因而除常数因子不计外，$e^{-x^2/2}$与它的傅里叶变换取同一形式.

证明 其实，有

$$\hat{f}(t)=\frac{1}{2\pi}\int_{-\infty}^{\infty}e^{-x^2/2}e^{-itx}dx=e^{-t^2/2}\cdot\frac{1}{2\pi}\int_{-\infty}^{\infty}e^{-(x+it)^2/2}dx.$$

由于$\int_{-\infty}^{\infty}e^{-x^2/2}dx=\sqrt{2\pi}$，因此如能证明右边积分与$t$无关，那么便得到所需结论.令$z=x+it$，函数$e^{-z^2/2}$在复平面上处处解析，因而据柯西定理，它沿顶点分别为$z=\pm R, z=\pm R+it$的矩形边界T的积分为0.令$R\to\infty$，注意到函数沿矩形T的两纵边的积分均趋于0，而沿矩形T的两横边的积分分别趋于$(2\pi)^{1/2}$与$\int_{-\infty}^{\infty}e^{-(x+it)^2/2}dx$，从而得$0=(2\pi)^{1/2}-\int_{-\infty}^{\infty}e^{-(x+it)^2/2}dx$.故所述积分与$t$无关而等于$(2\pi)^{1/2}$. ∎

例 3 求$f(x)=e^{-|x|}$的傅里叶变换.

解 我们有

$$\begin{aligned}\hat{f}(t)&=\frac{1}{2\pi}\int_{-\infty}^{\infty}e^{-|x|}e^{-itx}dx=\frac{1}{2\pi}\int_{0}^{\infty}e^{-x(1+it)}dx+\frac{1}{2\pi}\int_{0}^{\infty}e^{-x(1-it)}dx\\&=\frac{1}{2\pi}\left(\frac{1}{1+it}+\frac{1}{1-it}\right)=\frac{1}{\pi(1+t^2)}.\end{aligned}$$

在例中我们看到f在$(-\infty,\infty)$上可积，其傅里叶变换也是可积的.

我们将着重讨论勒贝格可积函数与平方可积函数的傅里叶变换.对于可积函数的傅里叶变换有下列基本性质.

定理 3.1 设$f,g\in L^1, a,b,h,\lambda\in\mathbf{R}$，有

(i) L^1中的傅里叶变换是由L^1到L^∞的线性变换，即$(af+bg)\hat{}=a\hat{f}+b\hat{g}$，且$\|\hat{f}\|_\infty\leqslant\frac{1}{2\pi}\|f\|_1$.

(ii) f的平移$f_h(x)=f(x-h)$的傅里叶变换为$\hat{f}_h(t)=\hat{f}(t)e^{-iht}$.

(iii) 函数$\varphi(x)=f(x)e^{ihx}$的傅里叶变换为$\hat{\varphi}(t)=\hat{f}(t-h)$.

(iv) 设$\varphi(x)=f(\lambda x), \lambda>0$，则$\hat{\varphi}(t)=\lambda^{-1}\hat{f}(t/\lambda)$；当$\lambda<0$且$f$为实值函数时，$(\hat{\varphi}(t))^{-}=-\lambda^{-1}\hat{f}(t/(-\lambda))$.

证 (i) 傅里叶变换的线性是显然的.对每个$t\in\mathbf{R}$，有

$$|\hat{f}(t)|=\left|\frac{1}{2\pi}\int_{-\infty}^{\infty}f(x)e^{-itx}dx\right|\leqslant\frac{1}{2\pi}\int_{-\infty}^{\infty}|f(x)|dx,$$

故 $\|\hat{f}\|_{\infty} \leqslant \frac{1}{2\pi}\|f\|_1$.

(ii) 显然 $f_h \in L^1$,它的傅里叶变换为

$$\hat{f}_h(t)=\frac{1}{2\pi}\int_{-\infty}^{\infty} f(x-h)\mathrm{e}^{-\mathrm{i}tx}\mathrm{d}x=\frac{1}{2\pi}\int_{-\infty}^{\infty} f(y)\mathrm{e}^{-\mathrm{i}t(y+h)}\mathrm{d}y=\mathrm{e}^{-\mathrm{i}ht}\hat{f}(t).$$

(iii) 显然 $\varphi \in L^1$,它的傅里叶变换为

$$\hat{\varphi}(t)=\frac{1}{2\pi}\int_{-\infty}^{\infty} f(x)\mathrm{e}^{ihx}\mathrm{e}^{-\mathrm{i}tx}\mathrm{d}x=\frac{1}{2\pi}\int_{-\infty}^{\infty} f(x)\mathrm{e}^{-\mathrm{i}(t-h)x}\mathrm{d}x=\hat{f}(t-h).$$

(iv) 当 $f\in L^1$ 时 $\varphi(x)=f(\lambda x)$ 也属于 L^1. 对 $\lambda>0$ 有

$$\hat{\varphi}(t)=\frac{1}{2\pi}\int_{-\infty}^{\infty} f(\lambda x)\mathrm{e}^{-\mathrm{i}tx}\mathrm{d}x=\frac{1}{2\pi}\int_{-\infty}^{\infty} f(y)\mathrm{e}^{-\mathrm{i}ty/\lambda}\cdot\frac{1}{\lambda}\mathrm{d}y=\lambda^{-1}\hat{f}(t/\lambda);$$

对 $\lambda<0$,将 φ 的傅里叶变换取复共轭,并注意 f 是实值的,便得

$$(\hat{\varphi}(t))^{-}=-\lambda^{-1}\hat{f}(t/(-\lambda)).$$

∎

定理 3.2 设 $f\in L^1$,则 f 的傅里叶变换处处有限,并且是有界连续函数.

证 在定理 3.1 中已经知道,对每个 $t\in(-\infty,\infty)$ 有

$$|\hat{f}(t)| \leqslant \frac{1}{2\pi}\|f\|_1<\infty,$$

因此 $\hat{f}(t)$ 有界,自然就处处有限.为证 $\hat{f}(t)$ 连续,任取数列 $t_n\to t(n\to\infty)$,那么据

$$\begin{aligned}\hat{f}(t_n)-\hat{f}(t)&=\frac{1}{2\pi}\int_{-\infty}^{\infty} f(x)[\mathrm{e}^{-\mathrm{i}t_n x}-\mathrm{e}^{-\mathrm{i}tx}]\mathrm{d}x\\&=-\frac{\mathrm{i}}{\pi}\int_{-\infty}^{\infty} f(x)\sin\frac{t_n-t}{2}x\mathrm{e}^{-\mathrm{i}\frac{t_n+t}{2}x}\mathrm{d}x\end{aligned}$$

有

$$|\hat{f}(t_n)-\hat{f}(t)| \leqslant \frac{1}{\pi}\int_{-\infty}^{\infty}|f(x)|\cdot\left|\sin\frac{t_n-t}{2}x\right|\mathrm{d}x.$$

由于序列 $|f(x)\sin((t_n-t)x/2)| \leqslant |f(x)|$ 而 f 可积,且此序列当 $n\to\infty$ 时几乎处处收敛于 0,故据勒贝格控制收敛定理,知 $\hat{f}(t_n)-\hat{f}(t)$ 趋于 $0(n\to\infty)$. 所以 $\hat{f}(t)$ 在任一点 t 是连续的. ∎

如果用 C 表示实轴上有界连续函数空间,$\mathscr{F}$ 表示傅里叶变换,$\mathscr{F}f=\hat{f}$,那么 $\mathscr{F}$ 是由 L^1 到 C 的有界线性映射或有界线性算子.不仅如此,我们还有关于可积函数的傅里叶变换的黎曼-勒贝格定理:

定理 3.3 设 $f\in L^1$，则当 $t\to\pm\infty$ 时，$\hat{f}(t)\to 0$.

证 据 f 的可积性，对任意的 $\varepsilon>0$，存在 $N>0$ 使

$$\int_{|x|>N}|f(x)|\,\mathrm{d}x<\varepsilon/3. \tag{1}$$

当 N 确定后，我们有 $f\in L^1(-N,N)$. 据第四章定理 2.8 与本章定理 2.2 的推论 2，存在多项式 $p(x)$ 使

$$\int_{-N}^{N}|f(x)-p(x)|\,\mathrm{d}x<\varepsilon/3. \tag{2}$$

如果令 $M=\|p'\|_{L(-N,N)}+|p(N)|+|p(-N)|$，则 M 仅依赖于 ε；应用分部积分法可得

$$\left|\int_{-N}^{N}p(x)\mathrm{e}^{-\mathrm{i}tx}\mathrm{d}x\right|\leqslant M/|t|. \tag{3}$$

于是由等式

$$\int_{-\infty}^{\infty}f(x)\mathrm{e}^{-\mathrm{i}tx}\mathrm{d}x=\int_{|x|>N}f(x)\mathrm{e}^{-\mathrm{i}tx}\mathrm{d}x+\int_{-N}^{N}[f(x)-p(x)]\mathrm{e}^{-\mathrm{i}tx}\mathrm{d}x+$$
$$\int_{-N}^{N}p(x)\mathrm{e}^{-\mathrm{i}tx}\mathrm{d}x$$

并注意到(1)，(2)，(3)便知当 $|t|>3M/\varepsilon$ 时有

$$\left|\int_{-\infty}^{\infty}f(x)\mathrm{e}^{-\mathrm{i}tx}\mathrm{d}x\right|<\varepsilon.$$ ∎

据上面两条定理立即知道，如果用 C_0 表示 C 中在 $\pm\infty$ 处为零的那些函数的类，则傅里叶变换 $\mathscr{F}$ 是由 L^1 到 C_0 的有界线性映射. 但要注意，此映射不是映上的，即有这样的函数 $g\in C_0$，它不是可积函数的傅里叶变换. 参看习题 40.

注 1 定理 3.3 包含关于傅里叶级数中傅里叶系数的黎曼-勒贝格引理：设 $f\in L(-\pi,\pi)$，则当 $n\to\pm\infty$ 时，

$$\int_{-\pi}^{\pi}f(x)\mathrm{e}^{-\mathrm{i}nx}\mathrm{d}x\to 0.$$

其实，只需将 f 扩充定义到 $(-\infty,\infty)$ 上使函数在 $[-\pi,\pi]$ 之外的值为零，那么，这个引理便成为定理 3.3 的特例.

注 2 傅里叶变换用到了基函数——指数函数 $\mathrm{e}^{\mathrm{i}tx}(x\in\mathbf{R})$，$t$ 为参数也取值于 $\mathbf{R}$. 它们是从哪里来的？原来，在群上调和分析中，它们来自加群 $\mathbf{R}$ 的对偶群. 我们称 $\chi(x)$ 为群 $\mathbf{R}$ 的特征标，是指定义在 $\mathbf{R}$ 上的一个非零有界连续复函数，满足同态关系

$$\chi(x+y)=\chi(x)\chi(y),\quad x,y\in\mathbf{R}.$$

不难验证，$\mathbf{R}$ 上一切特征标构成一个乘法群，称为 $\mathbf{R}$ 的对偶群 $\hat{\mathbf{R}}$，其单位元是 $\chi(x)\equiv 1(x\in\mathbf{R})$.

例 4 试证 $\mathbf{R}$ 的特征标恒取 $e^{itx}(x\in\mathbf{R})$ 的形式，t 为参数，$t\in\mathbf{R}$.

证 由于$\chi(x)\neq 0$，存在 $a>0$ 使

$$\int_0^a \chi(z)\,dz = A\neq 0.$$

由于χ 连续，这里涉及的积分可以认为全是黎曼积分.由χ 为同态得

$$A\chi(x)=\int_0^a \chi(z)\chi(x)\,dz=\int_0^a \chi(z+x)\,dz=\int_x^{x+a}\chi(t)\,dt.$$

上式右边被积函数是连续的，此变限积分便是可微的.两边微分得

$$A\chi'(x)=(\chi(a)-1)\chi(x).$$

这是一个常微分方程，通解（有界）为$\chi(x)=Ce^{itx}$，t 为参数，且由于$\chi(0)=1$，知 $C=1$.故$\chi(x)=e^{itx}$，$t\in\mathbf{R}$.于是 $\mathbf{R}$ 的对偶群便可看成函数族$\{e^{itx}:t\in\mathbf{R}\}$；它成为研究傅里叶变换的基函数. ∎

为了建立 L^1 上的一个反演公式，先给出下列引理.

引理 3.1 设$f\in L^1(-\infty,\infty)$，则对任一$\rho>0$，关于 x 几乎处处有

$$\lim_{h\to 0}\int_0^h [f(x+t)-f(x)]\rho e^{-\rho^2t^2}\,dt=0. \tag{4}$$

证 令

$$F(u)=\int_0^u [f(x+v)-f(x)]\,dv,$$

则对于几乎所有 x，$F(u)$为 u 的绝对连续函数，且据第四章§6 例 7 可知 $F(u)=o(u)$关于 x 几乎处处成立（$u\to 0$）.因此对任意的$\varepsilon>0$，存在$\delta>0$，使当$|u|\leqslant\delta$ 时有$|F(u)|\leqslant\varepsilon|u|$，a.e. x.据第四章定理 5.3 后分部积分公式，对这些 x，

$$\int_0^h [f(x+t)-f(x)]\rho e^{-\rho^2t^2}\,dt=\rho e^{-\rho^2h^2}F(h)+2\int_0^h F(t)\rho^3 te^{-\rho^2t^2}\,dt;$$

因此当$|h|\leqslant\delta$ 时

$$\left|\int_0^h [f(x+t)-f(x)]\rho e^{-\rho^2t^2}\,dt\right|\leqslant\varepsilon\rho|h|e^{-\rho^2h^2}+2\varepsilon\int_0^{|h|}e^{-\rho^2t^2}\rho^3t^2\,dt.$$

由于当 $a>0$ 时，$0<ae^{-a^2}<1$，且上式右边第二项中积分不超过$\int_0^\infty u^2e^{-u^2}\,du=M<\infty$，可见左边不超过$(1+2M)\varepsilon$.这便证明了(4)几乎处处关于 x 成立. ∎

有此引理，便容易建立关于可积函数的一个反演公式，它有时也称为傅里叶变换的求和公式：

定理 3.4 设$f\in L^1(-\infty,\infty)$,则几乎处处有

$$\lim_{\rho\to\infty}\int_{-\infty}^{\infty} e^{-t^2/\rho^2}\hat{f}(t)e^{itx}dt=f(x). \tag{5}$$

证 由于$f\in L^1(-\infty,\infty)$,$e^{-x^2/\rho^2}\in L^1(-\infty,\infty)$,可以应用傅比尼定理与例 2 而得

$$\begin{aligned}\int_{-\infty}^{\infty} e^{-t^2/\rho^2}\hat{f}(t)e^{itx}dt&=\frac{1}{2\pi}\int_{-\infty}^{\infty} e^{-t^2/\rho^2}e^{itx}dt\int_{-\infty}^{\infty} f(u)e^{-iut}du\\&=\frac{1}{2\pi}\int_{-\infty}^{\infty} f(u)du\int_{-\infty}^{\infty} e^{-t^2/\rho^2}e^{-it(u-x)}dt\\&=\frac{\rho}{2\sqrt{\pi}}\int_{-\infty}^{\infty} f(u)e^{-\rho^2(u-x)^2/4}du\\&=\frac{\rho}{2\sqrt{\pi}}\int_{0}^{\infty}[f(x+t)+f(x-t)]e^{-\rho^2t^2/4}dt.\end{aligned}$$

故

$$\begin{aligned}I&=\int_{-\infty}^{\infty} e^{-t^2/\rho^2}\hat{f}(t)e^{itx}dt-f(x)\\&=\frac{\rho}{2\sqrt{\pi}}\int_{0}^{\infty}[f(x+t)+f(x-t)-2f(x)]e^{-\rho^2t^2/4}dt.\end{aligned} \tag{6}$$

我们把(6)式右边积分写成两部分($h>0$)

$$\frac{\rho}{2\sqrt{\pi}}\int_0^h+\frac{\rho}{2\sqrt{\pi}}\int_h^{\infty}=I_1(h)+I_2(h). \tag{7}$$

据(4)易知,当$h\to 0$时

$$\begin{aligned}I_1(h)=&\frac{\rho}{\sqrt{2\pi}}\int_0^h[f(x+t)-f(x)]e^{-\rho^2t^2/4}dt+\\&\frac{\rho}{\sqrt{2\pi}}\int_0^h[f(x-t)-f(x)]e^{-\rho^2t^2/4}dt\to 0\quad (\text{a.e.}).\end{aligned}$$

下面假定x是使上式成立的点.这时

$$\begin{aligned}|I_2(h)|\leqslant\frac{1}{2\sqrt{\pi}}\Big\{&\rho e^{-\rho^2h^2/4}\int_h^{\infty}|f(x+t)+f(x-t)|dt+\\&2|f(x)|\int_h^{\infty}\rho e^{-\rho^2t^2/4}dt\Big\}\end{aligned}$$

$$\leqslant \frac{1}{\sqrt{\pi}}\left\{ \|f\|_1(\rho \mathrm{e}^{-\rho^2h^2/4}) + |f(x)| \int_{\rho|h|}^{\infty} \mathrm{e}^{-t^2/4}\mathrm{d}t \right\}. \tag{8}$$

现在设任意给定 $\varepsilon > 0$.于是存在充分小的 $h > 0$,使 $|I_1(h)| \leqslant \varepsilon$.$h$ 既定后,对一切充分大的 ρ,$\rho > N_1$,有 $0 < \rho \mathrm{e}^{-\rho^2h^2/4} \leqslant \varepsilon$;且因积分 $\int_0^{\infty} \mathrm{e}^{-t^2/4}\mathrm{d}t$ 绝对收敛,故对一切充分大的 ρ,$\rho > N_2$,有 $\int_{\rho h}^{\infty} \mathrm{e}^{-t^2/4}\mathrm{d}t < \varepsilon$, 于是

$$|I_2(h)| \leqslant \frac{1}{\sqrt{\pi}}(\|f\|_1\varepsilon + |f(x)|\varepsilon), \quad \rho > N_2.$$

因此

$$|I| \leqslant |I_1(h)| + |I_2(h)|$$

$$\leqslant \frac{\varepsilon}{\sqrt{\pi}}(|f(x)| + \|f\|_1) + \varepsilon, \quad \rho > \max(N_1, N_2).$$

这表明(5)几乎处处成立. ∎

由定理很容易推出下列

推论 设 $f, \hat{f} \in L^1(-\infty, \infty)$,则有反演公式

$$f(x) = \int_{-\infty}^{\infty} \hat{f}(t)\mathrm{e}^{\mathrm{i}tx}\mathrm{d}t, \text{a.e.} \tag{9}$$

其实,(5)中被积函数有可积的控制函数 $\hat{f}$,故据勒贝格控制收敛定理,可将极限通过积分号立得(9).

显然,若两可积函数 f, g 有同一傅里叶变换,则 $f \sim g$.这就是关于 L^1 空间傅里叶变换的唯一性定理.其实,这时 $\hat{f} - \hat{g} \sim 0$.因而应用(9) 便知 $f - g \sim 0$ 或 $f \sim g$.

下面考虑傅里叶变换的微分性质.将变换 $\hat{f}(t)$ 形式上对 t 求导数一次,得

$$\frac{\mathrm{d}}{\mathrm{d}t}\hat{f}(t) = \frac{1}{2\pi}\int_{-\infty}^{\infty} f(x)(-\mathrm{i}x)\mathrm{e}^{-\mathrm{i}tx}\mathrm{d}x,$$

如果 $xf(x)$ 在 $(-\infty, \infty)$ 可积,则易见上式右边积分关于 t 一致收敛,实际上它以 $\int_{-\infty}^{\infty} |xf(x)|\mathrm{d}x$ 为优积分.因而此时上面微分公式确实成立.借用归纳法便可证得下列定理.

定理 3.5 设 $x^r f(x)$ 在 $(-\infty, \infty)$ 上可积,则 $\hat{f}(t)$ 为 r 阶可微,且有等式

$$\frac{\mathrm{d}^r}{\mathrm{d}t^r}\hat{f}(t) = \frac{1}{2\pi}\int_{-\infty}^{\infty} f(x)(-\mathrm{i}x)^r \mathrm{e}^{-\mathrm{i}tx}\mathrm{d}x, \quad r \in \mathbf{N}.$$

注意,定理中条件只是充分的而非必要的.例如,设$f(x)=4x^{-2}\sin^2\dfrac{x}{2}$,则可求出

$$\hat{f}(t)=\frac{1}{2\pi}\int_{-\infty}^{\infty}\frac{4\sin^2\frac{x}{2}}{x^2}\mathrm{e}^{-\mathrm{i}tx}\mathrm{d}x=\frac{4}{\pi}\int_0^{\infty}\frac{\sin^2\frac{x}{2}}{x^2}\cos tx\mathrm{d}x$$

$$=\begin{cases}1-|t|, & |t|\leqslant 1,\\ 0, & |t|>1.\end{cases}$$

除了$t=0,t=\pm 1$以外,$\hat{f}(t)$是处处可微的,但$xf(x)$不可积.

在傅里叶级数情形,我们有著名的**帕塞瓦尔公式**.转到傅里叶变换情形,对于$f\in L^2$,有类似的公式成立:

$$\int_{-\infty}^{\infty}|f(x)|^2\mathrm{d}x=2\pi\int_{-\infty}^{\infty}|\hat{f}(t)|^2\mathrm{d}t.$$

可是,由于$f\in L^2$时未必有$f\in L^1$(例如,$f(x)=x^{-1}\sin x$),f的傅里叶变换就不能像上面那样定义了.即使变换被定义出来,它是否平方可积呢?这都需要作进一步的讨论.

设$f\in L^2$,我们将证明,当$N\to\infty$时,

$$\frac{1}{2\pi}\int_{-N}^{N}f(x)\mathrm{e}^{-\mathrm{i}tx}\mathrm{d}x$$

依L^2意义强收敛于一个函数,称为f**依L^2意义的傅里叶变换**,并记为

$$\hat{f}(t)=\underset{N\to\infty}{\mathrm{l.i.m.}}\frac{1}{2\pi}\int_{-N}^{N}f(x)\mathrm{e}^{-\mathrm{i}tx}\mathrm{d}x, \tag{10}$$

这里N不限定为自然数,符号l.i.m.意为平均收敛下的极限.先建立下列引理.

引理 3.2 设$\chi=\chi_{(\alpha,\beta)}(x)$是区间$(\alpha,\beta)$的特征函数,$\hat{\chi}$是它的傅里叶变换(依$L^1$意义),则几乎处处有

$$\lim_{N\to\infty}\int_{-N}^{N}\hat{\chi}(t)\mathrm{e}^{\mathrm{i}tx}\mathrm{d}t=\chi(x). \tag{11}$$

证 容易求出

$$\hat{\chi}(t)=\frac{1}{2\pi}\int_{-\infty}^{\infty}\chi(x)\mathrm{e}^{-\mathrm{i}tx}\mathrm{d}x=\frac{1}{2\pi}\int_{\alpha}^{\beta}\mathrm{e}^{-\mathrm{i}tx}\mathrm{d}x=\frac{\mathrm{e}^{-\mathrm{i}t\beta}-\mathrm{e}^{-\mathrm{i}t\alpha}}{-2\pi\mathrm{i}t}.$$

作积分

$$\int_{-N}^{N}\hat{\chi}(t)\mathrm{e}^{\mathrm{i}tx}\mathrm{d}t=\frac{1}{-2\pi\mathrm{i}}\int_{-N}^{N}\frac{\mathrm{e}^{\mathrm{i}(x-\beta)t}-\mathrm{e}^{\mathrm{i}(x-\alpha)t}}{t}\mathrm{d}t$$

$$=\frac{1}{\pi}\int_{0}^{N}\frac{\sin(x-\alpha)t-\sin(x-\beta)t}{t}\mathrm{d}t$$

$$=\frac{1}{\pi}\left\{\int_{0}^{(x-\alpha)N}\frac{\sin v}{v}\mathrm{d}v-\int_{0}^{(x-\beta)N}\frac{\sin v}{v}\mathrm{d}v\right\},\tag{12}$$

因而注意到 $\int_{0}^{\infty}\frac{\sin v}{v}\mathrm{d}v=\pi/2$（依主值意义），便得

$$\lim_{N\to\infty}\int_{-N}^{N}\hat{\chi}(t)\mathrm{e}^{\mathrm{i}tx}\mathrm{d}t=\begin{cases}1, & x\in(\alpha,\beta),\\ 0, & x\overline{\in}[\alpha,\beta],\\ 1/2, & x=\alpha,\beta.\end{cases}$$

于是除了 $x=\alpha,\beta$ 以外，

$$\lim_{N\to\infty}\int_{-N}^{N}\hat{\chi}(t)\mathrm{e}^{\mathrm{i}tx}\mathrm{d}t=\chi(x).$$ ■

着重指出，由(12)可见，在这个极限式中，积分 $\int_{-N}^{N}\hat{\chi}(t)\mathrm{e}^{\mathrm{i}tx}\mathrm{d}t$ 关于 N 与 x 是一致有界的（$\int_{0}^{x}\frac{\sin v}{v}\mathrm{d}v$ 是 x 的有界函数，参看第四章 §4 的处理）.

定理 3.6 设 $f(x)\in L^2$，若 $\hat{f}(t)$ 是 f 依 L^2 意义的傅里叶变换，则有 $\hat{f}\in L^2$，且帕塞瓦尔公式成立：

$$\int_{-\infty}^{\infty}|f(x)|^2\mathrm{d}x=2\pi\int_{-\infty}^{\infty}|\hat{f}(t)|^2\mathrm{d}t.\tag{13}$$

证 第一步 引进简单函数类 S，证明对每个 $f\in S$，几乎处处有下式成立：

$$\lim_{N\to\infty}\int_{-N}^{N}\hat{f}(t)\mathrm{e}^{\mathrm{i}tx}\mathrm{d}t=f(x).\tag{14}$$

这里所指的 $f\in S$ 有下述结构：存在点组 $x_1,x_2,\cdots,x_r$，

$$-\infty<x_1<x_2<\cdots<x_r<\infty,$$

使 $f(x)$ 在每个区间 $[x_k,x_{k+1})$ 上取复常数 c_k，$k=1,2,\cdots,r-1$，而在 $(-\infty,x_1)$ 与 $[x_r,\infty)$ 上 $f(x)$ 恒取值零.由于积分运算的线性，S 中每个函数可表为有限个区间的特征函数的线性组合，因而据引理 3.2 知(14)成立.并且，据引理证明末的注解，(14)中左边积分关于 N,x 是一致有界的.

第二步 我们证明，对每个 $f\in S$，(13)成立.

其实,对于$f\in S$,有关的积分实际上是有限区间上的积分.将积分$\int_{-N}^{N}|\hat{f}(t)|^2\mathrm{d}t$进行变形,得

$$\int_{-N}^{N}|\hat{f}(t)|^2\mathrm{d}t=\frac{1}{2\pi}\int_{-N}^{N}\hat{f}(t)\int_{-\infty}^{\infty}\bar{f}(y)\mathrm{e}^{\mathrm{i}ty}\mathrm{d}y\mathrm{d}t$$

$$=\frac{1}{2\pi}\int_{-\infty}^{\infty}\bar{f}(y)\mathrm{d}y\int_{-N}^{N}\hat{f}(t)\mathrm{e}^{\mathrm{i}ty}\mathrm{d}t.$$

据第一步所证,当$N\to\infty$时,上式右边里层积分几乎处处收敛于$f(y)$,并且此积分关于N与y是一致有界的.因而,据勒贝格控制收敛定理(第四章定理3.4)得到

$$\int_{-\infty}^{\infty}|\hat{f}(t)|^2\mathrm{d}t=\frac{1}{2\pi}\int_{-\infty}^{\infty}\bar{f}(y)f(y)\mathrm{d}y$$

或

$$\int_{-\infty}^{\infty}|f(x)|^2\mathrm{d}x=2\pi\int_{-\infty}^{\infty}|\hat{f}(t)|^2\mathrm{d}t.$$

这表明(13)对每个$f\in S$成立.

第三步 考虑一般情形.设$f\in L^2$.在建立公式(13)之前,自然要说清$\hat{f}(t)$是如何定义的.令

$$f_N(x)=\begin{cases}f(x), & |x|\leqslant N,\\ 0, & |x|>N,\end{cases}\tag{15}$$

则有

$$\hat{f}_N(t)=\frac{1}{2\pi}\int_{-\infty}^{\infty}f_N(x)\mathrm{e}^{-\mathrm{i}tx}\mathrm{d}x=\frac{1}{2\pi}\int_{-N}^{N}f(x)\mathrm{e}^{-\mathrm{i}tx}\mathrm{d}x.$$

对每一固定的自然数N,可取在$(-N,N)$之外恒为零的简单函数列$s_\nu=s_{\nu,N}\in S$,$\nu\in\mathbf{N}$,使

$$\|f_N-s_\nu\|_{L^2(-N,N)}\to 0\quad(\nu\to\infty).$$

此时据施瓦茨不等式可证$\hat{s}_\nu(t)\to\hat{f}_N(t)\ (\nu\to\infty)$,从而$|\hat{s}_\nu(t)|^2\to|\hat{f}_N(t)|^2\ (\nu\to\infty)$.因而再据法杜定理(第四章定理3.3)与第二步所证,得到

$$\|\hat{f}_N\|_2\leqslant\varliminf_{\nu\to\infty}\|\hat{s}_\nu\|_2=\frac{1}{\sqrt{2\pi}}\varliminf_{\nu\to\infty}\|s_\nu\|_2=\frac{1}{\sqrt{2\pi}}\|f_N\|_2,\tag{16}$$

于是$\hat{f}_N\in L^2$.并且,对任何$p\in\mathbf{N}$,有

$$\|\hat{f}_N-\hat{f}_{N+p}\|_2=\|(f_N-f_{N+p})^{\wedge}\|_2$$
$$\leqslant\frac{1}{\sqrt{2\pi}}\|f_N-f_{N+p}\|_2\to 0\quad(N\to\infty),$$

故$\{\hat{f}_N\}_{N\in\mathbf{N}}$是 L^2 中的基本列.从而存在一个元$\hat{f}\in L^2$,适合

$$\|\hat{f}_N-\hat{f}\|_2\to 0\quad(N\to\infty).\tag{17}$$

这样,我们得到了 L^2 中的一个元$\hat{f}$,并且从证明中可以看出,上面的讨论可以不限定 N 为自然数.因而所得的$\hat{f}$ 是由 f 唯一确定的,它正是我们在(10)中所指的意义.顺便指出,当 f 还是 L 中的元时,(10)中定义的$\hat{f}$ 与本节开头所定义的变换相一致.

当$\hat{f}$ 由(10)给定时,在(16)中令 $N\to\infty$ 得

$$\|\hat{f}\|_2\leqslant\frac{1}{\sqrt{2\pi}}\|f\|_2.\tag{18}$$

为完成帕塞瓦尔公式的证明,我们再取 S 中简单函数列 $u_1,u_2,u_3,\cdots$,满足 $\|u_\nu-f\|_2\to 0(\nu\to\infty)$,从而推出 $\|u_\nu\|_2\to\|f\|_2(\nu\to\infty)$.据(18)有

$$\|\hat{u}_\nu-\hat{f}\|_2=\|(u_\nu-f)^{\wedge}\|_2\leqslant\frac{1}{\sqrt{2\pi}}\|u_\nu-f\|_2,$$

故 $\|\hat{u}_\nu\|_2\to\|\hat{f}\|_2(\nu\to\infty)$.但第二步中已证明了,

$$\|\hat{u}_\nu\|_2=\frac{1}{\sqrt{2\pi}}\|u_\nu\|_2,$$

故 $\|u_\nu\|_2\to\sqrt{2\pi}\|\hat{f}\|_2(\nu\to\infty)$.前已指出,$\|u_\nu\|_2\to\|f\|_2(\nu\to\infty)$,于是 $\|f\|_2=\sqrt{2\pi}\|\hat{f}\|_2$,即对于一般的 $f\in L^2$,我们证明了帕塞瓦尔公式(13). ∎

推论 设 $f,g\in L^2$,则

$$\int_{-\infty}^{\infty}f(x)\overline{g}(x)\,\mathrm{d}x=2\pi\int_{-\infty}^{\infty}\hat{f}(t)\overline{\hat{g}}(t)\,\mathrm{d}t.$$

证 由 $f,g\in L^2$ 知 $f+g\in L^2$.据帕塞瓦尔公式,

$$\|f+g\|_2^2=2\pi\|(f+g)^{\wedge}\|_2^2=2\pi\|\hat{f}+\hat{g}\|_2^2,$$

展开得

$$(f,f)+(g,g)+(f,g)+\overline{(f,g)}=2\pi\{(\hat{f},\hat{f})+(\hat{g},\hat{g})+(\hat{f},\hat{g})+\overline{(\hat{f},\hat{g})}\},$$

故

$$\mathrm{Re}(f,g)=2\pi\mathrm{Re}(\hat{f},\hat{g}).$$

将所得结果中的 f 换为 $\mathrm{i}f$，注意到 $(\mathrm{i}f)\hat{}=\mathrm{i}\hat{f}$，即得

$$\mathrm{Im}(f,g)=2\pi\mathrm{Im}(\hat{f},\hat{g}),$$

因此 $(f,g)=2\pi(\hat{f},\hat{g})$.这就是所要证的等式. ∎

定理 3.7 设 $f\in L^2$，$\hat{f}$ 是 f 依 L^2 意义的傅里叶变换，则 $\hat{f}\in L^2$ 且有反演公式成立：

$$\hat{f}(t)=\frac{\mathrm{d}}{\mathrm{d}t}\left\{\frac{1}{2\pi}\int_{-\infty}^{\infty}f(u)\frac{\mathrm{e}^{-\mathrm{i}tu}-1}{-\mathrm{i}u}\mathrm{d}u\right\},\text{a.e.},\tag{19}$$

$$f(x)=\frac{\mathrm{d}}{\mathrm{d}x}\left\{\int_{-\infty}^{\infty}\hat{f}(t)\frac{\mathrm{e}^{\mathrm{i}tx}-1}{\mathrm{i}t}\mathrm{d}t\right\},\text{a.e.}.\tag{20}$$

证 由定理 3.6 可知 $\hat{f}\in L^2$.因而，对任何实数 x，有 $\hat{f}\in L^1(0,x)$.令

$$\hat{f}_N(t)=\frac{1}{2\pi}\int_{-N}^{N}f(u)\mathrm{e}^{-\mathrm{i}tu}\mathrm{d}u,$$

则 $\hat{f}_N\in L^2$，从而 $\hat{f}_N\in L^1(0,x)$.引进 $\hat{f}$ 与 $\hat{f}_N$ 的不定积分

$$\Phi(x)=\int_0^x\hat{f}(t)\mathrm{d}t,\quad \Phi_N(x)=\int_0^x\hat{f}_N(t)\mathrm{d}t.$$

它们均是绝对连续函数，因而几乎处处有有限导数（参看第四章 §6 例 6 后的注）.那么据施瓦茨不等式得

$$|\Phi(x)-\Phi_N(x)|\leqslant\|\hat{f}-\hat{f}_N\|_2|x|^{1/2}.$$

由于 $\hat{f}_N\xrightarrow{\text{强}}\hat{f}(N\to\infty)$，故对每个实数 x 有 $\Phi_N(x)\to\Phi(x)(N\to\infty)$. 但容易求出

$$\Phi_N(x)=\int_0^x\left\{\frac{1}{2\pi}\int_{-N}^{N}f(u)\mathrm{e}^{-\mathrm{i}tu}\mathrm{d}u\right\}\mathrm{d}t=\frac{1}{2\pi}\int_{-N}^{N}f(u)\frac{\mathrm{e}^{-\mathrm{i}xu}-1}{-\mathrm{i}u}\mathrm{d}u,$$

故几乎处处有

$$\hat{f}(t)=\Phi'(t)=\frac{\mathrm{d}}{\mathrm{d}t}\{\lim_{N\to\infty}\Phi_N(t)\}=\frac{\mathrm{d}}{\mathrm{d}t}\left\{\frac{1}{2\pi}\int_{-\infty}^{\infty}f(u)\frac{\mathrm{e}^{-\mathrm{i}tu}-1}{-\mathrm{i}u}\mathrm{d}u\right\},$$

即(19)成立.

等式(20)可以完全用对偶的方法建立.可是利用已建立的定理 3.6 的推论也能很快地给出证明.其实，引进区间 $(0,x)$ 的特征函数 $\chi_{(0,x)}(t)$，那么它的傅里叶变换是 $\frac{1}{2\pi}\cdot\frac{\mathrm{e}^{-\mathrm{i}tx}-1}{-\mathrm{i}t}$，取它的共轭得 $\frac{1}{2\pi}\cdot\frac{\mathrm{e}^{\mathrm{i}tx}-1}{\mathrm{i}t}$.因而对函数 $f(t)$ 与 $\chi_{(0,x)}(t)$（分

别看成推论中的f,g,它们均属于L^2)应用所述推论,即得

$$\int_{-\infty}^{\infty} f(t)\overline{\chi}_{(0,x)}(t)\,\mathrm{d}t = 2\pi\int_{-\infty}^{\infty}\hat{f}(t)\cdot\frac{1}{2\pi}\frac{\mathrm{e}^{\mathrm{i}tx}-1}{\mathrm{i}t}\mathrm{d}t,$$

或

$$\int_{0}^{x} f(t)\,\mathrm{d}t = \int_{-\infty}^{\infty}\hat{f}(t)\frac{\mathrm{e}^{\mathrm{i}tx}-1}{\mathrm{i}t}\mathrm{d}t,$$

由于右边是x的绝对连续函数,故几乎处处可微而有公式(20)成立. ∎

定理 3.6 与定理 3.7 一起,通常称为**普朗席奈**(M.Plancherel)**定理**.

注 与L情形不同,对L^2情形,f的傅里叶变换是由序列依L^2意义的极限$\underset{N\to\infty}{\mathrm{l.i.m.}}\frac{1}{2\pi}\int_{-N}^{N} f(x)\mathrm{e}^{-\mathrm{i}tx}\mathrm{d}x$定义的(参看定理 3.6 中的(15),(17)),不能直接写成$\frac{1}{2\pi}\int_{-\infty}^{\infty} f(x)\mathrm{e}^{-\mathrm{i}tx}\mathrm{d}x$.当然,读者在概念弄熟之后,写成这样的形式也是可以的,许多物理学家就是这样做的.通常由给定的函数f去求$\hat{f}$,称为f的傅里叶变换.而由$\hat{f}$去求原来的函数f称为反演.形式上看,出现一对公式:

$$\hat{f}(t) = \frac{1}{2\pi}\int_{-\infty}^{\infty} f(x)\mathrm{e}^{-\mathrm{i}tx}\mathrm{d}x,\quad f(x) = \int_{-\infty}^{\infty}\hat{f}(t)\mathrm{e}^{\mathrm{i}tx}\mathrm{d}t.$$

实际上,它们要在一定条件(或一定意义)下才成立.

定理 3.8 设$f(x)$属于L^1或L^2,它的傅里叶变换是$\hat{f}(t)$,a为常数,则$f(x+a)$的傅里叶变换是$\mathrm{e}^{\mathrm{i}ta}\hat{f}(t)$.

证 当$f(x)\in L^1$时,见定理 3.1 的(ii).

当$f(x)\in L^2$时,$f(x+a)$亦然.它依L^2意义的傅里叶变换为

$$\underset{N\to\infty}{\mathrm{l.i.m.}}\frac{1}{2\pi}\int_{-N}^{N} f(x+a)\mathrm{e}^{-\mathrm{i}tx}\mathrm{d}x = \underset{N\to\infty}{\mathrm{l.i.m.}}\frac{1}{2\pi}\int_{-N+a}^{N+a} f(y)\mathrm{e}^{-\mathrm{i}t(y-a)}\mathrm{d}y$$

$$= \underset{N\to\infty}{\mathrm{l.i.m.}}\left\{\frac{1}{2\pi}\int_{-N+a}^{N-a} f(y)\mathrm{e}^{-\mathrm{i}ty}\mathrm{e}^{\mathrm{i}ta}\mathrm{d}y + \frac{1}{2\pi}\int_{N-a}^{N+a} f(y)\mathrm{e}^{-\mathrm{i}ty}\mathrm{e}^{\mathrm{i}ta}\mathrm{d}y\right\}$$

$$= \mathrm{e}^{\mathrm{i}ta}\hat{f}(t) + \mathrm{e}^{\mathrm{i}ta}\underset{N\to\infty}{\mathrm{l.i.m.}}\frac{1}{2\pi}\int_{N-a}^{N+a} f(y)\mathrm{e}^{-\mathrm{i}ty}\mathrm{d}y,$$

上式右边第二项为$\mathrm{e}^{\mathrm{i}ta}$与$f(y)\chi_{(N-a,N+a)}(y)$的傅里叶变换之积.而后者依$L^2$的范数(据帕塞瓦尔公式)为

$$\frac{1}{\sqrt{2\pi}}\left\{\int_{N-a}^{N+a}|f(y)|^2\mathrm{d}y\right\}^{1/2}\to 0\quad(N\to\infty),$$

因而当 $f\in L^2$ 时，$f(x+a)$ 的傅里叶变换为 $e^{ita}\hat{f}(t)$. ∎

设 f,g 同属于 L^1 或同属于 L^2，定义它们的**卷积**为

$$(f*g)(x)=\int_{-\infty}^{\infty}f(t)g(x-t)\mathrm{d}t.$$

定理 3.9 当 $f,g\in L^1$ 时有

$$(f*g)\hat{}\,(t)=2\pi\hat{f}(t)\hat{g}(t);$$

当 $f,g\in L^2$ 时有

$$(f*g)(t)=2\pi\int_{-\infty}^{\infty}\hat{f}(u)\hat{g}(u)e^{itu}\mathrm{d}u.$$

证 当 $f,g\in L^1$ 时，据傅比尼定理(第四章定理 5.3)，有

$$\begin{aligned}\frac{1}{2\pi}\int_{-\infty}^{\infty}(f*g)(x)e^{-itx}\mathrm{d}x&=\frac{1}{2\pi}\int_{-\infty}^{\infty}e^{-itx}\mathrm{d}x\int_{-\infty}^{\infty}f(u)g(x-u)\mathrm{d}u\\&=\frac{1}{2\pi}\int_{-\infty}^{\infty}f(u)\mathrm{d}u\int_{-\infty}^{\infty}g(x-u)e^{-itx}\mathrm{d}x\\&=\int_{-\infty}^{\infty}f(u)e^{-itu}\hat{g}(t)\mathrm{d}u=2\pi\hat{f}(t)\hat{g}(t).\end{aligned}$$

当 f,g 同属于 L^2 时，对函数 $f(x)$ 与 $\overline{g(u-x)}$ 应用定理 3.6 的推论，注意到 $\overline{g(u-x)}$ 的傅里叶变换为

$$\underset{N\to\infty}{\mathrm{l.i.m.}}\frac{1}{2\pi}\int_{-N}^{N}\overline{g(u-x)}e^{-itx}\mathrm{d}x$$

$$=\underset{N\to\infty}{\mathrm{l.i.m.}}\frac{1}{2\pi}\int_{-N}^{N}\overline{g(u-x)e^{it(u-x)}}e^{-itu}\mathrm{d}x=e^{-itu}\overline{\hat{g}}(t),$$

得到

$$\int_{-\infty}^{\infty}f(x)g(u-x)\mathrm{d}x=2\pi\int_{-\infty}^{\infty}\hat{f}(t)\hat{g}(t)e^{itu}\mathrm{d}t.$$ ∎

例 5 函数 $f(x)=\dfrac{\sin x}{x}\in L^2$，可求出它的傅里叶变换为

$$\begin{aligned}\hat{f}(t)&=\underset{N\to\infty}{\mathrm{l.i.m.}}\frac{1}{2\pi}\int_{-N}^{N}\frac{\sin x}{x}e^{-itx}\mathrm{d}x\\&=\lim_{N\to\infty}\frac{1}{4\pi}\int_{-N}^{N}\frac{\sin(1+t)x+\sin(1-t)x}{x}\mathrm{d}x\end{aligned}$$

$$
=\begin{cases}1/2, & |t|<1,\\ 0, & |t|>1,\\ 1/4, & |t|=1.\end{cases}
$$

因此据帕塞瓦尔公式,求出

$$
\int_{-\infty}^{\infty}\left(\frac{\sin x}{x}\right)^2\mathrm{d}x=2\pi\int_{-\infty}^{\infty}|\hat{f}(t)|^2\mathrm{d}t
$$

$$
=2\pi\int_{-1}^{1}\left(\frac{1}{2}\right)^2\mathrm{d}t=\pi.
$$

傅里叶变换的一个重要应用是求解微分方程,在微分方程课程里有专门讨论.这里仅举一个解常微分方程的例,以了解此方法的步骤.

例 6 求下列常微分方程的解:

$$
u''-u=-f.
$$

解 用傅里叶变换作用于方程的两边并应用定理 3.5,则在适当条件下得

$$
(\mathrm{i}t)^2\hat{u}(t)-\hat{u}(t)=-\hat{f}(t),
$$

由此知

$$
\hat{u}(t)=\frac{1}{1+t^2}\hat{f}(t).
$$

利用卷积的傅里叶变换的反演公式即得

$$
u(x)=\left(\frac{1}{2}\mathrm{e}^{-|x|}\right)*f(x)=\frac{1}{2}\int_{-\infty}^{\infty}\mathrm{e}^{-|x-t|}f(t)\,\mathrm{d}t.
$$

在上面推导中,自然须假定所涉及的函数的性质足够好,使得运算可以合理进行.

例 7 在函数逼近论中常要考虑卷积型算子

$$
L_\sigma(f;x)=\sigma\int_{-\infty}^{\infty}f(u)K(\sigma(x-u))\,\mathrm{d}u,\quad \sigma>0,
$$

其中 $K\in L^2$ 并满足某些适当条件.如果 $f\in L^2$,那么据定理 3.9 可以将算子 $L_\sigma(f;x)$ 写成

$$
L_\sigma(f;x)=\int_{-\infty}^{\infty}\hat{f}(t)\rho\left(\frac{t}{\sigma}\right)\mathrm{e}^{\mathrm{i}tx}\mathrm{d}t,
$$

其中 $\rho(x)$ 是 $K(x)$ 的傅里叶变换乘以 2π:$\rho(t)=2\pi\hat{K}(t)$.实际上,这时 $\sigma K(\sigma x)$ 的傅里叶变换为

$$\underset{N\to\infty}{\text{l.i.m.}}\frac{1}{2\pi}\int_{-N}^{N}\sigma K(\sigma v)\mathrm{e}^{-\mathrm{i}tv}\mathrm{d}v=\underset{N\to\infty}{\text{l.i.m.}}\frac{1}{2\pi}\int_{-N\sigma}^{N\sigma}K(s)\mathrm{e}^{-\mathrm{i}s\left(\frac{t}{\sigma}\right)}\mathrm{d}s=\hat{K}(t/\sigma).$$

从这个角度我们看到,卷积型算子不过是傅里叶积分中添上了一个因子 $\rho(t/\sigma)$ 而已.

小结与延伸

空间 $L^p(p\geqslant1)$ 的完备性与可分性是应用相当广泛的两条基本性质,其证明方法也有代表性.L^p 是以后要讲的赋范线性空间的典型例子.当 $p=2$ 时它成为内积空间.在讨论很多问题时,赫尔德不等式与闵可夫斯基不等式是极其常用的工具.还应注意,在这里伯恩斯坦逼近定理的证明方法是有趣的,其中用到三个检验函数.鉴于傅里叶变换在理论与应用上的重要性,这里给出了一个概要式讨论,包括黎曼-勒贝格定理,普朗席奈定理.读者要注意在讨论中几乎将前面讲的积分理论都应用到了.一个函数的傅里叶变换与其反演公式是对偶的,它们形式上很类似,利用变式来表示原来的函数是一种基本想法,由此引出函数论中像求和法、种种收敛、分布等重要课题的研究.

关于空间 L^p,可参看[2,12,20,22,23,31].傅里叶变换在一维情形,见[14,24],在多维情形可参看[9,17].

第五章习题

§1

1. 试证:当 $mE<\infty$ 时,对 $1\leqslant r<p$ 有 $L^p\subset L^r$.当 $mE=\infty$,结论如何?

2. 设 $p>1$,序列 $\{f_n\}\subset L^p$ 并设基本集 E 的测度为有限.若在 L^p 中 $f_n\xrightarrow{\text{强}}f$,$f\in L^p$,证明当 $1\leqslant r<p$ 时在 L^r 中 $f_n\xrightarrow{\text{强}}f$.

*3. 设在 L^2 中 $f_n\xrightarrow{\text{强}}f$,又 $f_n\xrightarrow{\text{a.e.}}g$,证明 $f\sim g$.

4. 设 $f,f_n\in L^p(p\geqslant1)$,$f_n\xrightarrow{\text{a.e.}}f$,又设

$$\int_E|f_n|^p\mathrm{d}m\to\int_E|f|^p\mathrm{d}m,$$

证明对任何可测子集 $e\subset E$,有

$$\int_e |f_n|^p \mathrm{d}m \to \int_e |f|^p \mathrm{d}m.$$

5. 设$f,f_n \in L^p(p \geqslant 1)$，$f_n \xrightarrow{\text{a.e.}} f$.证明在$L^p$中$f_n \xrightarrow{\text{强}} f$的充分必要条件是$\|f_n\|_p \to \|f\|_p$.

6. 试作依赖于给定函数f的连续函数列$\{f_n\}$，使对任何p，$1 \leqslant p < \infty$时，都有$f_n \xrightarrow{\text{强}} f(n \to \infty)$.又问此结论能否包括$p = \infty$情形？

*7. 设$1 \leqslant p < q \leqslant \infty$，问两关系式$L^q(\mathbf{R}) \subset L^p(\mathbf{R})$与$L^p(\mathbf{R}) \subset L^q(\mathbf{R})$是否必有一成立？

*8. 设$f \in L^p(0,\pi/2)$，$1 \leqslant p < \infty$.试证

$$\left(\int_{(0,\pi/2)} |f(x)| \cos x \mathrm{d}m\right)^p \leqslant \int_{(0,\pi/2)} |f(x)|^p \cos x \mathrm{d}m.$$

9. 设对任意$1 \leqslant p < \infty$均有$f \in L^p(E)$，这里$mE < \infty$，问$f \in L^\infty(E)$是否成立？又若对任意$0 < p < 1$均有$f \in L^p(E)$，是否有$f \in L^1(E)$？

10. 设$F(x)$是$L^p(p > 1)$中某个元的不定积分，证明渐近式

$$F(x+h) - F(x) = O(h^{1-\frac{1}{p}}) \quad (h \to 0)$$

成立.

*11. 设$f(x)$是平方可积函数，且存在$\alpha>0$满足

$$\|f(x+h) - f(x)\|_2 = O(h^{1+\alpha}), h \to 0,$$

试证$f(x)$几乎处处为常数.

*12. 设$f \in L^p(\mathbf{R})$，$p > 0$.证明对任何$p_1,p_2 > 0$，$p_1 < p < p_2$，恒有分解$f = f_1 + f_2$，其中$f_1 \in L^{p_1}(\mathbf{R})$，$f_2 \in L^{p_2}(\mathbf{R})$.并给出这种分解的一个应用.

*13. 设f,g为$E = (0,1)$上非负可测函数，满足$f(x)g(x) \geqslant x^{-1}$，a.e.，试证

$$\int_E f(x) \mathrm{d}m \int_E g(x) \mathrm{d}m \geqslant 4,$$

并问式中等号可否成立？

*14. 设$f \bar{\in} L^p(\mathbf{R})$，这里$p \geqslant 1$.试作函数列$\{f_n\}_{n\in\mathbf{N}}$，满足下列条件：

$$\|f_n\|_q = 1,$$

这里$1/p + 1/q = 1$.

15. 设p,q,r为满足$1/p+1/q+1/r = 1$的三个正数，证明对任何可测函数f，g，h有

$$\int_E |fgh| \mathrm{d}m \leqslant \|f\|_p \|g\|_q \|h\|_r.$$

16. 设$f \in L^p(E)$，e为E的可测子集，证明

$$\left(\int_E |f|^p \mathrm{d}m\right)^{1/p} \leqslant \left(\int_e |f|^p \mathrm{d}m\right)^{1/p} + \left(\int_{E\setminus e} |f|^p \mathrm{d}m\right)^{1/p}.$$

17. 设$f \in L^p(a,b), p > 0$, 试证:

$$\lim_{h\to 0}\left(\int_{a+\delta}^{b-\delta} |f(x+h) - f(x)|^p \mathrm{d}m\right)^{1/p} = 0 \quad (0 < 2\delta \leqslant b - a).$$

18. 设$f \in L^p(\mathbf{R}), g \in L^q(\mathbf{R}), 1/p + 1/q = 1, p \geqslant 1$.试证:

$$F(t) = \int_{\mathbf{R}} f(x+t) g(x) \mathrm{d}m$$

为t的连续函数.

19. 试证,设$A, B \subset \mathbf{R}$, 且$mA, mB > 0$,则$A + B$含有一个开区间.

提示:不妨考虑$mA, mB < \infty$情形.利用卷积概念.令$f(x) = (\chi_A * \chi_B)(x)$,则$f$是连续的.令$U = \{x : \chi_A * \chi_B(x) > 0\}$易知$U$为非空开集.任取$x_0 \in U$,由

$$\int_{\mathbf{R}} (\chi_A * \chi_B)(x) \mathrm{d}m = mA \cdot mB > 0$$

知$\chi_A(x_0-y)\chi_B(y) \sim 0$不成立,从而有$y_0$使$\chi_A(x_0 - y_0)\chi_B(y_0) \neq 0$.这样$x_0 - y_0 \in A, y_0 \in B$且$x_0 = x_0 - y_0 + y_0 \in A + B$,于是$U \subset A + B$.

20. 设f是可测集E上的可测函数,它使积分$\int_E f(x) g(x) \mathrm{d}m$对任何$g \in L^2(E)$都存在为有限,证明$f \in L^2(E)$.

21. 研究赫尔德不等式与闵可夫斯基不等式中等号成立的条件.

§2

22. 设$\{f_n\}$是L^2中的序列,$\{f_n\}$测度收敛于f且$\|f_n\|_2 \leqslant K$,K为常数,证明$f_n \xrightarrow{\text{弱}} f(n \to \infty)$.

23. 问在L^2中弱收敛于f的序列$\{f_n\}$是否测度收敛?

24. 试证$L^2(0,1)$中规范正交系的势不超过$\aleph_0$.

提示:设$\{\omega_\alpha\}$为$L^2(0,1)$中任一规范正交系,则对$\alpha \neq \alpha'$有$\|\omega_\alpha - \omega_{\alpha'}\|_2 = \sqrt{2}$,取$L^2(0,1)$的一可数稠密子集$A = \{\varphi_n\}$并作球族$\mathscr{B} = \{\mathscr{B}(\varphi_n, 1/2) : n \in \mathbf{N}\}$,则每个$\omega_\alpha$必含于某个球$\mathscr{B}(\varphi_n, 1/2)$中且不同的$\omega_\alpha, \omega_{\alpha'}$不可能含于同一个球$\mathscr{B}(\varphi_n, 1/2)$中,此因否则将有$\sqrt{2} = \|\omega_\alpha - \omega_{\alpha'}\|_2 \leqslant \|\omega_\alpha - \varphi_n\| + \|\varphi_n - \omega_{\alpha'}\| \leqslant 1$(矛盾!).于是$\{\omega_\alpha\}$与$\mathscr{B}$的一子集成一一对应,因而至多可数.

25. 试证:若一可积函数的傅里叶级数在一正测度集E上处处收敛,则它的傅里叶系数趋于零.

26. 设$f \in L(0, 2\pi)$而g有界且有周期2π,证明

$$\lim_{n\to\infty}\int_{-\pi}^{\pi} f(x)g(nx)\mathrm{d}m = \frac{1}{2\pi}\int_{-\pi}^{\pi} f(x)\mathrm{d}m\int_{-\pi}^{\pi} g(x)\mathrm{d}m.$$

27. 设 E 为可测集，$mE < \infty$，$f \in L^{\infty}(E)$ 且 $\|f\|_{\infty} > 0$. 令 $C_n = \int_E |f|^n \mathrm{d}m$，$n \in \mathbf{N}$. 试证：$\|f\|_{\infty} = \lim\limits_{n\to\infty} C_{n+1}/C_n$.

28. 试将§3 例 2 的结果推广到 $\mathbf{R}^n$ 情形.

提示：此时 $f(x) = \mathrm{e}^{-|x|^2/2}$，$|x|^2 = x_1^2 + x_2^2 + \cdots + x_n^2$，而 $\mathrm{d}x = \mathrm{d}x_1\mathrm{d}x_2\cdots\mathrm{d}x_n$，$\mathrm{e}^{-\mathrm{i}t\cdot x} = \mathrm{e}^{-\mathrm{i}t_1x_1}\mathrm{e}^{-\mathrm{i}t_2x_2}\cdots\mathrm{e}^{-\mathrm{i}t_nx_n}$，$x = (x_1, x_2, \cdots, x_n)$，$t = (t_1, t_2, \cdots, t_n)$. 可求出 $\hat{f}(t) = (2\pi)^{-n/2}\mathrm{e}^{-|t|^2/2}$.

29. 设 $1 < p < \infty$，$f \in L^p(0,\infty)$，并令 $F(x) = x^{-1}\int_0^x f(t)\mathrm{d}m$，$0 < x < \infty$. 试证，映射 $f \to F$ 是 $L^p(0,\infty)$ 到 $L^p(0,\infty)$ 的有界映射，且满足 $\|F\|_p \leqslant p(p-1)^{-1}\|f\|_p$. 又等式成立的充分必要条件是什么？

提示：先对连续并具紧支集的函数 f 考虑并且限定 $f \geqslant 0$，然后对 $F(x)$ 的 p 次幂用分部积分公式，再应用赫尔德不等式.

30. 设 $mE = 1$，试证

$$\lim_{p\to 0}\|f\|_p = \exp\left\{\int_E \ln|f(x)|\mathrm{d}m\right\}.$$

提示：可对 $f \geqslant 0$ 考察，注意 $p^{-1}(f^p - 1)$ 单调递减趋于 $\ln f$（当 $p \to 0$），再设法应用控制收敛定理.

31. 设 I 为实轴上的一区间，φ 为 I 上的实函数. 称 φ 为 I 上**凸函数**，如果对任何 $x, y \in I$，$t \in (0,1)$，有 $\varphi(tx + (1-t)y) \leqslant t\varphi(x) + (1-t)\varphi(y)$. 试证：

(1) φ 在 I 的每个内点处连续；

(2) 设 $(X, \mathscr{R}, \mu)$ 为有限测度空间，若 f 为 X 上实可积函数且 f 的值域含于 I，则有延森（B. Jensen）不等式

$$\varphi\left\{\frac{1}{\mu X}\int_X f\mathrm{d}\mu\right\} \leqslant \frac{1}{\mu X}\int_X \varphi(f)\mathrm{d}\mu.$$

32. 设 E 是一维勒贝格可测集，对于任意的 $x \in \mathbf{R}$，令

$$\Delta_h(x) = (2h)^{-1}m(E \cap (x-h, x+h)), \quad h > 0.$$

试证：几乎对一切 $x \in E$ 有 $\lim\limits_{h\to 0}\Delta_h(x) = 1$，而几乎对一切 $x \bar{\in} E$ 有 $\lim\limits_{h\to 0}\Delta_h(x) = 0$；试作一集 E 使极限 $\lim\limits_{h\to 0}\Delta_h(0)$ 不存在. 又问当 E 是不可测集时结论如何？

33. 设 f 是 $\mathbf{R}$ 上可测函数，令 $\mu(\alpha) = m\mathbf{R}(|f| > \alpha)$. 试证：

$$\int_{\mathbf{R}} |f(x)|^p \mathrm{d}x = -\int_0^{\infty} \alpha^p \mathrm{d}\mu(\alpha), \quad p \geqslant 1;$$

$$\|f\|_\infty = \inf\{\alpha : \mu(\alpha) = 0\}.$$

提示：对 $f \in L^p$ 情形，先对简单函数证明结果，然后应用极限过程.

34. 令 $Mf(x) = \sup\limits_{r>0} \dfrac{1}{2r}\int_{x-r}^{x+r} |f(t)|\,\mathrm{d}t$. 试证存在常数 C，使 $m(Mf > \alpha) \leqslant C\alpha^{-1}\|f\|_1$，对任一 $\alpha > 0$ 成立.

提示：利用习题 33.

35. 设 $f \in L(0,1)$，$\alpha \in (0,1)$. 试证对每个 e，$me = \alpha$，$\int_e f\,\mathrm{d}m = 0$ 蕴含 $f \sim 0$.

36. 设 $f \in L(0,1)$ 满足 $\int_{(0,1)} t^k f(t)\,\mathrm{d}t = 0$ 对每个 $k \in \mathbf{N} \cup \{0\}$，证明 $f \sim 0$.

提示：取 $[0,1]$ 上一致有界的多项式列 p_n，使 $p_n(t) \to \operatorname{sign} f(t)$，a.e.$(n \to \infty)$.

37. 设 $\alpha \in (0,1)$. 试作一集 $E \subset [0,1]$，$mE = \alpha$ 使对每个 $c \in [0,1] \setminus E$ 有

$$\int_E |x - c|^{-1}\mathrm{d}x = \infty.$$

38. 设 $E \subset \mathbf{R}$ 且 $mE < \infty$. 试求极限 $\lim\limits_{k\to\infty} \int_E (2 - \sin kx)^{-1}\mathrm{d}x$ 的值.

提示：答案为 $mE/\sqrt{3}$. 先考察 $E = [0,a]$，这里 $0 < a \leqslant 1$. 再考察 E 为有限个区间的并直至 E 为开集情形.

§3

39. 设 $f, f_n \in L^1(\mathbf{R})$，$n \in \mathbf{N}$，且 $f_n \xrightarrow{强} f$（在 $L^1(\mathbf{R})$ 中），证明在 $\mathbf{R}$ 上一致地有 $\lim\limits_{n\to\infty} \hat{f}_n(t) = \hat{f}(t)$. 问在 $L^2(\mathbf{R})$ 中相应的命题是否成立？

40. 设 C_0 表示 $\mathbf{R}$ 上有界连续函数 g 且满足 $\lim\limits_{t\to\pm\infty} g(t) = 0$ 的函数类. 问每个 $g \in C_0$ 是否均为某一可积函数的傅里叶变换的像？

提示：否. 试考察奇函数 $g \in C_0$，它在 $[0,\infty)$ 上定义为 $g(x) = (\ln x)^{-1}$，对 $x > \mathrm{e}$；$g(x) = x/\mathrm{e}$，对 $0 \leqslant x \leqslant \mathrm{e}$.

41. 设 $f \in L^1(\mathbf{R})$ 或 $L^2(\mathbf{R})$ 且 $\hat{f} = 0$，证明 $f \sim 0$.

42. 设 $f \in L^2(\mathbf{R})$，令 $f_h(x) = \dfrac{1}{2h}\int_{x-h}^{x+h} f(t)\,\mathrm{d}t$. 试证几乎处处有

$$f_h(x) = \int_{-\infty}^{\infty} \hat{f}(t)\,\frac{\sin ht}{ht}\mathrm{e}^{\mathrm{i}tx}\,\mathrm{d}t.$$

43. 设 $f(x)$ 是 $\mathbf{R}$ 上有界连续函数，令

$$L_\sigma(f;x)=\frac{1}{\pi}\int_{-\infty}^{\infty}f\left(x+\frac{2t}{\sigma}\right)\frac{\sin^2 t}{t^2}\mathrm{d}t.$$

试证:在任何闭区间$[\alpha,\beta]$上,$L_\sigma(f;x)$一致收敛于$f(x)$,$\sigma\to\infty$.

参考书目与文献

[1] ALIPRANTIS C D, BURKINSHAW O. Problems in real analysis. 2nd ed. Singapore: Elsevier (Singapore) Pte Ltd., 1999.(中译本:实分析习题集.朱来义,黄志勇译.北京:人民邮电出版社,2007.)

[2] BERBERIAN S K. Measure and integration. New York: The Macmillan company, 1965.

[3] BOGACHEV V I. Measure theory. Berlin: Springer-Verlag, 2007.

[4] BRUCKNER A M, BRUCKNER J B, THOMSON B S. Real analysis. 2nd ed. ClassicalRealAnalysis.com, 2008.

[5] 程其襄,张奠宙.实变函数与泛函分析基础.2 版.北京:高等教育出版社,2003.

[6] COHEN P J. Set theory and the continuum hypothesis. New York: Benjamin, 1966.

[7] DUNFORD N, SCHWARTZ J T. Linear operators, part Ⅰ. New York: Interscience Publishers, Inc., 1958.

[8] FALCONER K. Fractal geometry. Chichester: John Wiley & Sons, 1990.(中译本:分形几何.曾文曲等译.长春:东北工学院出版社,1991.)

[9] FOLLAND G B. Real analysis: modern techniques and their applications. New York: John Wiley & Sons, 1984.

[10] 郭懋正.实变函数与泛函分析.北京:北京大学出版社,2005.

[11] 哈尔摩斯.测度论.王建华译.北京:科学出版社,1958.(英文新版:Halmos P R. Measure theory. New York: Springer-Verlag, 1974.)

[12] HEWITT E, STROMBERG K. Real and abstract analysis. Berlin, Heidelberg: Springer-Verlag,1965.

[13] 胡适耕,刘金山.实变函数与泛函分析:定理·方法·问题.北京:高等教育出版社,2003.

[14] 江泽坚,吴智泉.实变函数论.北京:高等教育出版社,1994.

[15] 久保田阳人.积分论.东京:槙书店,1977.
[16] KACZOR W J, NOWAK M T. Problems in mathematical analysis Ⅲ: integration. Providence: Amer. Math. Soc., 2003.
[17] KATZNELSON Y. An introduction to harmonic analysis. 3rd ed. Beijing: China Machine Press, 2005.
[18] 匡继昌. 实分析与泛函分析.北京:高等教育出版社,2002.
[19] KURTZ D S, SWARTZ C W. Theories of integration. 2nd ed. New Jersy: World Scientific, 2012.
[20] MALLIAVIN P. Integration and probability. New York: Springer-Verlag, 1995.
[21] 那汤松.实变函数论.新2版.徐瑞云译.北京:高等教育出版社,1958.
[22] RAO M M. Measure and integration. New York:John-Wiley & Sons,1987.
[23] ROYDEN H L. Real analysis. 3rd ed. Beijing: China Machine Press, 2004.
[24] RUDIN W. 实分析和复分析.3版.戴牧民等译.北京:机械工业出版社,2006.
[25] 宋国柱.实变函数与泛函分析习题精解.北京:科学出版社,2004.
[26] 王友方,葛钟美,王树泽.实变函数例题习题集.济南:山东教育出版社,1991.
[27] 汪林.实分析中的反例.北京:高等教育出版社,2014.
[28] WHEEDEN R L, ZYGMUND A. Measure and integral: an introduction to real analysis. New York:Marcel Dekker, Inc.,1977.
[29] 夏道行,吴卓人,严绍宗,等.实变函数与泛函分析.2版.北京:高等教育出版社,1985.
[30] 徐森林.实变函数论.合肥:中国科学技术大学出版社,2002.
[31] YEH J. Real analysis:theory of measure and integration. 2nd ed. Singapore: World Scientific,2006.
[32] YEH J. Problems and proofs in real analysis. Singapore: World Scientific,2014.
[33] 汪芳庭.数学基础(修订本).北京:高等教育出版社,2018.

索　引

B

伯恩斯坦多项式　Bernstein polynomial ………………………… 196,198

伯恩斯坦定理　Bernstein theorem ………………………………… 198

伯恩斯坦定理(关于势)　Bernstein theorem (on cardinal number) ………… 21

半径　radius ………………………………………………………… 17

半序集　partially ordered set ……………………………………… 26

本性上确界　essential supremum ………………………………… 189

本性有界函数空间　essential bounded function space ………… 189

闭包　closure ……………………………………………………… 12

闭集　closed set …………………………………………………… 12

闭集的测度　measure of a closed set …………………………… 39

标准分解　standard decomposition ……………………………… 163

并　union …………………………………………………………… 4

博雷尔集类　class of Borel measurable sets ……………………… 51,69

补集　complement of a set ………………………………………… 4

不可测集　non-measurable set …………………………………… 55

不可列集　non-countable set ……………………………………… 10

C

测度　measure ……………………………………………………… 44

策梅洛选择公理　Zermelo's axiom of choice …………………… 30

差　difference ……………………………………………………… 4

乘积测度　product measure ……………………………………… 143

稠密集　dense set …………………………………………………… 17

D

单调类　monotone class …………………………………………… 59

导集　derived set …………………………………………………… 12

德摩根法则 De Morgan's laws …… 6
等度的绝对连续积分 equiabsolute continuity of integrals …… 127
等价关系 equivalence relation …… 7
笛卡儿乘积 Cartesian product …… 141
狄利克雷函数 Dirichlet function …… 83
定义域 domain …… 7
对等 equivalence …… 7
对偶方法 dual method …… 6
多项式算子 polynomial operator …… 196

E

二进群 dyadic group …… 26
二进小数 dyadic decimal …… 24
二进有理数 dyadic rational number …… 24

F

法杜定理 Fatou theorem …… 122
范数 norm …… 189
范数公理 norm axiom …… 190
反演公式 inversion formula …… 209,214
非负的 non-negative …… 60
非负集 non-negative set …… 71
非正集 non-positive set …… 71
分部积分公式 formula on integration by parts …… 145
分配律 distributive law …… 5
负变差 negative variation …… 162
负变差函数 negative variation function …… 162
复测度 complex measure …… 80
复内积空间 complex inner product space …… 200
傅比尼定理 Fubini theorem …… 143
傅里叶变换 Fourier transform …… 203
傅里叶级数 Fourier series …… 136,202
赋范线性空间 normed linear space …… 190

G

构成区间 constructive interval …… 15
关于平移的不变性 invariant with respect to translation …… 55

广义测度　signed measure ………………………………………… 61,71
规范正交系　orthonormal system ………………………………………… 200

H

哈恩分解　Hahn decomposition ………………………………………… 71
函数空间 L^p　function space L^p ………………………………………… 187
豪斯多夫测度　Hausdorff measure ………………………………………… 79
环上测度　measure on a ring ………………………………………… 61
互不相交集　disjoint sets ………………………………………… 15
赫尔德不等式　Hölder inequality ………………………………………… 188

J

极大元　maximal element ………………………………………… 30
极小元　minimal element ………………………………………… 30
基本集　fundamental set ………………………………………… 5
基本列　fundamental sequence ………………………………………… 192
集,集合　set ………………………………………… 3
集的代数　algebra of sets ………………………………………… 58
集的 σ 环　σ-ring of sets ………………………………………… 58
集的特征函数　characteristic function of a set ………………………………………… 7
集的环　ring of sets ………………………………………… 58
集函数　set function ………………………………………… 60
积分大和　upper sum of an integral ………………………………………… 132
积分小和　lower sum of an integral ………………………………………… 132
积分的绝对连续性　absolute continuity of an integral ………………………………………… 112
积分的完全可加性　complete additivity of an integral ………………………………………… 112
积集　product of sets ………………………………………… 139
几乎处处　almost everywhere (a.e.) ………………………………………… 84,85
交　intersection ………………………………………… 4
渐缩序列　contracting sequence ………………………………………… 50
渐张序列　expanding sequence ………………………………………… 50
简单函数　simple function ………………………………………… 83,106
简单函数的积分　integral of a simple function ………………………………………… 106
结构表示　constructive expression ………………………………………… 16
截口　section ………………………………………… 141
近一致收敛　approximately uniform convergence ………………………………………… 91

聚点　point of accumulation …………………………………………………… 11
距离　distance, metric …………………………………………………………… 17
距离空间　metric space …………………………………………………………… 17
矩形集　rectangular set …………………………………………………………… 139
卷积　convolution ………………………………………………………………… 216
绝对连续函数　absolutely continuous function ………………………………… 164

K

卡拉泰奥多里条件　Carathéodory's condition ………………………………… 49
开集　open set ……………………………………………………………………… 11
开集的测度　measure of an open set …………………………………………… 39
开区间　open interval ……………………………………………………………… 11
康托尔函数　Cantor function ……………………………………………………… 157
康托尔三分集　Cantor ternary set ………………………………………………… 16
柯罗夫金定理　Korovkin theorem ………………………………………………… 198
柯西收敛原理　Cauchy convergence principle …………………………………… 95
柯西数列　Cauchy number sequence ……………………………………………… 193
可测集　measurable set …………………………………………………………… 44
可测函数　measurable function …………………………………………………… 81
可测函数的构造　construction of a measurable function ……………………… 97
可测矩形　measurable rectangle …………………………………………………… 141
可测空间　measurable space ……………………………………………………… 140
可分性　separability ……………………………………………………………… 194
可加性　additivity ………………………………………………………………… 37
可列集　countable set ……………………………………………………………… 8
空集　empty set …………………………………………………………………… 4

L

勒贝格测度　Lebesgue measure …………………………………………………… 69
勒贝格可测　Lebesgue measurable ………………………………………………… 44
勒贝格可测函数　Lebesgue measurable function ………………………………… 81
勒贝格可测集类　class of Lebesgue measurable sets …………………………… 69
勒贝格可积　Lebesgue integrable ………………………………………………… 108
勒贝格积分　Lebesgue integral …………………………………………………… 105
勒贝格-斯蒂尔切斯测度　Lebesgue-Stieltjes measure ………………………… 70
勒贝格-斯蒂尔切斯可测集类　class of Lebesgue-Stieltjes measurable sets … 70

勒贝格-斯蒂尔切斯积分 Lebesgue-Stieltjes integral …… 176
勒贝格控制收敛定理 Lebesgue dominated convergence theorem …… 129
勒贝格-维它利定理 Lebesgue-Vitali theorem …… 129
勒贝格点 Lebesgue point …… 171
勒维定理 Levi theorem …… 122
累次积分 iterated integral …… 143
黎曼-勒贝格定理 Riemann-Lebesgue theorem …… 205
黎曼积分 Riemann integral …… 130
黎曼-斯蒂尔切斯积分 Riemann-Stieltjes integral …… 177
连续集的势 continuum …… 21
列导数 sequential derivative …… 149
邻域 neighborhood …… 11
鲁津定理 Lusin theorem …… 98

M

满射 surjective mapping …… 7
闵可夫斯基不等式 Minkowski inequality …… 190

N

内测度 inner measure …… 43
内点 inner point …… 11
内积 inner product …… 200
逆映射 inverse mapping …… 7
牛顿-莱布尼茨公式 Newton-Leibniz formula …… 138,169

P

帕塞瓦尔公式 Parseval formula …… 211
平移变换 translation …… 55
普朗席奈定理 Plancherel theorem …… 215

Q

强极限 strong limit …… 191
强收敛 strong convergence …… 191
全变差 total variation …… 158
全密点 dense point …… 52
全序集 ordered set …… 26

R

弱收敛 weak convergence …… 200

S

三进小数　triadic decimal …… 25
三角系　trigonometrical system …… 201
上界　upper bound …… 26
上极限　superior limit …… 86
上确界　superemum …… 26
上限集　superior limit of a sequence of sets …… 33,89
势(基数)　cardinal number …… 21

T

跳跃函数　step function …… 148
拓扑　topology …… 11
拓扑空间　topological space …… 11

W

外测度　outer measure …… 43,62
完备测度　complete measure …… 146
完备测度空间　complete measure space …… 146
完备性　completeness …… 193
完全可加性　complete additivity …… 40,48
完全集　perfect set …… 12
微分　differentiation …… 148
维它利覆盖　Vitali covering …… 150
维它利引理　Vitali lemma …… 150
魏尔斯特拉斯定理　Weierstrass theorem …… 199
沃尔什函数系　Walsh function system …… 201
无界可测集　unbounded measurable set …… 53
无限集　infinite set …… 4

X

稀疏集　nowhere dense set …… 17
下极限　inferior limit …… 86
下界　lower bound …… 26
下确界　infimum …… 26
下限集　inferior limit of a sequence of sets …… 33,89
线性算子　linear operator …… 196
限制在子集上连续　continuous restricted to a subset …… 97
像　image …… 7

相伴数　adjoint number …… 188
序　order …… 26
序公理　postulate of order …… 26

Y

叶果洛夫定理　Egorov theorem …… 90
依测度基本列　fundamental sequence in measure …… 94
依范数收敛　convergence in norm …… 191
依 L^2 意义的傅里叶变换　Fourier transform in L^2 …… 210
一一对应　one-one correspondence …… 7
一一映射　one-one mapping …… 7
映上　onto …… 7
映射　mapping …… 6
有界集　bounded set …… 15
有界变差函数　function of bounded variation …… 158
有界收敛定理　bounded convergence theorem …… 125
有限测度　finite measure …… 60
有限可加性　finite additivity …… 37
有限集　finite set …… 4
由 $\mathscr{E}$ 产生的单调类　monotone class generated by $\mathscr{E}$ …… 59
由 $\mathscr{E}$ 产生的环　ring generated by $\mathscr{E}$ …… 58
由 μ 导出的外测度　outer measure derived by μ …… 63
元　element …… 3
约当分解　Jordan decomposition …… 74

Z

真子集　proper subset …… 4
正变差　positive variation …… 162
正变差函数　positive variation function …… 162
正部　positive part …… 86
正算子　positive operator …… 196
指标集　index set …… 4
直径　diameter …… 19
值域　range …… 7
子集　subset …… 4
族　family, class …… 5
佐恩引理　Zorn lemma …… 30

符 号 表

$\mathscr{C}_A$ ……………………………… 4
$\mathbf{R}$ ……………………………… 4
$\mathbf{Z}$ ……………………………… 4
$\varnothing$ ……………………………… 4
$\cup, \cap$ ……………………………… 4
$\supset, \subset$ ……………………………… 4
$\mathscr{C}$ ……………………………… 5
$\mathbf{I}$ ……………………………… 5
$\mathbf{Q}$ ……………………………… 5
χ_E ……………………………… 7
$\sim$ ……………………………… 7
$\mathbf{N}$ ……………………………… 8
$E', \overline{E}$ ……………………………… 12
$\mathbf{R}^n$ ……………………………… 17
$d(A)$ ……………………………… 19
$\rho(A, B)$ ……………………………… 19
$\overline{\overline{E}}$ ……………………………… 21
$\aleph, \aleph_0$ (Aleph, Aleph 零) ……… 21
p 进表示 ……………………………… 23
m_*, m^* ……………………………… 43
m ……………………………… 44
F_σ, G_δ ……………………………… 51
σ 环 ……………………………… 51
$\mathscr{R}, \mathscr{R}(\mathscr{E})$ ……………………………… 58
σ 代数 ……………………………… 58
$\mathscr{M}, \mathscr{M}(\mathscr{E})$ ……………………………… 59
σ 有限的 ……………………………… 68

$H_{\alpha,\varepsilon}, H_\alpha$ ……………………………… 79
$E(f>\alpha), E(f\geqslant\alpha)$ ……………… 81
$f=g$ a.e. ……………………………… 85
$f \sim g$ ……………………………… 85
$f_n \xrightarrow{\text{a.e.}} g$ ……………………………… 85
f_+, f_- ……………………………… 86
$\lim A_n, \overline{\lim} A_n, \underline{\lim} A_n$ ……… 89
σ 可加性 ……………………………… 112
E_x, E^y ……………………………… 141
$f_x(\ ), f^y(\ )$ ……………………………… 141
$\theta(x)$ ……………………………… 157
$\overset{b}{\underset{a}{\bigvee}}(f)$ ……………………………… 158
μ, μ^* ……………………………… 173
μ 可测 ……………………………… 173
$L^p, L^p(E)$ ……………………………… 187
$\|f\|_p, \|f\|_\infty$ ……………………………… 189
$f_n \xrightarrow{\text{强}} g$ ……………………………… 191
$C[a, b]$ ……………………………… 196
$f_n \xrightarrow{\text{弱}} g$ ……………………………… 200
$\hat{f}$ ……………………………… 203
$\check{f}$ ……………………………… 210
l.i.m. ……………………………… 210
$f * g$ ……………………………… 217
C_0 ……………………………… 222

郑重声明

高等教育出版社依法对本书享有专有出版权。任何未经许可的复制、销售行为均违反《中华人民共和国著作权法》，其行为人将承担相应的民事责任和行政责任；构成犯罪的，将被依法追究刑事责任。为了维护市场秩序，保护读者的合法权益，避免读者误用盗版书造成不良后果，我社将配合行政执法部门和司法机关对违法犯罪的单位和个人进行严厉打击。社会各界人士如发现上述侵权行为，希望及时举报，我社将奖励举报有功人员。

反盗版举报电话　（010）58581999　58582371

反盗版举报邮箱　dd@hep.com.cn

通信地址　北京市西城区德外大街4号　高等教育出版社法律事务部

邮政编码　100120

读者意见反馈

为收集对教材的意见建议，进一步完善教材编写并做好服务工作，读者可将对本教材的意见建议通过如下渠道反馈至我社。

咨询电话　400-810-0598

反馈邮箱　hepsci@pub.hep.cn

通信地址　北京市朝阳区惠新东街4号富盛大厦1座
高等教育出版社理科事业部

邮政编码　100029